Kohlhammer

Georg Nagler

Verhandlungswissenschaft

Grundlagen – Strategie – Taktik

Verlag W. Kohlhammer

Für meine Enkelkinder Jonathan, Paula und Lotta, die schon jetzt wunderbare Verhandlungspartner sind

Mein herzlicher Dank gilt meinem Lektor Dr. Uwe Fliegauf als wissenschaftlicher Sparringspartner auf höchstem Niveau! Danke auch an meine Tochter Eva Maria Nagler für ihre große Unterstützung und Herrn Christian Höhn für die grafische Betreuung des Manuskripts

1. Auflage 2022

Gesamtherstellung: W. Kohlhammer GmbH, Stuttgart

Print:
ISBN 978-3-17-041334-4

E-Book-Formate:
pdf: ISBN 978-3-17-041335-1
epub: ISBN 978-3-17-041336-8

Inhaltsverzeichnis

Vorwort

»Haben Sie heute schon verhandelt?« – diese Frage dürfte eine der wenigen sein, die bei den meisten Menschen weltweit mit »Ja« beantwortet werden kann. Das menschliche Leben besteht aus einer unablässigen Reihe von Verhandlungen und es gibt vermutlich kaum einen Tag im normalen Leben, an dem keine Verhandlung stattfindet – von der Wiege bis zur Bahre: Bereits der Schrei des hungrigen Babys kann als nonverbales Verhandeln bezeichnet werden. Es ist die Kundgabe eines Wunsches, der erfüllt werden soll. Die Mutter kann alternativ reagieren: Sofort stillen – warten – hungern lassen. Es gibt ein Verhandlungsziel – den Hunger im wahrsten Sinn des Wortes stillen. Daneben verfolgt die Mutter möglicherweise schon erzieherische Ziele. Mit der Sättigung ist die Verhandlung erfolgreich beendet, aber es gilt schon hier ein Satz, den wir noch eingehend behandeln werden: Nach der Verhandlung ist vor der Verhandlung.

Kaum ein Kulturphänomen begleitet die Menschheitsgeschichte so intensiv und permanent wie das Verhandeln. So gibt es eine Fülle positiver Beispiele, in denen immenser Fortschritt durch Verhandeln erzielt wurde. In Deutschland ist es etwa der historische sog. »2+4-Vertrag«, auf dessen Grundlage die deutsche Einheit auf friedliche Weise besiegelt wurde. Aber auch die Kehrseite des Verhandelns, ein Rückschritt, gehört dazu. Dies mag objektiv so zu beurteilen sein, aber auch subjektive Empfindungen zählen dazu: Denken wir nur an den Versailler-Vertrag von 1919 der den Ersten Weltkrieg abschloß – aber in seiner Struktur gerade nach Meinung vieler Historiker schon eine relevante Ursache für den Zweiten Weltkrieg legte. In der Gegenwart erleben wir viel Ambivalentes zur Relevanz von Verträgen, etwa wenn die Vereinigten Staaten durch den damaligen US-Präsidenten Donald Trump einen jahrzehntelang gültigen Abrüstungsvertrag kündigen, der von vielen als die Grundlage für den nuklearen Frieden der letzten Jahrzehnte angesehen wurde.

Besonders auch im Privaten kann die Wirkmächtigkeit von Verhandlungen alltäglich nachverfolgt werden: Ein »gutes Geschäft« über den Kauf eines Grundstückes, die Abfindung beim Verlust eines Arbeitsplatzes, das Schnäppchen auf einem Flohmarkt, ein hart umkämpfter Scheidungsvertrag. Wenn der legendäre Satz von Paul Watzlawick stimmt: Man kann nicht nicht kommunizieren, dann muss die Folgerung ebenfalls zutreffen: Man kann nicht nicht verhandeln. Wir verhandeln immer – auch und gerade in der harten wirtschaftlichen und psychischen Realität (vgl. Jeske, 1998: S. 9).

Ein offensichtlicher Grund für die allgemeine Akzeptanz des Handelns mag auch sein, wenn man sich die Alternative vergegenwärtigt. Was geschieht, wenn destruktiv Handeln ohne Verhandeln erfolgt. Die Zahl von Beispielen hierfür ist endlos: Denken wir nur an die Unfähigkeit der europäischen Länder, einvernehmlich die Flüchtlingskrise zu bewältigen; aber auch ein Krieg, der angeblich historische Ungerechtigkeiten korrigieren soll, ein gewalttätig ausgetragener Konflikt zwischen Ehepartnern, die Rechtsanmaßung eines vermeintlich stärkeren Schülers, der dem schwächeren ein »Modegadget« abnimmt oder der offensichtliche Rechtsbruch durch Schutzgelderpressung, die ein ehrlicher Geschäftinhaber als »Angebot, das er nicht ablehnen kann« akzeptieren muss. Diese negativen Beispiele belegen ebenfalls die menschliche, soziale, psychologische und juristische Bedeutung des Verhandelns als eine der wesentlichen kulturellen Errungenschaften friedlichen Zusammenlebens. Ja, nach meiner Überzeugung ist die Fähigkeit zu verhandeln eine Kompetenz, die Menschsein erst ausmacht.

Es gibt hierzu nur ein Problem: Werden wir auf gutes Verhandeln vorbereitet oder im Verhandeln geschult? Ist es eine anerkannte Sozialkompetenz für ein erfolgreiches Leben? Die deutschen Lehrpläne – und wohl auch in den meisten europäischen und nichteuropäischen Ländern – sehen diese Lebensdisziplin nicht vor. Selbst für die »berühmt-berüchtigten Feilschkulturen« des Orients ist eine Schulausbildung hierfür nicht bekannt – ich habe mich da persönlich von Griechenland über die Türkei bis in den Fernen Osten nach Malaysia durchgefragt. Was nach der Recherche bleibt, ist die nüchterne Erkenntnis: Richtiges Verhandeln zu lernen ist dem schieren Zufall überlassen. So war es auch bei mir persönlich. Mein Vater und ein Onkel haben mir unisono mit dem folgenden Satz eine Lebensweisheit mitgegeben, die ich nie vergessen habe: »Georg, was du dir mit verhandeln ersparst – das brauchst du mit Arbeiten nicht verdienen«. Ich kenne keinen Lehrer, auch nicht im Fall »Wirtschafts- und Sozialwissenschaften«, der je auch nur Annäherndes verkündet hätte. Wie oder wann und wozu ich verhandeln sollte, dazu schwieg man sich aus.

Es ist an sich verblüffend, dass vor diesem Hintergrund ein »Lehrbuch der Verhandlungswissenschaft« in Deutschland nicht existiert, ja selbst eine entsprechende wissenschaftliche Disziplin nicht gepflegt wird. Es gibt zwar viele populärwissenschaftliche Ansätze und Seminare wie etwa die sattsam bekannten »Verkaufsseminare«, die sich aber auch nur mit einem (nicht unwesentlichen) Teilaspekt des Verhandelns beschäftigen. Dabei ist schon verräterisch, dass »Käuferseminare«, also das Gegenstück, zumeist unbekannt sind! Lediglich die Berufsgruppe der Diplomaten beschäftigt sich auf einem zugegebenermaßen sehr abstrakten und zumeist formalen Niveau mit dem Verhandeln auf inter- bzw. supranationaler Ebene (vgl. Widmer, 2018: S. 344ff.). Die Praxistauglichkeit ihrer Instrumente für den ökonomischen und Alltagsgebrauch stand und steht aber in den meisten Fällen aus.

Die einzige seriöse methodische Annäherung seit den 1980er Jahren erfolgte in den USA durch das sog. Harvard-Negotiation-Projekt. Dieses Konzept wurde aber schon früh gerade von Praktikern vehement abgelehnt. Der Hauptansatz der Kritik war folgender: Nach dem Harvard-Negotiation-Konzept ist es bei Verhandlungen grundsätzlich immer möglich, die Sach- und Beziehungsebene zu trennen, Interessen auszugleichen und Entscheidungsalternativen unter Verwendung neutraler Beurteilungskriterien zu suchen, um so einen Gewinn für alle Beteiligten, also die berühmte »Win-Win-Situation« zu schaffen (vgl. Fisher/Ury/Patton, 2015: S. 10f.). Gerade in sog. verhandlungstechnischen Extremsituationen zeigte sich aber nach Auffassung der Kritiker, dass die Grundstruktur des Verhandelns völlig anderen Gesetzmäßigkeiten folgt. Ein Beispiel waren die sog. Geiselnahme-Verhandlungen. Anerkannte und professionelle Verhandler wie etwa Chris Voss schilderten nachdrücklich auch in ihren Büchern, dass solche Verhandlungen nur mit fundierten psychologischen und kommunikationswissenschaftlichen Ansätzen geführt werden könnten, bei denen es unmöglich sei, Sach- und Beziehungsebene zu trennen (vgl. Voss 2017: S. 22, 25f.). Spätestens seit den wirtschaftspsychologischen Untersuchungen von Amos Tversky und des Nobelpreisträgers David Kahneman sowie den verhaltensökonomischen Publikationen des ebenfalls mit dem Nobelpreis ausgezeichneten Richard Thaler steht fest, dass der ursprüngliche Ansatz des Harvard-Negotiation-Konzeptes keine schlüssige Theorie einer Verhandlungswissenschaft zu liefern imstande ist. Allein der neue Buchtitel des leitenden Wissenschaftlers am Harvard-Negotiation-Institut, Daniel L. Shapiro, spricht dazu Bände: »Verhandeln – Die neue Erfolgsmethode aus Harvard« (vgl. Shapiro, 2018). Damit wird letztlich die ursprüngliche Kernthese des Harvard-Negotiation-Konzeptes durch das Institut selbst negiert. Dies soll seine Aktualität in bestimmten Teilbereichen der Verhandlungslehre, etwa in der Mediation, nicht schmälern. Ein genereller wissenschaftlicher Ansatz kann daraus jedenfalls nicht mehr abgeleitet werden.

Dieses Buch versteht sich als erster Ansatz, im deutschen Sprachraum für die Verhandlungswissenschaft als Querschnittwissenschaft mit interdisziplinärem Charakter eine Darstellung in Form eines Lehrbuches zu geben. Damit verbunden ist die Erkenntnis, dass es eine eigene Teildisziplin der Verhandlungswissenschaft gibt, die auf den Erkenntnissen einer Reihe namhafter wissenschaftlicher Disziplinen aufbaut. So werden die wesentlichen neurolingualen, verhaltensökonomischen, psychologischen und kommunikationswissenschaftlichen Grundlagen beschrieben und aus ihnen ein Instrumentarium an aktuellen und wirksamen Methoden für eine erfolgreiche Verhandlungsführung abgeleitet. Ziel ist es daneben, der immensen Bedeutung guten Verhandelns ein wissenschaftliches Forum zu eröffnen, das so – zumindest in der deutschen Diskussion – derzeit immer noch fehlt. Dabei kann auch auf moderne Forschungserkenntnisse zurückgegriffen werden, die sich der zentralen Frage widmen, wie Überzeugungsarbeit gelingen kann und von welchen psychologischen Gesetzen der Überzeugungsprozess maßgeblich beeinflusst wird (vgl. Cialdini, 2017: S. 24).

Die aktuelle Relevanz guten Verhandelns zeigt sich bereits exemplarisch in aufsehenerregenden Urteilen aus den USA und aus Deutschland: In dem einen Fall ging es um die Frage, ob es bei einer Geiselnahme eine Lösung durch Befreiung mit oder ohne Verhandeln geben könne? Das Urteil im sog. Downs-Geiselnahme-Prozess wirkt seitdem als verbindliches Präzedenzurteil und lässt an Eindeutigkeit nichts zu wünschen übrig. Vor einer taktischen Intervention muss ein vernünftiger Verhandlungsversuch unternommen werden (vgl. Voss, 2017: S. 20f.) Damit unterstellt ein Gericht letztlich implizit, dass ein Verhandlungsversuch selbst in Extremsituationen auch erwiesenermaßen sinnvoll ist. Der andere Fall ist hochaktuell und behandelt die Frage, ob bei der Auflösung eines Arbeitsverhältnisses ein Arbeitgeber auch mit »gezinkten Karten« spielen kann. Dies wird vom Bundesarbeitsgericht verneint, in dem es den Grundsatz des »fairen Verhandelns« postuliert, der auch in einer derartigen, für beide Seiten sehr schwierigen Rechtssituation gelten müsse. Die Diskussion, was das konkret bedeutet, hat nach Auffassung eines Rezensenten des Urteils dabei gerade erst begonnen (vgl. Holler, 2019: S. 2206f.).

Vor diesem Hintergrund gewinnt die Einsicht an Bedeutung, dass die Methodik der Verhandlung ein Niveau erreicht hat, das sie mit der Bezeichnung Verhandlungswissenschaft in den Rang einer wissenschaftlichen Disziplin erheben kann. Mit dem führenden Verhandlungspsychologen Cialdini kann man mittlerweile konstatieren, dass das Überzeugen Gesetzmäßigkeiten folgt und daher ganz anders als etwa die künstlerische Inspiration auch erlernbar ist. »Wissenschaftlich belegte Techniken, die es jedem von uns erlauben, mehr Einfluss zu erzielen, kann man erlernen« (vgl. Cialdini, 2017: S. 24). Wir sind an einer entscheidenden Wegmarke angelangt, die etwa auch im Verhältnis von Rhetorik und Dichtkunst schon seit Jahrtausenden bekannt ist: »poeta nascitur, orator fit« (»Ein Dichter wird geboren, ein Redner kann man werden«) – man kann ihr nun das verhandlungswissenschaftliche Pendant an die Seite stellen: »negotiator non nascitur sed fit« (»Zum Verhandler wird man nicht geboren, man kann es werden«)

Ich lade die Leserschaft ein, die Verhandlungswissenschaft als hochaktuelles wissenschaftliches Gebiet kennen zu lernen – und vielleicht aus der einen oder anderen präsentierten wissenschaftlichen Information auch persönlich einen Nutzen zu ziehen. Als Jurist und Manager*) habe ich jedenfalls in meiner jahrzehntelangen beruflichen Laufbahn Verhandlungen zu unterschiedlichsten Materien und mit Verhandlungssummen geführt, die insgesamt wohl viele hundert Millionen Euro ausmachen. Daraus sind auch die Erkenntnisse entsprungen, die ich in das Buch eingebracht habe. Die wichtigste Erkenntnis aber ist: Verhandeln ist spannend und macht Spaß – lassen Sie sich darauf ein.

Mannheim, im Juni 2022 — Georg Nagler

*) Hinweis: Ich habe versucht, möglichst neutrale Termini zu verwenden. Lediglich aus Gründen der leichteren Lesbarkeit wird bei Personenbezeichnungen ansonsten grundsätzlich das generische Maskulinum verwendet. Gemeint sind stets Menschen jeder geschlechtlichen Identität.

Kapitel I: Verhandeln – eine neue Wissenschaftsdisziplin als Querschnittswissenschaft

1 Verhandeln als Querschnittswissenschaft

Nach einer sorgfältigen Untersuchung der vorhandenen wissenschaftlichen Publikationen muss festgestellt werden, dass sich zwar verschiedene wissenschaftliche Disziplinen mit dem Phänomen des Verhandelns als solchem beschäftigen. Eine eigenständige Verhandlungswissenschaft gibt es allerdings noch nicht. Ein Beleg dafür ist etwa die Forschungsgruppe »Contract Governance und Contract Negotiation« an der Universität Siegen. Eine nähere Beschäftigung mit dem generellen Sujet der Verhandlungswissenschaft unterbleibt in dieser Forschungsgruppe, da man aus nachvollziehbaren Gründen das Ergebnis der Verhandlungen als »juristisches Produkt« bezeichnet, das schwerpunktmäßig in den Vordergrund der weiteren Untersuchungen gestellt wird (vgl. Krebs/Jung: 2017). Allerdings stellt das Papier mit Recht die Frage, ob das Sujet eindeutig verortet werden könne. Dazu werden dann alternativ und ohne nähere Ausführung folgende Disziplinen angeboten: Psychologie, Volkswirtschaftslehre, Kommunikationswissenschaft, Betriebswirtschaft, Politikwissenschaft. Perspektivisch werden sich die Neurowissenschaften, die Informatik, die Wirtschaftsethnologie, die politische Philosophie, Ethik und Moral sowie die Konfliktforschung als Teilgebiet der Soziologie und die Evolutionsbiologie mit dem Thema zu beschäftigen haben. Dies lässt den Leser eher ratlos zurück. Auch die Literaturrecherche führt nur wenig weiter: So wird die Verhandlungswissenschaft als eine »Querschnittswissenschaft« bezeichnet. Sie ist demnach eine mehrere Einzelwissenschaften übergreifende Wissenschaft, deren Gegenstand und Inhalt daher für sich nicht einheitlich definiert ist. Aus den Einzelwissenschaften kristallisiert sich ein neuer wichtiger Untersuchungsgegenstand bzw. Lebenstatbestand heraus, der nur im Zusammenspiel der unterschiedlichen Einzelwissenschaften angemessen untersucht und interdisziplinär wissenschaftlich fortentwickelt werden kann. Die unterschiedlichen Aspekte greifen dabei augenscheinlich ineinander, was sich an folgenden Beispielen zeigt:

- Verhandeln ist ein betriebswirtschaftliches Instrument gerade für das Festlegen relevanter Produktions- und Umsatzprozesse.
- Verhandeln ist zentral für die Formulierung juristischer Verträge und ihre Konditionen.
- Verhandeln spielt bei der Festlegung soziologischer Rollen in einer Gruppe eine wichtige Rolle.

- Verhandeln ist konstitutiv für die Willensbildungsprozesse in der Politik.
- Verhandeln kann nur als kommunikativer Prozess verwirklicht werden.
- Verhandeln spielt in der Erziehungswissenschaft bei der gemeinsamen Festlegung pädagogischer Ziele, Wege und Inhalte eine große Rolle.

Jeder dieser Verhandlungsprozesse ist ein Lebenssachverhalt, der mit einem einheitlichen Methodenverständnis analysiert werden kann; daraus können wissenschaftsbasierte Erkenntnisse und Aussagen formuliert werden, die zu einem Kernsatz von Aussagen und Verfahrensweisen führen, die einer Prüfung auf ihre Richtigkeit in allgemeiner, objektivierter Hinsicht unterzogen werden können. Das vorgestellte Mannheimer Verhandlungsphasenmodell und das Mannheimer Konzept von 11 Doppelstufen einer Verhandlung verstehen sich als Ergebnis dieser wissenschaftlichen Analyse.

Dem Verfasser ist bewusst, dass mit dieser Darlegung eine erste näherungsweise Fixierung des wissenschaftlichen Sujets und der methodischen Grundlegung vorliegt. Gleichzeitig ist die Verhandlungswissenschaft von der Einstufung als exakter, quasi naturwissenschaftlicher Disziplin weit entfernt. Der Grund hierfür liegt im Wesen des Verhandelns als einer der komplexesten Interaktionen zwischen Menschen und Organisationen. Im Mittelpunkt steht eine Fülle von Variablen bezogen auf Ausgangssituation, verbale und nonverbale Kommunikation, verhaltensökonomische und psychologische Erkenntnisse u. v. m. Dabei gibt es für das Verhandeln keine absoluten Regeln (vgl. Gates, 2019: S. 28), wenn auch gewisse Parameter für ein erfolgreiches Verhandlungsverhalten formuliert und beschrieben werden können. Hinzu kommt, dass auch die »Erfolgsmessung« von Verhandlungen strukturell mit dem Problem zu kämpfen hat, dass letztlich mindestens zwei Seiten in diese involviert sind und i. d. R. mit dem Erfolg der einen ein weniger erfolgreiches Agieren der anderen Seite korrespondiert (vgl. Gates, 2019: S. 29).

Ein klassisches Dilemma beschreibt etwa der bekannte FBI-Verhandlungsleiter Chris Voss bei Verhandlungen in Entführungsfällen. Seine These, dass ein erfolgreicher Verhandlungsführer alles bekommen muss, was er fordert, ohne irgendetwas Substanzielles zurückzugeben, ist so allgemein nicht haltbar (vgl. Voss, 2017: S. 31). Voss müsste sich dann auch fragen lassen, ob diese Formel auch gilt, wenn ein Entführer alles an Forderungen erfüllt bekommt und die polizeiliche Verhandlungsgruppe am Schluss mit leeren Händen dastünde (was es in der Geschichte der Kriminalistik ja auch schon gegeben hat). Ein »absolut richtiges« Verhandlungsergebnis wird daher kaum gefunden werden können. Die Forderung von Steve Gates, dass ein »angemessenes« Ergebnis zu finden und der beste Benchmark daher die Angemessenheit des Ergebnisses sei, jeweils bezogen auf die gesamten Umstände des Falles, wird der Aufgabe und dem Ziel der Verhandlungswissenschaft eher gerecht (vgl. Gates, 2019: S. 30f.).

Zudem steht die Verhandlungswissenschaft als beschreibende Wissenschaft oft vor dem Problem, nur eine unzureichende Dokumentation der relevanten Vorgänge durchführen zu können. Verhandlungsprotokolle sind i. d. R. Ergebnisprotokolle

– um auch die Verantwortung der Verhandlungsführer nicht an einzelnen Aktionen, sondern bewusst nur an ihrem Ergebnis messen zu lassen. Welche und wieviele Parteien wollen sich schon operativ in ihre Karten schauen lassen. Ein legendäres Beispiel dazu sind etwa die Friedensgespräche zwischen Israel und Ägypten, die im September 1978 unter Moderation von US-Präsident Jimmy Carter in Camp David stattfanden und im Friedensabkommen von Camp David ihren krönenden historischen Abschluss fanden. Sie werden als Beleg für die Wirksamkeit des propagierten Ein-Text-Verfahrens benannt (vgl. Fisher/Ury/Patton, 2015: S. 171f.). Hierfür gibt es allerdings zwei Einschränkungen: Zum einen ist das sog. Ein-Text-Verfahren – etwa in der westeuropäischen Jurisprudenz – schon seit Jahrhunderten das Mittel der Wahl in neutral moderierten Verhandlungen, etwa beim Einsatz eines Notars als Moderator. Der Erfolg der USA bei der Verhandlung ist aber wohl eher einem Umstand geschuldet, der etwa 30 Jahre später publik wurde: Die USA als Moderator konnten alle streng geheimen Funkprotokolle der Delegationen von Ägypten (und wohl auch Israels) mitlesen, da die Delegationen der beiden Staaten Kommunikationseinrichtungen benutzten, die der Weltmarktführer für Verschlüsselung geliefert hatte, die Crypto AG aus der Schweiz. Was damals niemand wusste: Die Crypto AG befand sich im Eigentum der amerikanischen NSA und des deutschen BND. Sie hatten Jahrzehnte vorher die Firma übernommen und buchstäblich zum trojanischen Pferd in Sachen Verschlüsselung für die meisten Staaten entwickelt, da sie alles mitlesen konnten, was als verschlüsselt versendet wurde (vgl. Förster, 2020; Pfaff/Brühl, 2020). Das Friedensabkommen belegt daher weniger die Effizienz des Ein-Text-Verfahrens als vielmehr die Bedeutung des ersten Dogmas der Verhandlungswissenschaft: Sammle soviel Informationen über die Gegenseite wie nur irgend möglich und verwerte sie im Hinblick auf das eigene Verhandlungsziel (▶ Kap. I.2).

Eines mag dieser Fall aber auch zeigen, was als Beleg für die Eigenschaft der Verhandlungswissenschaft als wissenschaftliche Disziplin spricht: Bei Verhandlungen geschieht nichts zufällig (vgl. Gates, 2019: S. 31). Sie sind einer umfassenden objektiven Analyse zugänglich, aus der dann mithilfe der einzelnen Instrumente ein umfassendes Bild von Verhandlungen und ihrer wesentlichen gesetzmäßigen Voraussetzungen, Bedingungen, Konsequenzen und Ergebnisse beschrieben werden kann. Ein wesentliches Anliegen wird es vor diesem Hintergrund künftig sein, den Einsatz bestimmter neurolingualer, verhaltensökonomischer und rhetorischer Instrumente darauf hin zu messen, welchen Einfluss sie im Fall ihres Einsatzes für den Verhandlungserfolg haben können. Ausgangspunkt ist die Behauptung vieler Autoren der »Verhandlungskunst«, mit bestimmten Methoden »Macht« in der Verhandlung ausüben zu können: So beschäftigen sich etwa Fisher, Ury und Patton eingehend mit »Machtfragen«, also damit, welche Quellen der Verhandlungsmacht genutzt werden können (vgl. Fisher/Ury/Patton, 2015: S. 250ff.; Schranner, 2016: S. 138ff., 178ff.).

Der Begriff der »Verhandlungsmacht« ist in diesem Zusammenhang viel zu ungenau. Letztlich geht es um die Frage, ob der Einsatz bestimmter Taktiken oder Verhandlungsmethoden zu einem nachweislich größeren Erfolg der eigenen Position führen kann. Damit ist letztlich ein wichtiges Thema der verhandlungswissenschaftlichen Forschung adressiert: Kann ein bestimmtes Verhandlungsinstrument in seiner Wirksamkeit tatsächlich gemessen werden? Ist es damit möglich, auch experimentalwissenschaftliche Forschungsmethoden für die Verhandlungswissenschaften zu entwickeln. Dies ist nach hiesiger Auffassung insbesondere auf der Grundlage der Verhaltensökonomie zu bejahen. Es kann als eine gesicherte Erkenntnis betrachtet werden, dass eine Vielzahl von Phänomenen, die von der Verhaltensökonomie beschrieben wurden, auch für verhandlungswissenschaftliche Ansätze von Bedeutung sind. Dies gilt etwa für die Bedeutung des »Ankerns«, der sog. »Verfügbarkeitsheuristik«, der »Repräsentativitäsheuristik«, für den sog. »Endowment Effekt« u. v. m. (Beck, 2014: S. 28ff., 145ff.). Diese Erkenntnisse spielen auch bei der Verwendung der Instrumente in Verhandlungen eine vergleichbare Rolle, da Verhandlungsentscheidungen häufig auch ökonomische Entscheidungen sind und implizit dann auch verhaltensökonomischen Gesetzmäßigkeiten folgen.

Aus diesem Grund wird der künftigen Forschung gerade die Frage als Gegenstand dienen, ob und inwieweit einzelnen Instrumenten und Taktiken ein messbares »verhandlungswissenschaftliches Veränderungspotenzial« bzw. ein »Wirksamkeitspotenzial« zukommt, das sich von einer vergleichbaren Situation unterscheidet, in der deren Einsatz unterlassen wurde. Damit ist das Tor zur sog. »experimentellen Verhandlungswissenschaft« geöffnet. Mit ihr kann z. B. durchaus ein experimenteller Ansatz für die Beantwortung folgender Fragen entwickelt werden:

- Gibt es Ursachen für die messbare Wirksamkeit eines Verhandlungsinstrumentes?
- Kann man die Effizienz unterschiedlicher Verhandlungsinstrumente – ggf. abhängig von bestimmten Settings – testen und messen?
- Können Verhandlungskonzepte auf ihre Tragfähigkeit hin getestet und gemessen werden?
- Können neue Instrumente und Verhandlungsdesigns in einem experimentellen Umfeld getestet und ihre Wirksamkeit gemessen werden?

Das was Thaler und Smith in ihren Werken für die Verhaltensökonomie und die sog. experimentelle Ökonomie entwickelt haben, bietet sich auch als Grundlage für eine experimentelle Verhandlungswissenschaft an. Damit ist auch die Option eröffnet, diese Fragen in den klassischen, sozialwissenschaftlichen Formen eines Experimentes zu untersuchen (vgl. Beck, 2014: S. 16ff.).

So dürften etwa Experimente zum Besitztumseffekt (Endowment-Effekt) in ihrer Validität auch für den Einsatz dieses Argumentes in Verhandlungen von gleicher Relevanz sein, da es konkret um die Konditionenmessung bei Verkaufsverhandlungen geht (vgl. Beck, 2014: S. 171ff.; grundlegend Thaler, 2018: S. 30ff.). Dies belegt jedoch bereits grundsätzlich, dass die Verhandlungswissenschaft das Potenzial besitzt, in Zukunft in einer Vielzahl von Einzelbereichen mit experimentalwissenschaftlichen Forschungsansätzen weitere Erkenntnisse zu generieren (vgl. Voeth/Herbst, 2015: S. 19ff., 38ff.).

2 Verhandlungen – ein kurzer geschichtlicher interdisziplinärer Abriß

Die Menschheitsgeschichte belegt an vielen Stellen, dass Verhandlungen wesentlich für geschichtliche Entwicklungen waren – und sind. Verhandeln ist daher auch ein kulturgeschichtliches Phänomen. Dies belegt nicht zuletzt auch die Bedeutung von Verhandlungen und Verträgen in der religiösen Mythologie. Bereits die Griechen und die Römer kannten eine eigene Gottheit für den Schutz von Vertrauen und den durch Eid besiegelten Vertrag: Ihr römischer Name war Fides. Die Gottheit hatte ihren Sitz in einem eigenen Tempel auf dem Kapitol, der auch als Aufbewahrungsort für die Verträge mit anderen Staaten diente (vgl. Prescendi, 1998). Die Bedeutung der Verhandlungen in der westlichen und orientalischen Mythologie kulminiert letztlich in der Bibel in den zwei Verträgen, die Gott – einseitig – mit Noah und Moses schloss und die als Bund bezeichnet werden. Ihre religiöse und damit auch persönlich-sittliche Wirkung, etwa in Form der 10 Gebote, gilt bis heute ungebrochen. Sie findet auch in der nicht nur kirchenrechtlichen Vorgabe ihren Ausdruck: »pacta sunt servanda« – Verträge sind einzuhalten (vgl. Landau, 2004: S. 457ff.).

Für die Verhandlungstheorie ist dabei wichtig, dass die Verhandlungen häufig als Abschluss eines Konfliktes bzw. Krieges oder zur Prävention einer kriegerischen Auseinandersetzung geführt wurden. Für die überkommene Verhandlungstheorie sind zur Analyse von solchen Verhandlungen und Verträgen folgende Parameter entscheidend: Wer ist Verhandlungspartei – was ist die Ausgangssituation und was ist das jeweilige Verhandlungsziel. Dies impliziert i. d. R. ein sogenanntes »kausales Narrativ«: Es gab einen Verhandlungsanlass – dieser wurde durch einen Vertrag gelöst, nachdem man vorher mehr oder weniger erfolgreich versucht hatte, diesen Verhandlungsanlass durch kriegerische Handlungen zu beeinflussen. (vgl. zur Vertragstheorie: Coing, 1976: S. 33f.).

Dieser Ansatz greift aber buchstäblich zu kurz: Jedem Verhandlungsanlass geht nämlich ein Zustand voraus, der sich durch relevante Unsicherheit auszeichnet. In seinem grundlegenden Werk »Der Schwarze Schwan« beschreibt Nassim Nicholas Taleb diese Situation dergestalt, als Verhandlungen dazu dienen, eine vorgefundene relevante Unsicherheit und die unterschiedlichen wahrnehmbaren Optionen von Zufälligkeit in dieser Lage zu beseitigen. Dadurch gelinge in der »Abbildung der Fragilität die Schaffung von Verträgen, welche die Fragilität aufheben« (vgl. Taleb, 2018: S. 17). Dies ist eine für Verhandlungssituationen fundamentale Erweiterung des Szenarios: Sie zwingt letztlich dazu, die der eigentlichen Verhandlung vorausgehende Situation zu analysieren – und daraus auch ein Bündel von Konsequenzen abzuleiten. Eine relevante – bislang kaum beachtete Konsequenz dürfte beispielsweise sein, konkret auf Verhandlungen zu verzichten, weil die wahrgenommene Unsicherheit etwa noch nicht dazu »zwingt« oder man an Handlungsoptionen denken kann, mit denen man Verhandlungen – zumindest vorübergehend – ausweichen will.

2.1 Die Konstantinische Schenkung

Nicht selten kann ein Vertrag selbst dann weitreichende Folgen bewirken, wenn er gefälscht ist. Das Regelungsinteresse ist exakt das gleiche wie bei einem regulären Vertrag: Der Fälscher bezweckt die Lösung einer ihm enorm riskant erscheinenden tatsächlichen Situation dadurch, dass er eine Verhandlung und einen Vertrag fingiert, die eine Lösung in seinem erklärten Sinn niederlegt. Die an sich anstehende Auflösung der Ungewissheit findet auch statt – sie erfolgt jedoch zum Nachteil eines anderen, der durch den gefälschten Vertrag buchstäblich um sein Recht gebracht wird. Die Ungewissheit der Ausgangssituation wird zwar so nachträglich gelöst – sie ist aber Unrecht. In der Rechtspraxis ist die Fälschung von Urkunden von einer derartigen Relevanz, dass es wohl keine Rechtsordnung gibt, die den Straftatbestand der Urkundenfälschung nicht als besonders dreistes Vergehen bestraft.

Die berühmteste Vertragsfälschung ist vermutlich auch die größte aller Zeiten: Man hat mit einer Fälschung die ganze Welt verschenkt – und das tatsächlich für Jahrhunderte lang geglaubt. Es handelt sich um die sog. Schenkung der Weltherrschaft von Kaiser Konstantin I. im Jahr 315 an den Papst. Mit diesem Dokument soll Konstantin, der erste christliche Kaiser von Rom, nach einer Wunderheilung vom Aussatz durch den Papst Silvester I. (den späteren heiligen Silvester) diesem die Herrschaft über die ganze Welt übertragen haben (vgl. Fuhrmann, 1968)

Ideologisch ist damit festgelegt worden, dass der Kaiser auch und gerade seine weltliche Gewalt an den Papst und die Kirche abgetreten habe, die damit die Weltherrschaft ihrerseits für die Zukunft vergeben könne. Damit ist die mittelalterliche Einheit von Kirchenherrschaft und Weltherrschaft hergestellt worden. Für die Begünstigten, also den Papst und die katholische Weltkirche, diente die Fälschung dazu, eine enorme Unsicherheit für ihren Status zu beseitigen: Der ständige Disput, ob die Weltherrschaft ohne Gottesherrschaft existieren und damit, ob der Kaiser als Inhaber der weltlichen Gewalt auch die Religion in ihre Schranken weisen könne, war damit für viele Jahrhunderte beseitigt. Und mit der Schenkung an den Papst war das Kirchenoberhaupt auch das Weltoberhaupt mit absoluter Machtvollkommenheit geworden. Es dauerte etwa 1000 Jahre, bis der endgültige Nachweis der Fälschung gelang: Die Sprache der Urkunde wich nachweislich vom Sprachgebrauch des 4. Jahrhunderts ab. Es dauerte weitere Jahrhunderte, bis der Vatikan endlich im 19. Jahrhundert die Fälschung offiziell feststellte und der Anspruch auf weltliche Macht nicht durch ein Geschenk des römischen Kaisers gerechtfertigt sein könne (vgl. Zeillinger, 1986).

2.2 Der Kauf von Louisiana

Was halten Sie vom Kauf einer Fläche größer als Westeuropa – und das für umgerechnet etwa 250 Millionen Euro? Das entspricht dem Bruttosozialprodukt von Deutschland in einer Stunde! Und noch besser: Der Verhandler hat dazu keine Vollmacht, weil niemand in seiner Regierung mit so einem Vertrag überhaupt gerechnet hatte. Kann nicht sein? Doch! Einen solchen Vertrag gab es tatsächlich – es ist der Vertrag über den »Louisana Purchase«, der im Jahr 1803 abgeschlossen wurde.

Ausgangspunkt des Vertrages war eine enorme Ungewissheit: Die amerikanischen Siedler westlich der Appalachen nutzten den Mississippi zum Export ihrer Waren. Dazu mussten sie den Hafen von New Orleans ansteuern. Nachdem aber Frankreich im Jahr 1800 unter Napoleon endgültig die Herrschaft von den Spaniern über diesen einzigen Exporthafen am Mississippi übernommen hatten, war unklar, ob dieser Exportweg dauerhaft zur Verfügung stehen würde. Die Beseitigung dieser Unsicherheit durch einen Krieg um die Herrschaft am Mississippi gegen Frankreich kam aber für den damaligen US-Präsidenten Thomas Jefferson nicht in Frage: Die Republik Frankreich war seit Gründung der USA ein ideeller und tatkräftiger Verbündeter des jungen Bundesstaates und ein gemeinsamer Gegner Großbritanniens.

Zur Lösung dieser existenziellen Unsicherheit für die wirtschaftliche Zukunft der USA beabsichtigte Jefferson, einen Kauf von New Orleans sowie der Fläche von Lousiana am Golf von Mexico mit Napoleon zu verhandeln. Nach langen Diskussionen entschied sich Napoleon für das Kaufgeschäft. Sein Interesse an der gesamten französischen Expanionsfläche westlich des Mississippi war deutlich geschwunden, nachdem er mit einer endgültigen Niederlage in Amerika u. a. infolge der Unterlegenheit der französischen Flotte in der Karibik rechnete. In dieser Situation etwas zu verkaufen, dessen Verlust man ohnehin befürchten musste, das ist auch noch heute ein akzeptierter Verhandlungsstand (»Sell what you'll probably loose«). Diese Interessenlage war aber im Detail den Vertretern der USA so nicht bekannt. Der beauftragte James Monroe (später selbst Präsident der USA) und sein Kollege Livingston wollten also an sich nur New Orleans und das umliegende Gebiet erwerben – für maximal 10 Millionen US-Dollar. Doch plötzlich bot Ihnen Napoleon den gesamten Mittleren Westen (das von Frankreich beanspruchte Flußeinzugsgebiet des Missisippi) für 15 Millionen US-Dollar an. Dies war ein Geschäft, zu dem sie in keinem Fall berechtigt waren. Und dennoch war ihnen die historische Gelegenheit bewusst – sie akzeptierten das Angebot und kauften ohne Vollmacht.

Die weiteren Verhandlungen zogen sich zwar noch hin, aber im Oktober 1803 wurde der Vertrag vom US-Kongreß ratifiziert und in die Tat umgesetzt. Napoleon konnte sich auf Europa konzentrieren und mit dem Kaufpreis seine Kriegskasse verstärken. Sein strategischer Plan, die Konzentration auf Europa ging auf: In der Schlacht von Austerlitz im Dezember 1805 errang er den entscheidenden Sieg für die Vormachtstellung in Westeuropa. In der historischen Perspektive ist die völlig unterschiedliche Entwicklung der Vertragsziele der Parteien bemerkenswert: Präsident Thomas Jefferson und seine Verhandlungsdelegation erweiterten die Fläche der Vereinigten Staaten um ein Territorium so groß wie »ganz Europa« – ohne ein einziges Menschenleben zu opfern. Man schuf so friedlich und dauerhaft die Grundlagen für die weitere Expansion und die Großmachtstellung der USA. Auch heute noch gilt der Vertrag als das »beste Geschäft in der Geschichte der USA«. (vgl. Gerste, 2003). Napoleon kämpfte um ganz Europa; seine ruinösen

Kriege kosteten Millionen an zivilen und militärischen Menschenleben – und zum Schluss verlor er alles in der Schlacht von Waterloo.

2.3 Der Nato-Vertrag

Unter den Mitgliedsstaaten des NATO-Vertrages herrscht seit dessen Ratifizierung im August 1949 mittlerweile seit 70 Jahren ununterbrochen Frieden, selbst in den Zeiten des sog. Kalten Krieges. Dies rechtfertigt es sicherlich, auch dieses Vertragswerk als ein Schlüsseldokument der Verhandlungswissenschaft zu bezeichnen. Der Ausgangspunkt des Vertrages war die (»gefühlte«) Unsicherheit der 12 westlichen Gründerstaaten in der Zeit nach dem Zweiten Weltkrieg: Alle Gründerstaaten hatten die Sorge, dass die kommunistische Sowjetunion unter Stalin in der Lage – und wohl auch willens – wäre, das militärisch unterlegene Westeuropa zu erobern und so den kommunistischen Machtbereich entscheidend zu vergrößern. Die kommunistische Expansionsdoktrin hatte sich in der kompromisslosen Einführung sozialistischer Regierungsstrukturen in den ostmitteleuropäischen Staaten hinter dem »Eisernen Vorhang« gezeigt.

Dies führte zur Diskussion eines Abwehrbündnisses. Verhandlungspartner und Vertragspartei sollten also nur die 12 westlichen Staaten sein, nicht aber die Sowjetunion: Man sah übereinstimmend keine Option für einen wirksamen Friedens- und Abrüstungsvertrag mit der von Stalin regierten Sowjetunion und ihren Satellitenstaaten. Dies war auch auf die Erfahrung mit der Umsetzung der sog. Potsdamer Vereinbarung der Siegermächte im August 1945 zurückzuführen (vgl. Blumenwitz, 1990: S. 3041ff.). Die existierende und als enorme Bedrohung empfundene Unsicherheit sollte also im gemeinsamen Interesse der Vertragsparteien durch ein defensives Bündnis reduziert werden. Dies beschreibt eindeutig die zentrale Vertragsklausel: »dass ein bewaffneter Angriff gegen eine oder mehrere von ihnen in Europa oder Nordamerika als ein Angriff gegen sie alle angesehen wird; sie vereinbaren daher, dass im Falle eines solchen bewaffneten Angriffs jede von ihnen in Ausübung des in Artikel 51 der Satzung der Vereinten Nationen anerkannten Rechts der individuellen oder kollektiven Selbstverteidigung der Partei oder den Parteien, die angegriffen werden, Beistand leistet, indem jede von ihnen unverzüglich für sich und im Zusammenwirken mit den anderen Parteien die Maßnahmen, einschließlich der Anwendung von Waffengewalt, trifft, die sie für erforderlich erachtet, um die Sicherheit des nordatlantischen Gebiets wiederherzustellen und zu erhalten«. Das Prinzip lautet daher: »Greifst du einen an – greifst du uns alle an«, was eine enorme Erhöhung des Risikos für einen potenziellen Angreifer bedeutet. Dies galt und gilt insbesondere auch im Hinblick auf die sog. nuklearen Optionen der Bündnisstaaten USA, Frankreich und Großbritannien. Dieses Prinzip wurde mit weiteren Regelungen verbunden: Zum einen der Gewährleistung der wichtigsten Prinzipien einer freiheitlichen Grundordnung und zum anderen der Installation eines »vorgeschalteten« Konsultationsmechanismus im Fall einer sicherheitspolitischen Krise (vgl. Art. 2 und 4 des Nato-Vertrages).

Der NATO-Vertrag erfuhr zwei entscheidende Erweiterungen, nämlich im Jahr 1955 mit der Einbeziehung der Bundesrepublik Deutschland im Zuge der Wiederbewaffnung und in den Jahren zwischen 1999 und 2004 durch die Erweiterung um die meisten Staaten des früheren Warschauer Paktes. Und auch der »dritte, stille Vertragspartner« wurde ausgewechselt: Der Warschauer Pakt und die kommunistische Sowjetunion gingen als Bedrohung auch am Wettrüsten zugrunde, das sich über 70 Jahre vollzog und letztlich die Kräfte des Ostblocks überstieg. Dies kann sicher auch als ein Erfolg des NATO-Vertrages angesehen werden. Auch deswegen ist das Vertragswerk bis heute eine der erfolgreichsten völkerrechtlichen Vereinbarungen: Alle Parteien halten seit mehr als 70 Jahren unverändert an seinem Inhalt fest. Dies gilt gerade für das Prinzip der massiven Abschreckung, getreu dem römischen Grundsatz »si vis pacem – para bellum« (»Wenn du Frieden willst, bereite dich auf den Krieg vor«).

2.4 Der »EU-Vertrag« einst und jetzt

Die Gründung der Europäischen Union ist wohl eines der komplexesten Themen, auch aus der Verhandlungsperspektive. Für ihre Entwicklung kann am besten als verhandlungswissenschaftliche Metapher das Bild eines Vertragswerkes verwendet werden, das sich nach und nach, fast organisch wie eine Zwiebel aufbaute und entwickelte. Der Zwiebelkern ist dabei erstaunlicherweise 50 Jahre nach seiner Entstehung bereits im Jahr 2002 verschwunden – weil der ursprüngliche Vertrag nach dem Willen seiner Vertragspartner an sich nur 50 Jahre gelten sollte: Es war der Vertrag über die Europäische Gemeinschaft für Kohle und Stahl (EGKS).

Ausgangspunkt für das umfassende völkerrechtliche Vertragswerk von heute war die enorme Ungewissheit über die zukünftige Entwicklung der europäischen Volkswirtschaften nach dem Zweiten Weltkrieg und hier insbesondere der beiden Kernstaaten Frankreich und Deutschland. Robert Schuman und Konrad Adenauer waren als führende Politiker der beiden Staaten überzeugt, dass nur eine abgestimmte und damit befriedete Entwicklung der Montanindustrien beider Länder den Wiederaufbau und das Miteinander der früheren »Erbfeindstaaten« am Rhein bewirken könne. Hinzu kam das Bewusstsein, dass wohl nur eine abgestimmt operierende Schwerindustrie auf dem Weltmarkt künftig würde bestehen können. Daneben gab es eine »hidden agenda«, die auch der jeweils anderen Seite bekannt war: Die Bundesrepublik sah in diesem völkerrechtlichen Vertrag die historische Chance zur Souveränität – und Frankreich die Option, die gefürchtete deutsche Wirtschaftskraft unter Kontrolle zu bekommen. Die angestrebte Win-Win-Situation war also klar – aber wie sollte das umgesetzt werden, wollte man nicht permanente Streitereien der Vertragsparteien riskieren? Die Lösung bestand in einem mutigen und nachgerade historischen politischen Kunstgriff: Man installierte faktisch einen dauerhaften Schiedsrichter in Form einer Behörde, der auch gleich noch supranationale Befugnisse zugestanden wurden. Diese »Hohe Behörde« war – zumindest in Europa – die erste supranationale Behörde in der Geschichte überhaupt, die durch administrative Regelungen über Produktionsquoten und Marktzugangsregelungen in den Mitgliedsstaaten verfügen konnte. Das war derart neu, dass der supranationale Charakter sogar eigens in Artikel 9 EGKS-Vertrag niedergelegt wurde: Interessenerreichung durch teilweise Aufgabe der eigenen Souveränität zugunsten einer gemeinsamen Einrichtung. Dieser völlig neue »modus operandi« zwischen Frankreich, Deutschland sowie Italien und den Benelux-Staaten trat nach vielen Diskussionen in Politik, Wirtschaft und Arbeiterschaft am 23. Juli 1952 in Kraft. Dem folgten nach gleichem Muster noch die Verträge über die sog. Europäische Atomgemeinschaft zur Regelung der friedlichen Nutzung bzw. Erforschung der Atomenergie sowie der erste Vertrag über die Einrichtung einer Europäischen Wirtschaftsgemeinschaft im Jahr 1957. Damit wurden zugleich eine supranationale Gerichtsbarkeit und ein supranationales Parlament für alle Bereiche eingeführt (vgl. Vertrag zur Gründung der Europäischen Atomgemeinschaft; Verträge der Europäischen Union: Römische Verträge (1957), Vertrag von Maastricht (1992), Vertrag von Lissabon (2007)).

Verhandlungswissenschaftlich war die Problemlage nun besser justiert: Auf den positiven Erfahrungen aufbauend ging es jetzt um die Entwicklung der europäischen Volkswirtschaften. Die Interessenlagen der potenziellen Vertragsparteien, die möglichen Win-Win-Parameter und das denkbare Lösungskonzept waren jeweils vergleichbar. Und sie waren von dem integralen, europafreundlichen politischen Geist erfüllt, diese Verträge auch mit Leben zu erfüllen; dies ging auch über den Grundsatz des »pacta sunt servanda« hinaus. Die verhandlungswissenschaftliche Bewertung dieser Entwicklung ist nicht einfach, aber es kann doch festgestellt werden, dass sich gemessen an den objektiven und gefühlten Problemen der Nachkriegszeit sowie den politischen Koordinaten Westeuropas im voll entbrannten Kalten Krieg der Ausgangsvertrag der Europäischen Gemeinschaft über alle Maßen bewährt hat. Den Höhepunkt und vorläufigen Endpunkt bildete schließlich die Neugestaltung Europas einschließlich Osteuropas im Verfassungsvertrag von Lissabon in den Jahren 2007 bis 2009.

Dennoch darf nicht übersehen werden, dass der »proeuropäische Geist« für das europäische Vertragskonstrukt doch allenthalben abgekühlt ist. Die Kulmination dieser Entwicklung war das politische Drama des »Brexit«. Aus der Sicht der Verhandlungswissenschaften steht jedenfalls fest, dass die Wirklichkeit innerhalb dieses Vertragsrahmens neuerlich von großer Unsicherheit über die künftige Entwicklung der Mitgliedsländer geprägt ist, die sich auch in massiven euroskeptischen Bewegungen wiederfinden. Dies gilt auch für das volkswirtschaftliche Zentralinstrument, die gemeinsame Währung. Auch lassen sich divergierende Interessenlagen namhafter politischer Kreise nicht von der Hand weisen; ein situativer Blick auf die unterschiedlichen politischen Programme der nationalen Mehrheitsführer Angela Merkel, Emanuel Macron, Jaroslaw Kaczinski, Viktor Orban sowie Boris Johnson genügt. Inwieweit dies ein langwährendes Vertragswerk gefährden kann, lässt sich abschließend kaum beurteilen (vgl. beispielhaft dazu Nida-Rümelin/Weidenfeld, 2007)

2.5 Die OPEC und ihr geheimer Gegenspieler

Auch in Zeiten der Klimawandeldiskussion ist das Erdöl unverändert einer der wichtigsten Energieträger der Weltwirtschaft. Der Energiepreis ist dabei langfristig relativ stabil – auch wenn die Ölpreisschwankungen in den letzten 50 Jahren enorm waren und – in den 1970er Jahren – auch Weltwirtschaftskrisen auslösten. Nach der Wirtschaftstheorie müsste für die internationale Preisgestaltung die Preisbildung auf den Weltrohstoffmärkten bzw. -börsen verantwortlich sein – wenn es da nicht einen Vertrag gäbe, der maßgeblich die Preisbildung beeinflussen würde, den OPEC-Vertrag zwischen derzeit 14 erdölexportierenden Ländern.

Als Ausgangspunkt dieses Vertrages und Motivation für die Gründerländer kann wieder eine Unsicherheit, dieses Mal eine ökonomische, gelten. In den 1950er Jahren zeichnete sich zwar einerseits eine enorm steigende Nachfrage nach Erdöl als Energieträger und Chemiegrundstoff ab. Auf der anderen Seite wuchs durch enorm verbesserte Produktionsanlagen auch das Erdölangebot – und zwar stärker als die Nachfrage. Dies führte bei einigen Ländern zu der Erkenntnis, dass nur durch ein abgestimmtes Produktionsverhalten die Preise und damit auch die Staatseinkünfte zu kalkulieren seien. Das klare Ziel der OPEC war und ist daher die Bildung eines effektiven, vertraglich fixierten Produktions- und Preiskartells. Dazu kam eine akute Bedrohung der sog. OPEC-Länder durch ein schon länger bestehendes »Gegenkartell« – es handelte sich um die sog. »Sieben-Schwestern-Organisation« der größten westlichen Ölkonzerne: Bereits 1928 hatten die sieben weltgrößten Ölkonzerne mit dem sog. Achnacarry-Abkommen ein Preis- und Produktionskartell in ihrem Sinn gegründet, das geheim arbeiten sollte und voll von den Regierungen, insbesondere der USA, Großbritanniens und der Niederlande, unterstützt wurde. Erst 1952 wurde dieses Kartell – eher widerwillig – bekanntgemacht; dem Vernehmen nach hat es bis Ende der 1960er Jahre mit Unterstützung der Regierungen funktioniert. Auch wenn es augenscheinlich nicht mehr existiert, ist die aktuelle Situation der internationalen Zusammenarbeit der Ölkonzerne wohl gegeben, wenn auch umstritten (vgl. Kemp, 2017).

Vertragliches Regelungsziel der Opec ist daher eine abgestimmte, verbindliche Willensbildung zur Vermeidung von Marktinstabilitäten. Sie ist eindeutig auf die Preis- und Mengenpolitik von Erdöl begrenzt; weitere Zuständigkeiten und Regelungsbereiche hat der Vertrag grundsätzlich nicht. Zur Umsetzung der Willensbildung wurden bestimmte Beschlussverfahren und eine Basisorganisation vereinbart: Die Organisation ist niedergelegt im sog. Opec-Statut. Demnach funktioniert die Organisation als »intergovernmental organisation«, ohne einen supranationalen Charakter zu besitzen (vgl. Art. 1 Opec-St). Das entscheidende Gremium ist die dreimal jährlich tagende Ministerkonferenz, die Entscheidungen einstimmig fällt, eine beschlussfähige Präsenz von 60 Prozent der Länder vorausgesetzt. Die Umsetzung der Beschlüsse und die Tätigkeit des Sekretariats überwacht ein Rat der Gouverneure, in den jedes Land seinen ständigen Vertreter entsendet.

Ist der Opec-Vertrag erfolgreich? Die volkswirtschaftlichen Bewertungen sind sich wohl einig in der Tatsache, dass die Preisregelung für Erdöl die Mitglieder

der Opec in die Lage versetzt hat, stabile und auch erträgliche Strukturen für ihre Länder im Finanzsektor aufzubauen. (vgl. Witte/Goldthau, 2009). Auch und gerade die informelle Kooperation mit anderen erdölexportierenden Ländern wie etwa Russland belegt die Wertschätzung dieser Einrichtung. (vgl. Stichwort Opec in: Wikipedia vom 8.9.2020). Selbst aus Umweltschutzgründen dürfte eine Politik, die Erdöl – in Grenzen – preislich verteuert, nicht abzulehnen sein. Nach dem Öl-schock 1974 hat sich jedenfalls die stabilisierende Funktion eher positiv bemerkbar gemacht, da Länder wie Saudi-Arabien auch betont die Interessen der Industrieländer an vernünftigen Energiepreisen ausdrücklich berücksichtigen. Die Kritik der Industrieländer, insbesondere der USA, ist vor diesem Hintergrund eher ein Beleg für die Wirksamkeit des Vertrages.

2.6 Fazit der historischen Betrachtung

Die dargestellten historischen Beispiele für Vertragsverhandlungen sind für die Verhandlungswissenschaft in verschiedener Hinsicht aufschlussreich:

a) Es zeigen sich in den Verhandlungen spezifische Muster und Strukturen, die für eine wissenschaftliche Analyse und darauf aufbauend auch für die Beschreibung von Ausgangssituationen, Kausalitäten, Instrumenten und Methoden von Verhandlungen und die Bewertung ihrer Ergebnisse geeignet sind. Ganz gleich, ob religiöse, strategische, gefälschte oder Verträge ohne Vertretungsmacht bzw. Verträge, die geradezu disruptiv neue Regelungsstrukturen einführen: Alle diese haben nicht nur historische, politische, juristische oder soziologische Dimensionen. Auch eine eigenständige Verhandlungswissenschaft, die sich mit Voraussetzungen, Durchführung und Resultaten von Verhandlungen beschäftigt und dabei selbstverständlich interdisziplinär angelegt ist, kann und muss Anwendung finden. Es lässt sich dazu ein einheitlicher Kanon an Bewertungskriterien der unterschiedlichen Phasen von Verhandlungen und Ergebnissen erarbeiten, der übergreifend Anwendung finden kann.
b) Das später noch eingehender dargestellte Instrumentarium der Verhandlungswissenschaft hat eine völker-, kultur-, gesellschafts- und epochenübergreifende Bedeutung. Es setzt sorgfältige Analysen voraus und kann für die wissenschaftliche Bewertung aller Verhandlungsstufen und der Verhandlungsmethodik wichtige Hinweise liefern. Dabei spielen auch und gerade die modernen Erkenntnisse der Verhaltensökonomie und der Verhaltenspsychologie eine wichtige Rolle.
c) Die Anwendung dieser verhandlungswissenschaftlichen Instrumentarien und Erkenntnisse vorausgesetzt, können auch für künftige relevante Situationen wissenschaftliche Erkenntnisse und Annahmen formuliert werden: Für die Vorbereitung und Durchführung künftiger Verhandlungen kann ein Instrumentensatz erarbeitet werden, der es erlaubt, relativ valide Verhandlungen zu strukturieren und wissenschaftsbasiert zu beeinflussen. Dies setzt allerdings voraus, sich diesen Erkenntnissen zu öffnen und darauf zu verzichten, Verhand-

lungen aus »einem Bauchgefühl« oder aufgrund eigener »Erfahrungen« zu führen (vgl. Voeth/Herbst, 2015: S. 31f.).

d) Die Menschheitsgeschichte hat derart viele Einzelfälle von bemerkenswerten Verhandlungen aufzubieten, dass daraus eine noch spannendere wissenschaftliche Aufgabe abgeleitet werden kann, die sich mit ihrer Sammlung, Analyse und Systematisierung beschäftigt. Es versteht sich von selbst, darin auch eine Fundgrube von Einzelaspekten zur Bereicherung der Verhandlungswissenschaft zu sehen.

Die Umsetzung dieser Erkenntnisse führt uns mitten hinein in die einzelnen Handlungsfelder der Verhandlungswissenschaft, die wir in den folgenden Kapiteln behandeln werden.

3 Life is negotiation: Wichtige Fallgruppen für Verhandlungsszenarien

Vielen wird erst beim genauen Überlegen bewusst, in welchen mannigfaltigen Situationen Verhandlungen üblich sind – oder sein könnten; und es wird ihnen auch nicht selten schmerzlich bewusst, in wie vielen dieser Situationen durch den Verzicht auf vernünftiges Verhandeln ein anderer wirtschaftliche Vorteile gewinnen kann, die man letztlich selbst bezahlt. Für die Verhandlungswissenschaft ergeben sich daraus eine Fülle von interessanten Forschungs- und Arbeitsansätzen.

Die nachfolgenden Bereiche geben dabei nur die wichtigsten Anwendungsfelder erfolgsorientierter Verhandlungen wieder. Aus Ihnen können wiederum wichtige Rückschlüsse auf Grundprinzipien des Verhandelns gezogen werden, die typischerweise ihren Verlauf beeinflussen – und zwar positiv wie negativ. Als ausgebildeter Rechtswissenschaftler bediene ich mich dabei schwerpunktmäßig der Aufbaumethodik im Bürgerlichen, im Handels- und Wirtschaftsrecht. In diesem Bereich gibt es eine Fülle von wissenschaftlichen Untersuchungen etwa zur Bedeutung von Kaufverträgen, aber auch zum Einsatz von Absatztechniken. Das Instrumentarium dafür bilden in allen Fällen methodisch gelungene Verhandlungen.

(1) Der Kauf und Verkauf von Grundstücken, Gebäuden, Baurechten etc. ist prägend für jede entwickelte Volkswirtschaft. Allein der Wert der Objekte in Deutschland, die dem sog. Corporate Real Estate Management im betrieblichen Bereich unterliegen, beträgt nach einer profunden Studie 3 Billionen Euro, davon ca. 500 Milliarden Euro an Grundstückswerten (vgl. Pfnür, 2013: S. 20). Die »Transaktionserfahrung« wird dabei durchaus kritisch bewertet, was nichts anderes heißt, als dass wirtschaftliche Potenziale im Bereich effizienter Transaktionen durch verbessertes Verhandeln durchaus zu heben sind. Hinzu kommen die unzähligen Eigentumsverhandlungen im Privatbereich, etwa Kauf und Verkauf von Grundstücken, Häusern, Eigentumswohnungen.

(2) Der KFZ-Bereich ist ein idealtypisches Segment für die Bedeutung von Verhandlungen gerade auch für Konsumenten. Die Zahl von 3,41 Millionen Neuzulassungen jährlich in Deutschland bei einem Bestand von 46,4 Millionen Pkw belegt eine volkswirtschaftliche Relevanz im Volumen von ca. 500 Milliarden Euro Verkehrswert. Wenn ein Pkw nur durchschnittlich einmal in 6 Jahren als Gebrauchtwagen verkauft würde (faktisch 7,19 Millionen Besitzummeldungen), bedeutete dies zuzüglich zu den Neuwagenkäufen ein Handelsvolumen von ca. 10 Millionen Pkw jährlich (vgl. Statistisches Bundes- und Kraftfahrtbundesamt mit Zahlen für 2018). Die Tatsache, dass Gebrauchtwagenhändler einen berüchtigten Ruf haben, belegt für sich genommen die Tatsache, dass geschickte Händler in diesem Verhandlungsbereich zu Lasten ungeschulter Privatkunden profitieren können (vgl. Elster, 2010).

(3) Der Einkauf von Vorprodukten für die Produktion ist ein klassisches Segment der Industriebetriebslehre. Im professionellen Einkaufs- und Verhandlungsmanagement liegen nach wie vor die größten Einsparpotenziale (vgl. Wannenwetsch, 2009). Es liegt auf der Hand, dass Beschaffungsverhandlungen ein ertragreiches Untersuchungsobjekt für die Verhandlungswissenschaft sind (vgl. Voeth/Herbst, 2015: S. 130f.).

(4) Die Verhandlung von Mietkonditionen ist ein weiteres Gebiet von enormer volkswirtschaftlicher, aber auch persönlicher Relevanz. Dazu kann ein Beispiel dienen, das sich mit Einbauobjekten in Mietwohnungen befasst: Es ist der Kauf von Einbauküchen durch Mieter, der einen weitverbreiteten Verhandlungsgegenstand darstellt und mit enormen Tücken behaftet ist. Hat ein Mieter selbst für eine leere gemietete Wohnung die Küche gekauft und eingebaut – ist er beim Auszug auch verpflichtet, diese auszubauen und mitzunehmen. Dies ist häufiger als man glaubt und auch mit enormen Wertverlustrisiken verbunden. Die Lösung ist denkbar einfach: Man bietet sie dem Vermieter oder dem Nachmieter an. Das Problem dabei ist, diese müssen die Küche nicht übernehmen – das Ergebnis: Gewiefte Vermieter kalkulieren die Abbaukosten – und bieten einen Preis für die Küche an, der ein wenig über dem Verkehrswert abzüglich der Abbau- und Umzugskosten liegt, anschließend vermietet der Vermieter die Wohnung möbliert teurer, ggf. mit einer Reparaturklausel für die Elektrogegenstände. Dies ist ein klassisches Verhandlungsgeschäft, bei dem der Vermieter gezielt die wirtschaftliche Unsicherheit des Mieters zu seinen Gunsten ausnutzen kann. Wie man darauf reagiert, das werden wir noch später aus Sicht der Verhandlungswissenschaft zeigen.

Auch das Hinterlegen einer Kaution ist ein klassisches Element eines Wohnungsmietvertrages. Faktisch liefert der Mieter dem Vermieter damit einen nicht unerheblichen Betrag als »Faustpfand« für Fragen der Vertragserfüllung. Das Verhandlungsspiel bei Mietende ist dann bekannt: Der Vermieter moniert Mängel an der Mietsache und hält die Kaution zurück – zum Zorn des Mieters. In vielen Fällen kommt es zu einem knallhart kalkulierten Deal, man vergleicht die gegenseitigen Positionen und verliert einen Teil seiner Kaution, häufig nach dem Grundsatz: nur schnelles Geld ist gutes Geld (Förscher/Steinle/Kaiser, 2020: Rd. 988)

(5) Die Verhandlungen von Tarifverträgen können mit Recht als volkswirtschaftliche Schicksalsentscheidungen für ganze Branchen bezeichnet werden. Das damit zusammenhängende kollektive Verhandlungsritual ist paradigmatisch: Vom »Vorspiel« im Verhandlungsgeplänkel, ersten Warnstreiks, konfrontativen Warn- und Verhandlungsszenarios bis hin zum dramaturgischen Höhepunkt der durchverhandelten Nacht mit anschließender öffentlichkeitswirksamer Einigung – eigentlich ist jeder Personalwirtschaftler mit derartigen Prozessen vertraut und doch haben diese ihre Faszination nicht verloren. Geschickte Verhandlungsstrategien können hier über millionenschwere Schäden infolge von Arbeitskampfmaßnahmen entscheiden, aber auch über hohe Kosten infolge von ungeschickt ausgehandelten Tarifpaketen.

(6) Ganz gleich ob Medikamentenpreise, Verhandlungen über medizinische Hilfsmittel oder die berüchtigten IGEL-Leistungen bei behandelnden Ärzten: Auch hier ist es eine Binsenweisheit, dass die geschickt verhandelnde Partei enorme Mehreinnahmen bzw. Einsparungen generieren kann. Die Verhandlungsszenarien sind unterschiedlich – können aber erfolgreich strukturiert werden, wie wir noch darlegen.

(7) Auch Verhandlungen mit Handwerkern über Entlohnung, Leistung und Sachlieferung, Reklamation oder ein illegales »Bargeschäft ohne Rechnung aber mit vollem Risiko« sind zu nennen: Wer kennt nicht aus eigener Erfahrung das finanzielle Potenzial, das Verhandlungen in diesem Bereich bergen.

(8) Auch bei »Familienverhandlungen« (Ehevertrag – Erbschaft – Scheidungsverhandlungen) haben wir es mit einem Segment zu tun, in dem Milliarden bewegt werden: Unterhaltszahlungen, Zugewinnausgleich, Firmenauseinandersetzungen – die Verhandlungsszenarien waren und sind hier derart unterschiedlich, aber auch häufig so konfliktbeladen, dass hierfür maßgeblich ein neues Verhandlungsszenario mitentwickelt wurde, das heute vielfach Anwendung findet: die Mediation (▶ Kap. III.11.4).

(9) Ein Kernfeld bilden auch die Verhandlungen im betrieblichen Umfeld: Mitarbeiterführung, Betriebsvereinbarung, Gehaltsfragen, Mitbestimmung und Arbeitsplatzabbau – dies alles sind Gebiete, in denen die Verhandlungskunst enorme Relevanz für den betrieblichen Erfolg oder den Misserfolg aufgrund dauernder Streitigkeiten haben kann. Wir werden gerade auch hier sehr gute Einzelbeispiele für Elemente der Verhandlungswissenschaft finden.

(10) Unternehmenstransaktionen, Mergers & Acquisitions (M&A)-Geschäfte und Betriebssanierungen belegen ebenfalls die Relevanz gelungener Verhandlungen und ihre unmittelbaren Kapitalauswirkungen im Erfolgs- wie im Misserfolgsfall. Ein aktuelles Beispiel ist etwa die Übernahme des deutschen Sandalenherstellers Birkenstock durch die französische LVMH-Gruppe zu einen Rekordpreis von mehreren Milliarden Euro (vgl. Finkenzeller, 2021)

4 Die Interdisziplinarität der Verhandlungswissenschaft

Verhandlungen laufen in der Regal nach bestimmten juristischen, kognitiven, wirtschaftlichen, psychologischen, sozialen und kommunikativen Prinzipien ab, aus denen sich in vielen Fällen übereinstimmende Mechanismen ableiten und formulieren lassen. Ist dem so, so können Verhandlungen als Grundlage für wissenschaftliche Untersuchungen dienen, aus denen durch Analyse, Beschreibung, Induktion und Deduktion relevante Erkenntnisse abgeleitet und auf andere Verhandlungssachverhalte angewandet werden können (vgl. zum Wissenschaftsbegriff Beck, 2014: S. 9f., 393ff. und Voeth/Herbst, 2015: S. 19ff.). Dies gilt sowohl für Parameter guten Verhandelns – als auch für typische Fehlerquellen und Risikofaktoren, die den Verhandlungserfolg gefährden oder ausschließen können.

Damit sind die wesentlichen Grundlagen für die Etablierung einer eigenen Disziplin der Verhandlungswissenschaft gegeben. Sie ist erkennbar nicht »eindimensional«, sondern operiert interdisziplinär innerhalb der Beiträge folgender relevanten Wissenschaften (vgl. Balzer, 2009: S. 264f.):

- Rechtswissenschaft,
- Wirtschaftswissenschaft/Verhaltensökonomie,
- Psychologie/Verhaltenspsychologie,
- Soziologie,
- Rhetorik und Kommunikationswissenschaft.

Dies führt uns zu einer weiteren Erkenntnis, die entscheidend für die Existenz und die Relevanz der Verhandlungswissenschaft ist: Gutes Verhandeln kann man lernen, da die aufgeführten Mechanismen wissenschaftlich beschrieben sind und didaktisch aufbereitet werden können – es kann daher auch geschult und trainiert werden.

Im Mittelpunkt dieses Lehrbuchs steht dabei eine angewandte und praxisnahe, weniger »fundamentaltheoretische« Behandlung der Verhandlungswissenschaft. Gerade so können die Grundlagen für die lebensnahe Befassung der wissenschaftlichen Methodik gelegt werden, die auch eine anerkannte Relevanz finden können. Dies wird im Folgenden nun näher dargelegt.

Kapitel II: Grundlagen und Elemente der Verhandlungswissenschaft

Die Verhandlung ist – bislang – ein rein anthropologisches Phänomen: Es ist den Menschen und ihren Vereinigungen vorbehalten; selbst wenn man erkenntnistheoretisch davon ausgehen kann, dass theoretisch auch andere intelligente Lebewesen verhandeln können. Man wird auch davon ausgehen dürfen, dass Computer oder technische Einheiten mit sog. künstlicher Intelligenz zu Verhandlungen imstande sind. Die bereits existierenden technischen Fähigkeiten von Computern bei Spielen wie Schach belegen dies. Daneben werden Verhandlungsfunktionen des täglichen Lebens bereits jetzt von Computern unterstützt. Dies zeigen die sog. »negotiation bots« bei Akquisevorgängen des täglichen Lebens. Handelsplattformen wie z. B. Amazon und Google haben hochentwickelte Verkaufsprogramme in Betrieb, die bereits jetzt in Millisekundenschnelle eine Fülle von Daten des verhandelnden Menschen »auf der anderen Seite der Leitung« analysieren und daraus algorithmengestützt versuchen, optimale Verkaufskonditionen zu ermitteln und anzubieten, mit diesen die Verkaufsentscheidung des Kunden anzubahnen und die Motivation für die Kaufentscheidung auszulösen (vgl. Voeth/Herbst, 2015: S. 15f.). Dabei werden gezielt die wesentlichen Erkenntnisse der Verhaltensökonomie zum Entscheidungs-, Kauf- und Vertragsabschlussverhalten verwendet.

1 Basisstrukturen und -funktionen des Verhandelns

1.1 Verhandeln setzt einen ungewissen Zustand voraus, der überwunden werden soll

Gäbe es Sicherheit über die Ziele von zwei Parteien – dann müsste man nicht verhandeln, zumindest nicht im klassischen Sinn: Ein eindringliches Beispiel für die Verhandlungswissenschaft ist bereits der Kauf von Trinkwasser, etwa zum Preis von 20 Cent für die Literflasche plus Pfand – an sich ein problemloses Massenphänomen. Droht aber ein Hurrikan und verbreitet sich damit die Ungewissheit, wie der Trinkwasserbedarf nur für die nächsten Stunden und Tage befriedigt werden kann, kommt es schlagartig zu Massenphänomenen wie Hamsterkäufen. Interessanterweise neigen gerade in dieser Situation Verbraucher dazu, enorm preisempfindlich zu werden: Es wird jedenfalls sofort das Unfairness-Phänomen ausgelöst, das etwa die Bewertung eines Supermarktes dramatisch beeinflusst, der versuchen würde, diese Notsituation übermäßig durch Preistreiberei auszunutzen: Das »Verhandlungsangebot« des Supermarktes würde an sich nach den Marktgesetzen verändert sein: Du bekommst von dem von mir angebotenen, jetzt plötzlich knappen Gut Trinkwasser nur dann ausreichend Ware, wenn du einen massiven Preisaufschlag zahlst (etwa den fünffachen Preis, also 1 Euro, für die Literflasche) – das mag zwar noch angehen. Aber bedenken wir, dass die Käuferreaktion sich nicht unbedingt an die marktwirtschaftliche Theorie halten muss: Diese wäre die Zahlung des erhöhten Kaufpreises. Ein negatives Element käme dann etwa in Form der Verhandlungsevaluation »nach dem Kauf ist vor dem Kauf« hinzu. Sie könnte in dieser Notsituation beim Kunden derart negativ ausfallen, dass sie buchstäblich ruinöse Folgen haben kann, weil etwa Medien zum Boykott dieses unsolidarischen Supermarktes aufrufen. Und es kann zu einer anderen Reaktion kommen: Die Bereitschaft zum Verhandeln wird vom Käufer abgebrochen, weil er zur Gewaltanwendung bereit ist, um seine Bedürfnisse zu befriedigen (vgl. Thaler, 2018: S. 173ff.). Eine bemerkenswerte Alternative: Würde der Supermarkt den Preis etwa um 1 Cent senken und offen anbieten, für die üblichen 400 Kunden das Wasser zu rationieren, damit jeder etwas erhält, der Marktleiter wäre der unangefochtene Star, den man auch künftig als Verbraucher beehren würde. Die zentralen Elemente des Verhandlungsszenarios – Ausgangssituation – Parteiinteressen – Konditionen – Bedürfnisbefriedigung – Evaluation einer Verhandlung sind so beispielgebend analysierbar.

Verhandlung ist also das zentrale Instrument, um Unsicherheit durch Vereinbarung zu reduzieren oder sogar zu minimieren. Dabei geht es auch darum, unterschiedlich Wahrscheinlichkeiten bzw. Unsicherheitsfaktoren in der Vorbereitung zu analysieren und zu kalkulieren. Daraus können dann die Parameter abgeleitet werden, die die Elemente des Verhandlungsgegenstandes darstellen – und zwar für beide Verhandlungsparteien. Es liegt auf der Hand, dass mit der subjektiven Unsicherheit eines Verhandlungspartners auch häufig ein Bedürfnis nach bestimmten Gütern oder Zuständen verbunden ist. Aus diesem Grund wird als wesentliches Verhandlungsmotiv in der Literatur auch die Bedürfnisbefriedigung genannt. Da Bedürfnisse aber auch anders als durch Verhandlungen befriedigt werden können, etwa durch Eigenproduktion, ist die Bewältigung von Unsicherheitsfaktoren das sachnähere Motiv für Verhandlungen. Nassim Taleb (2018: S. 16) hat die Sinnhaftigkeit von Verhandlungen auf den Punkt gebracht: Man benötigt (hoch-)entwickelte Methoden und eine gesunde Auffassung bezüglich der Problemstellung, dazu auch ein detailliertes Verständnis von der Zufälligkeit und der Risikoverteilung, dies sind Kernelemente der Vertragstheorie und damit auch der Methodik guten Verhandelns. Auch die weitere Kernaussage von Taleb hat langwirkende Gültigkeit: Es geht bei Verhandlungen nicht nur darum, präzise Vorhersagen zu formulieren – auch wenn viele Vertragsverhandlungen gerade dieses Ziel haben; genauso wichtig ist es, Schäden zu vermeiden, die zufällig passieren können und ebenso Zufälligkeiten ausnutzen zu können, die als erhoffter Erfolg die ersehnten Verbesserungen für die Vertragsparteien erbringen.

1.2 Verhandeln knüpft an der Unsicherheitsbewältigung an und regelt die Konditionen der Einigung

Hier setzt ein zentraler Verhandlungsgrundsatz an, der typischerweise die Grundlage gerade von komplexen Verhandlungen ist: Es ist nichts vereinbart, bevor alles vereinbart ist (vgl. Gates, 2019: S. 21). Die vollständige Bestimmung der Konditionen eines Kaufes etwa, wenn feststeht, dass etwas gekauft werden soll, prägt viele Verhandlungen des Alltagslebens: Das »Ob« des Kaufes steht prinzipiell fest, jetzt geht es um das »Wie«. Wir befinden uns also klassischerweise in der Welt des »Feilschens«, bei dem ganz hart um den Preis gepokert wird. Dieser Bereich ist auch verhaltensökonomisch von hohem Interesse, da eigentlich hier durch Verhandlung die Preisfunktion bzw. das Entgelt für die Ware bestimmt wird. Der an sich verblüffenden Ausgangsfrage »Warum ist dieser Preis nicht richtig« widmet sich etwa Nobelpreisträger Richard Thaler (2018: S. 24ff.) anhand vieler Einzelfälle. Er belegt, dass die Preisbildung nicht mathematisch korrekt ist, sondern u. a. durch psychologische Faktoren aber auch Verhandlungen nebst der dabei wirksamen kognitiv-emotionalen Fehlleistungen (Biasses/Fallacies) geprägt wird. Dies wird gerade dann von Bedeutung sein, wenn wir uns dem »Microsetting« der Verhandlung zuwenden.

1.3 Verhandeln setzt eine Situation voraus, die eine gemeinsame gleichgerichtete Entscheidung nicht zulässt

Die Bedeutung dieses Grundsatzes wird verhandlungswissenschaftlich auf eine an sich verblüffende Art belegt: Es gibt in der Lebenswirklichkeit eine Fülle von Situationen bzw. es werden Partnern Situationen vorgespiegelt, in denen angeblich aufgrund einer gemeinsamen Interessensituation eine Verhandlung nicht nötig ist, bis sich herausstellt, dass eine faire Vereinbarung richtig gewesen wäre, da die Entwicklung der Wirklichkeit eine Partei massiv bevorteilt (und diese häufig diese Entwicklung sogar beabsichtigt) hat.

Dazu ein (trauriges) Beispiel: Beim klassischen Anlagebetrug wird durch einen Anlagevermittler der Eindruck vermittelt, dem Kunden für eine »geringe Provision« einen »todsicheren Anlagetipp« zu erhalten. Der Kunde übergibt dazu dem Anlagevermittler einen hohen fünfstelligen Betrag; Monate später erfährt er, dass der Anlagetipp ein großer Anlagebetrug war: Das Geld ist weg, die Provision ist gezahlt – und in den meisten Fällen bleibt das Opfer auf seinem Schaden sitzen. Es wurde in der Illusion gewiegt, eine detaillierte Anlagevereinbarung mit Beratungsnachweis und Haftungsvereinbarung sei nicht nötig, man wolle ja dasselbe wie das spätere Opfer, nämlich Gewinn erzielen. Es bleibt nur die bittere Erkenntnis, dass hier sogar eine Anlage bei einer Geschäftsbank mit Negativverzinsung bei weitem lohnender gewesen wäre.

Die Frage, wo ein Raum für eine gemeinsame gleichgerichtete Entscheidung/Interessenlage besteht, ist aber auch positiv von enormer Bedeutung. Positiv beschreibt die Antwort das Spektrum an möglichen Optionen, in dem sich die anzustrebende Einigung bewegen sollte. Dies erst rechtfertigt die Grundsatzentscheidung für den Beginn von Verhandlungen.

1.4 Verhandeln setzt einen oder mehrere Partner voraus

Diese Feststellung mag banal klingen, sie ist aber für die Verhandlungswissenschaft von enormer Bedeutung, etwa dann, wenn ein Verhandlungspartner letztlich zwei Parteien und ihre Interessen vertritt und ggf. die Möglichkeit hat, sogar eine Einigung herbeizuführen. Was für den Laien paradox klingt ist für den Juristen ein spannendes Feld: Es handelt sich um das sog. »In-sich-Geschäft« nach § 181 BGB: Der unzuverlässige Enkel Alfred wird zum Betreuer seiner vermögenden Großmutter Maria in Vermögensangelegenheiten bestellt. In dieser Situation verkauft er an eine Immobiliengesellschaft in seinem Besitz ein wertvolles Baugrundstück weit unter Wert und schenkt seiner Geliebten im Namen seiner Großmutter einen teuren Ring aus dem Familienschmuck. Dieses kleine Beispiel führt in das weite Feld der klassischen Untreue und sie zeigt die Notwendigkeit, durch rechtliche Normen in solchen Situationen für das Vorhandensein mehrerer Parteien zu sorgen, um faire Verhandlungen über ein wichtiges Thema überhaupt erst zu ermöglichen. Auf diese Weise können die ansonsten einer »abgekürzten inneren« Verhandlung innewohnenden potenziellen Interessenkonflikte kaum vermieden werden. Die deutsche Rechtsordnung verlangt die Beachtung von bestimmten Formvorschriften, um zumindest die Rechtsfolgen einer solchen Verhandlung und Vereinbarung nach außen zu dokumentieren (z. B. § 35 Abs. 4 GmbHG für die sog. »Ein-Mann-GmbH«).

1.5 Verhandeln setzt die Erkenntnis voraus, was überhaupt erreicht werden kann

Die Bandbreite möglicher Interessenlagen ist so groß wie die Gesamtheit der jeweiligen Unsicherheit. Dabei spielt auch die Frage eine Rolle, inwieweit mit dem jeweiligen Verhandlungspartner überhaupt Ansätze und Lösungen für die Beseitigung der Unsicherheit gefunden werden können: Dabei gibt es unterschiedliche Kategorien:

- Zeit: Das Verhandlungsziel reicht von befristeten bis hin zu dauerhaften Lösungen.
- Sache: Gibt es provisorische Lösungen, teilweise oder vollständige Lösungsansätze?
- Lösungsaufwand: Ist der Aufwand betriebswirtschaftlich oder finanziell denkbar, gibt es nur ein begrenztes Lösungspotenzial?

- Personen/Subjekte (häufig auch juristische Personen): Ist die Lösung für alle Beteiligten oder nur für eine bestimmte Teilgruppe denkbar, attraktiv oder überhaupt möglich?
- Restunsicherheit: Kann die Verhandlung umfänglich sein oder gibt es relevante Restrisiken und -unsicherheiten und wie geht man mit ihnen um?

Aus der Fülle der dargestellten Verhandlungsoptionen können sich unterschiedliche Lösungsinteressen in zeitlicher, sachlicher, subjektiver und ressourcenbezogener Hinsicht ergeben. Auf diese wird im Folgenden noch eingegangen werden – hierzu ein Praxisbeispiel: Im Rahmen der Einführung einer neuen Betriebssoftware für eine Krankenversicherung zeichnete sich ab, dass durch die erheblich gesteigerte Leistungsfähigkeit des Betriebssystems ein Abbau von bis zu 500 Mitarbeitern binnen 2 Jahren möglich werden könnte, da viele Tätigkeiten automatisiert würden. Dagegen wehrten sich Gewerkschaften und die Personalvertretung erbittert, was für den Personalvorstand zwar nachvollziehbar war. Zugleich war er gesetzlich gezwungen, die Verwaltungskosten dauerhaft zu stabilisieren und nach Möglichkeiten auch abzubauen. Die Einführung der Betriebssoftware war mitbestimmungspflichtig: Ohne die Zustimmung der Personalvertretung ging also »vorübergehend« nichts, was aber in einem Einigungsverfahren »mit der Brechstange« hätte durchgedrückt werden können. Gleichzeitig war aber auch die (skeptische) Arbeitnehmerbank im Aufsichtsgremium zu berücksichtigen. Die Lösung war letztlich ein klassischer Kompromiss: Es wurde die Einführung der Betriebssoftware akzeptiert – gegen die Zusicherung, keine betriebsbedingten Kündigungen für die Dauer von 3 Jahren durchzuführen und das Abbaupotenzial auf die Hälfte der möglichen Reduktionen für die gleiche Zeit maximal zu begrenzen. Es war also nur ein Mix für den Personalvorstand erreichbar: Dauerhafte Einführung der Software und eine zeitlich begrenzte Lösung zur Personalwirtschaft – dennoch gelang es, dafür auch die Zustimmung der Krankenversicherungsaufsicht zu erreichen.

Gerade dieses Beispiel zeigt, dass ohne eine sorgfältige Analyse der Interessenposition der Beteiligten eine Verhandlung auf keinen Fall erfolgreich gewesen wäre. Zielbestimmung, Kommunikationsstrategie, Einbeziehung betreffender Aufsichtsgremien und die Erarbeitung eines interessenausgleichenden Lösungsvorschlags – ohne diese umfassende Wahrnehmung der Situation des Verhandlungspartners wäre der angestrebte Kompromiss wohl nur schwer möglich gewesen. Diese Strategie kann für viele Verhandlungssituationen beispielgebend angeführt werden. Ein Blick in die Standardliteratur zu Verhandlungen lehrt dabei, dass gerade diese Punkte häufig kaum oder gar nicht behandelt werden. Dabei gibt es an sich – nach den vorstehenden Darlegungen – keine Ausgangssituation von Verhandlungen, in der aus Sicht der Verhandlungswissenschaft diese Fragen nicht gestellt werden müssten.

Sicherlich ist die Behandlung dieser Aspekte in vielen alltäglichen Verhandlungen reine Routine, die unbewusst und nonverbal abläuft. Dies gilt etwa für eine Fülle von Geschäften des täglichen Lebens, etwa konkret für die »Verhandlung«

über einen Reifenwechsel beim Fachhändler. Die Relevanz dieser Fragen stellt sich allerdings dann, wenn irgendetwas unplanmäßig verlaufen sollte – und der Betrieb dafür durch Allgemeine Geschäftsbedingungen (AGB) eine vorgefertigte »Verhandlungsantwort« bereithält, mit deren Ergebnis der Kunde nicht einverstanden ist. Ein Beispiel mag dann etwa die Freizeichnung für Verschulden von Mitarbeitern bei der Reifenkontrolle sein, mit der ein Unfall mit seinen Schadensfolgen beim Kunden verbleibt – obwohl ein Verschulden des Mitarbeiters vorgelegen hatte. Hier zeigt sich die Relevanz der Vorbereitung von möglichen Verhandlungssituationen.

2 Die Erreichung des Verhandlungsziels – rationaler Prozess oder emotional-rationales Szenario?

2.1 Verhandlungen sind ein rational abbildbarer Prozess?

Das bekannteste Forschungsinstitut, das sich mit Fragen der Verhandlungswissenschaft beschäftigt, ist die Harvard School of Negotiation. Der dort propagierte Ansatz versteht unter Verhandlung einen im Wesentlichen rational vollständig erklärbaren Vorgang, der sich folgendermaßen beschreiben lässt: Entscheidend für den Verhandlungserfolg ist die Ermittlung der jeweiligen (objektiven) Interessen der (beiden) Verhandlungsparteien. Es gilt die größte denkbare Übereinstimmung der verhandelten Interessen für beide Parteien zu ermitteln; hilfsweise könne man auch eine näherungsweise Ergebnisfindung anstreben, die als »Best Alternative to a Negotiable Agreement« (BATNA) bezeichnet werden kann.

Die Grundlage dieses Harvard-Negotiation-Konzeptes ist ein Basistheorem der Ökonomie: Die Menschen entscheiden so, dass sie ihren Nutzen optimieren; ökonomisch und rational denkende und handelnde Menschen treffen dabei keine verzerrten Entscheidungen (vgl. Thaler, 2018: S. 22). Eine wesentliche Prämisse ist die Optimierung der jeweiligen Verhandlungsposition unter Nebenbedingungen: Auswahl des Besten unter Berücksichtigung begrenzter finanzieller Mittel der jeweiligen Partei. Der Vater der Verhaltensökonomie und Nobelpreisträger Richard Thaler (2018: S. 24) weist darauf hin, dass dieses Bild von Verhandlungen mit der allgemeinen ökonomischen Theorie direkt übereinstimmt: »Econs«, also ökonomisch und rational denkende und so verhandelnde Menschen haben – zumindest beim Verhandeln – keine Leidenschaften, sie sind kaltblütige Optimierer. Im zugehörigen Standardwerk wird dieses Konzept im Einzelnen dargelegt und mit einer Reihe von Beispielen beschrieben (vgl. Fisher/Ury, 2015: S. 88ff., 102ff.).

2.2 Die Kritik am rationalen Ansatz der Harvard Negotiation School

Diese Basistheorie des Verhandelns als rational vollständig abbildbarer Prozess steht seit langem unter heftigem Beschuss. Die Stimmen, die sich dagegen richten, stammen insbesondere aus der Praxis, die häufig mit besonderen Verhandlungsformen zu tun haben. Es sind z. B. Verhandlungsführer in polizeilichen Extremsituationen wie Entführungen, Geiselnahmen, Suizidversuchen.

Einer der bekanntesten Kritiker ist Chris Voss, erfahrener Verhandlungsführer des FBI. Er hält das »falsche Rationalitätsgebäude« samt dem vorgegebenen Verhandlungsprozess für schlichtweg realitätsfern. »In der Realität sind Verhandlungen [...] viel zu komplex und unkalkulierbar für diese Art des Vorgehens; möglicherweise müssen Sie nach Schritt a Schritt d und anschließend vielleicht Schritt q machen« (vgl. Voss, 2017: S. S. 21ff.). Voss postuliert daher, dass i. d. R. bei Verhandlungen auch emotionale Faktoren eine wichtige Rolle spielen. Ausgangspunkt für diese Annahme ist die Analyse von kriminalistischen Verhandlungsfällen, deren Grundstruktur sich auf das allgemeine Verhandlungsverständnis übertragen ließ (vgl. Voss, 2017: S. 24ff.).

Nun ist zuzugeben, dass menschliche und verhandlungswissenschaftliche Extremsituationen wie Geiselnahmen, nur bedingt das klassische verhandlungswissenschaftliche Szenario wiedergeben können und müssen. Der emotionale Druck auf den drei Seiten (Geiselnehmer, Geisel, Polizei/Sondereinsatzgruppe), die besonderen Verhandlungsorte, der spezielle Faktor Zeit u. v. m. sind kaum mit einer alltäglichen Verhandlungsstruktur zu vergleichen. Gleichwohl wird man konzedieren müssen, dass eine Methodik, die in solchen Ausnahmesituationen augenscheinlich Erfolge zeitigt, auch wesentliche Anhaltspunkte für die Gestaltung »normaler« Verhandlungen liefern kann.

Die zentrale Annahme der Harvard Negotiation School lautet: Man kann Probleme (»die Interessen«) von den Menschen (und ihren Emotionen) trennen (vgl. Fisher/Ury, 2015: S. 47ff.). Bei Verhandlungen würde die Lösung der Interessenlage im Vordergrund stehen. Diese Annahme kann mittlerweile als widerlegt gelten. Voss u. a. beziehen dabei in die Diskussion des Verhandlungssettings ausdrücklich die Erkenntnisse der modernen Verhaltenspsychologie und der Verhaltensökonomie ein. Voss stellt dazu die zentrale Frage: Wie kann man Menschen (mit ihren unbewussten Emotionen) vom Verhandlungsproblem in Form der objektivierten Interessen, die in einer Verhandlung vordergründig erörtert werden sollen, trennen wollen, wenn die Emotionen das Problem sind bzw. eine hohe erfolgsspezifische Rolle spielen? (vgl. Voss, 2017: S. 65). Dieselbe Frage stellt auch die Verhaltenspsychologie in der Folge von Kahneman und Tversky: Wie kann man Positionen/Logische Ansätze nur im sog. (bewussten) System 2 unabhängig vom (unbewussten) System 1 treffen wollen, wenn gerade das (unbewusste) System 1 das Problem ist?

2.3 Verhandeln aus Sicht der Verhaltensökonomie

Seit rund 25 Jahren wird das Theorem der Verhandlung von rein logisch denkenden, kaltblütig zielorientierten Verhandlungsführern, also den »Econs«, in vielen Bereichen des Wirtschafts- und Soziallebens zunehmend in Frage gestellt. Die Auffassung, man könne objektive Probleme von den sie beschäftigenden menschlichen Subjekten trennen, wird mit überzeugenden Studien zum ökonomischen Fehlverhalten der »Humans« in allen Bereichen widerlegt.

Im Mittelpunkt steht dabei die Erkenntnis, dass in unserem Gehirn 2 Systeme arbeiten. Dies ist als psychologisches Modell seit langem bekannt und durch den Nobelpreisträger Daniel Kahneman endgültig in den Rang einer allgemein anwendbaren Theorie erhoben wurden: Denkmodus/System 1 arbeitet dabei »automatisch und schnell, weitgehend mühelos und ohne willentliche Steuerung«; System 2 beschäftigt sich mit den »anstrengenden mentalen Aktivitäten, auf die sie (System 1) angewiesen sind, darunter auch komplexe Berechnungen« und den logischen und konzentrativen Denkprozessen. Das Bemerkenswerte dabei ist, dass der Mensch sich im Denken durchweg selbst nur mit dem System 2 identifiziert, dem bewussten, logisch denkenden Selbst, das »Überzeugungen hat, Entscheidungen trifft und sein Denken und Handeln bewusst kontrolliert«. Kahneman hält dagegen das »unwillkürliche System 1« für die eigentliche »Hauptquelle« des menschlichen Denkens, in der spontan die unbewussten Eindrücke und Gefühle die Grundlage der Denkarbeit von System 2 sind. Die automatischen (unbewussten) Operationen von System 1 erzeugen erstaunlich komplexe Muster von Vorstellungen, aber nur das langsamere System 2 kann bewusst erlebte, geordnete Folgen von Schritten und Gedanken auf ihrer Grundlage konstruieren und weiterführen (Kahneman, 2014: S. 33).

Dies ist auch der gedankliche Ansatz der Verhaltensökonomie zur Erklärung wirtschaftlicher Entscheidungen des Menschen. Richard Thaler fordert die Berücksichtung der Emotionen als wesentliches konstitutives Element auch des wirtschaftlichen Verhaltens und Entscheidens von Menschen. »Denken Sie an Mr. Spock in Raumschiff Enterprise« (Thaler, 2018: S. 24): Econs haben keine Leidenschaft, sie sind kaltblütige Optimierer – sie sind aber auch deswegen für die volkswirtschaftliche Realität häufig ein wenig nützliches Modell. Thaler postuliert, dass den (ökonomisch) vermeintlich irrelevanten Faktoren deutlich mehr Beachtung zu schenken sei (vgl. Thaler, 2018: S. 27).

Die wissenschaftliche Methodik wird damit für die Verhandlungswissenschaft sicher nicht leichter: Anstelle von eher »linear« funktionierenden, logisch-strukturierten Handlungsabläufen stellt sich die Notwendigkeit, eigentlich jedes menschliche Verhandlungssetting mit einer schier unendlichen Menge von menschlich-emotionalen Handlungsoptionen zu kombinieren. Hinzu kommt eine enorme Fülle an unbewussten kognitiven Heuristiken und Biasses, die ebenfalls zu unvorhersehbaren Änderungen von Verhandlungsabläufen führen können. Ein weiteres spannendes Problemgebiet ist die Verhandlung in psychologischen Extremsituationen etwa bei Geiselnahmen. Die Entdeckung des sog. verzerrten oder asymmetrischen

Verhandelns ist zu einem weiteren Untersuchungsfeld der Verhandlungswissenschaft geworden. Beispiele liefern die – mitunter nur noch als erratisch kommentierbaren – Verhaltensweisen, die etwa die Staatschefs Donald Trump, Wladimir Putin und Kim Jong-un bei ihren Verhandlungen auf dem Parkett der Weltpolitik praktizieren.

Die Erkenntnis, dass Verhandlungen in der Realität zumeist nicht logisch-linear verlaufen, macht es erforderlich, die wesentlichen Elemente zu analysieren, die nach der Verhandlungswissenschaft das Verhandlungsgeschäft prägen. Lassen Sie uns hierzu die nachstehende Darstellung verwenden, um die gegensätzlichen Phänomene zu beleuchten, mit denen man Verhandlungen zwischen »Econs« und »Humans« unterscheiden kann.

Dar. 1: Hauptcharakteristika von »Econs« und »Humans«

Econs	Humans
Einsatz unbegrenzter Logik und rationaler Denkmethoden	Denken mit begrenzter Rationalität: Etwa Einsatz von Heuristiken, Bauchgefühl, unbewussten Denkmustern (vgl Thaler, 2018: S. 44). Heuristische Verzerrungen führen zu vorhersehbaren Änderungen des Verhandlungsverhaltens. Menschen haben nur eine »eingeschränkte Rationalität« (H.Simon), so dass häufig die kognitive Fähigkeit fehlt, komplexe Probleme zu lösen; dies gilt auch für verhandlungsrelevantes Verhalten. Diese Fehler sind häufig vorhersagbar, in diesem Fall handelt es sich um eine systematische Verzerrung.
Einsatz unbegrenzter Willenskraft, die nur durch den Kompromiss adjustiert wird.	Denken mit begrenzter Willenskraft: Es gibt Grenzen, innerhalb derer ein Mensch seinen Willen durchsetzen will; Abweichungen schildern etwa der »Marshmallow-Test« und das »Zeitdiskontieren«.
Unbegrenztes Eigeninteresse: Nach Adam Smith ist das unbegrenzte Eigeninteresse per se der Motor der wirtschaftlichen Entwicklung.	Das praktizierte Eigeninteresse des Menschen ist durchaus begrenzt, z. B. durch Fairnessregeln und Bestrafungsmuster bei unfairem Verhalten (vgl. Kahneman, 2014: S. 375ff.).
Bedürfnisbasiertes Verhalten: Menschen verhandeln nur zur Erfüllung ihrer Bedürfnisse.	Emotionales Verhalten: Menschen verhandeln und handeln i. d. R. emotionsbasiert und nicht nur bedürfnisbasiert.

Diese Gegenüberstellung präzisiert die anfängliche These: Die Verhandlungswissenschaft kann nur dann ein weitgehend valides und vollständiges Instrumentarium des Verhandlungsgeschäftes beschreiben, wenn sie sich eingehend mit den verhaltenspsychologischen und verhaltensökonomischen Vorbedingungen beschäftigt, die jeder Verhandlung zugrunde liegen (können). Die Konsequenz lautet: Das, was möglicherweise rational/logisch ein gutes Verhandlungsergebnis sein könnte, muss es aus verhaltensorientierter bzw. menschlich emotionaler Perspektive nicht zwangsläufig sein. Daraus ergeben sich spannende Erkenntnisse für Verhandlungsstrategien und -taktiken, auf die wir nachstehend noch eingehen werden.

3 Verhaltensökonomische Heuristiken, Biases und Fallacies in Verhandlungssituationen

Die Verhaltenspsychologie hat mittlerweile mehr als 180 Fälle von Sachverhalten aufgedeckt, in denen das menschliche Verhalten heuristisch anfällig für Täuschungen (Bias) und Fehlentscheidungen (Fallacy) ist (vgl. Manoogian, 2018). Der Grund für dieses heuristische Sonderverhalten liegt nach überwiegender Auffassung in der Entwicklung dieser Denkmuster und deren Bewährung während evolutionärer Sondersituationen der Menschheitsgeschichte: Sie haben sich schlichtweg zur Durchsetzung der menschlichen Spezies als erfolgsentscheidend erwiesen.

Lassen Sie uns im Folgenden daher die wichtigsten dieser Fälle betrachten, die gerade für das Verhandlungsgeschäft von besonderer Bedeutung sind. Diese enorme Zahl mag anfangs verblüffen – sie zeigt aber eindringlich die Komplexität und Nicht-Linearität menschlichen Verhandlungsverhaltens.

Rara sunt cara (»Seltenes ist teuer«)

Einer der verhaltenspsychologischen Klassiker wird mit diesem lateinischen Grundsatz repräsentiert: »Was knapp ist, muss mehr wert sein, begehrenswerter sein, ja sogar besser schmecken«. Das aktuelle Beispiel hierfür schlechthin lieferte die Corona-Krise mit dem an sich unerklärlichen allgemeinen Run auf Klopapier, das 2020 wochenlang kaum mehr zu haben war.

Robert Cialdini hat das dahinterstehende psychologische Phänomen, die sog. Reaktanz, sehr gut beschrieben: Das menschliche Gehirn ist vermutlich schon durch die Evolution darauf programmiert, eine wahrgenommene Verknappung eines Gutes als Begrenzung seiner Freiheit wahrzunehmen, über etwas verfügen zu können: »Bevor mir ein anderer das wegschnappt, nehme ich es lieber« – die Verknappung führt zu einer nachweislichen deutlichen Steigerung der Motivation, sich die verhandelte Sache anzueignen, dafür auch mehr Vermögen einzusetzen und so das eigene Verhandlungsverhalten deutlich zu verändern (vgl. Cialdini, 2017: S. 101f., 197f.). Verhandlungen können mit solchen Verknappungseffekten spürbar beeinflusst werden. Bei der Vorbereitung von Verhandlungen sollte also dieser Kniff unbedingt einkalkuliert werden – seine Abwehr ist aber auch relativ einfach: Orientieren Sie sich nur an Wert und Qualität des Verhandlungsgutes und blenden sie die Verknappungsgefahr bewusst aus. Aber Vorsicht, das ist schwerer als man glaubt!

Priming/Bahnung

Der Begriff Priming bzw. Bahnung beschreibt eine klassische Arbeitsfunktion des Denkens in der Psychologie. Hiernach beeinflusst ein bewusst gesetzter »Reiz«, also eine Information die Verarbeitung (Kognition) im unbewussten Denken (System 1) des Hörers dadurch, dass er implizite Gedächtnisinhalte aktiviert. Es werden also automatisch Assoziationen aufgrund von Vorerfahrungen im Unterbewusstsein generiert, die unmittelbar Auswirkungen auf das eigene Denken und Handeln haben. Ein Klassiker für dieses Phänomen ist Folgendes: Denken Sie an Essen. Wenn ich Sie nun bitte, den folgenden Leertext auszufüllen: S...e – was werden Sie wohl eintragen? Die meisten tragen spontan Suppe oder Soße ein – fast niemanden würde jetzt als Lösung »Seife« einfallen.

In der Verhandlungspraxis können bewusst gesetzte »primende Reize« ebenfalls wirkungsvolle Veränderungen bewirken: So können Themen vermeintlich zufällig angesprochen werden, die dem eigenen Verhandlungsziel günstig sind. Relevanz bei Verhandlungen hat das Priming in Verbindung mit der Thematisierung von »Geld«. Wer durch vorherige Bahnungen/Priming auf Geld orientiert wurde, zeigt nachweislich egoistischeres und berechnendes Verhalten. Die Neigung zu Hilfsbereitschaft und Solidarität sinkt (vgl. Kahneman, 2014: S. 75f.). Daraus leiten erfahrene Marketing-Profis eine nachvollziehbare Empfehlung für Verhandlungen ab: »Über Geld spricht man erst am Schluss!« (vgl. Häusel, 2015: S. 164): Der Grund ist offensichtlich: Der Wunsch, etwas haben zu wollen, sollte bereits so mächtig sein, dass er jedenfalls den Kaufwunsch nicht mehr an (noch akzeptablen) Preisforderungen scheitern lässt. Man sollte also in Verhandlungen immer beachten, was »geprimt« wird und was man nicht »primen« sollte!

Ankern/Anchoring

Wer »ankert« setzt i. d. R. eine Denkvorgabe, an der sich das unbewusste System 1 des Gegners in seiner Erarbeitung von heuristischen Schlüssen orientiert: Das Ankern ist somit ein gedanklicher Mechanismus, der eng mit dem Primen verwandt ist (vgl. Voss, 2017: S. 157ff; Kahneman, 2014: S. 152ff.). Psychologen liefern dazu sehr interessante Belege wie diese »assoziative Kohärenz« im alltäglichen Ankern wirkt, etwa im Gebrauchtwagenhandel (vgl. Mussweiler et al., 2000; Kahneman, 2014: S. 156): So wurden Probanden u. a. zuerst mit den klassischen deutschen Luxusmarken beschäftigt – und dann nach dem Durchschnittspreis deutscher Autos gefragt. Andere Probanden wurden mit deutschen Mittelklassewagen beschäftigt – und dann ebenfalls nach dem Durchschnittspreis deutscher Autos befragt. Das Ergebnis war frappierend, denn die Preise wurden deutlich unterschiedlich geschätzt, je nach dem vorher gesetzten teureren oder billigeren Anker.

Verhandlungsergebnisse werden nach den Erkenntnissen der Verhaltenspsychologie generell durch Ankervorgaben beeinflusst: die Höhe des ersten Gebotes wirkt sich nachweislich auf das Verhandlungsergebnis aus (vgl. Mussweiler, 2002; Kahneman, 2014: S. 161). Daraus kann man weitere interessante Folgerungen für

Verhandlungen ziehen: Wenn man das Gefühl hat, bei Preisvorstellungen ungenügende Informationen zu besitzen, ist es sinnvoll, den Verhandlungsgegner ankern zu lassen. Allerdings sollte man das Risiko der Verankerung extremer Zahlen zu eigenen Lasten unbedingt beachten. Wenn man den Markt allerdings selbst gut kennt, sollte man durchaus selbst zu ankern beginnen. Die Nennung einer Preisspanne mit unterem Puffer auf Höhe der eigenen Zielzahl scheint eine erfolgreiche Ankerstrategie zu sein. Das bewusste System 2 glaubt zwar, die wertbildenden Faktoren für ein Geschäft ohne fremde Einflüsse völlig rational ermitteln zu können. Aber es arbeitet auf der Grundlage der Assoziationen und Informationen, die unbewusst bei System 1 aus der Assoziationsmaschine abgerufen werden. Und dieses steuert tatsächlich in die Richtung des zuerst angesprochenen Preises – solange dieser plausibel klingt (vgl. Kahneman, 2014: S. 158).

Framing/Rahmung

Das dritte Phänomen im Zusammenhang mit der leistungsfähigen Assoziationstätigkeit des unbewussten Systems 1 ist das sog. Framen: Bereits mit wenigen Worten gelingt es, für das Denken des unbewussten Systems 1 umfangreiche assoziative Deutungsrahmen zu aktivieren, die der weiteren Gedankenführung zugrunde liegen und sie beeinflussen. Elisabeth Wehling, eine bekannte deutsch-amerikanische Linguistin, hat dies etwa für ein bemerkenswertes politisches und verhandlungsbezogenes Phänomen beschrieben, nämlich die Verwendung unterschiedlicher Begriffe für dasselbe Problem, z. B. Mindestlohn oder Lohnuntergrenze (vgl. Wehling, 2006: S. 27ff., 136f.). Mit diesen Begriffen werden unterschiedliche, unbewusste Sichtweisen gesetzt: Die Lohnuntergrenze riegelt nach unten ab – man muss und will auch nicht mehr zahlen; dagegen der Mindestlohn, der impliziert, an sich will man mehr als das »Mindeste«.

Bei Verhandlungen können solche Frames unmittelbar positiv oder negativ wirken: Angenommen sie verkaufen Treibstoffe – und wollen unterschiedliche Preise für die Alternativen Barzahlung oder Kreditkartenzahlung einführen. Was akzeptiert in der »mentalen Verhandlungsposition« der Verbraucher nun eher? Einen Barzahlungsrabatt oder einen Kreditkartenaufschlag. Kahneman belegt eindrucksvoll, dass Verbraucher unwillkürlich – aufgrund des Frames Geldgeschäft und damit der Assoziation »Geld nicht ausgeben« oder »einen Aufschlag bezahlen« – viel lieber auf einen Abschlag verzichten als einen Aufschlag zu bezahlen (vgl. Kahneman, 2014: S. 448). Dieses »positiv bewertete Framing von Abschlägen« hat unmittelbar Auswirkungen für Verkaufsverhandlungen: So empfiehlt Häusel dringend, von oben nach unten geradewegs »ins Belohnungssystem ihres Kunden« zu verkaufen. Man könne damit gleichsam »einen Virus ins Kundengehirn einschmuggeln« (vgl. Häusel, 2015: S. 170f.).

Verfügbarkeitsbias

Wir haben bereits beim Priming und dem Ankern Mechanismen gesehen, mit denen das unbewusste Denken gerade bei Verhandlungen »vorstrukturiert« werden kann. Kahneman hat diesen Mechanismus weiter untersucht – mit besorgniserregenden Ergebnissen: Hiernach arbeitet das unbewusste System 1 als »Assoziationsmaschine« auf der Grundlage der Informationen, die vorhanden sind. »Die Menge und Qualität der Daten, auf denen die Geschichte beruht, ist weitgehend belanglos. Wenn Informationen knapp sind – was häufig der Fall ist –, fungiert System 1 als eine Maschine für »Urteilssprünge«. Kahneman bezeichnet diesen Mechanismus als »WYSIATI« (»What you see is all there is«). Mit anderen Worten: Unser Unterbewusstsein ist völlig unempfindlich für Qualität und Quantität der Informationen, aus denen Eindrücke und Intuitionen hervorgehen. Es arbeitet konsequenterweise mit nichts, was nicht vorhanden ist – das klingt etwas ungewöhnlich. Die Folge ist aber dramatisch, denn was man nicht kennt, mit dem denkt man nicht (vgl. Kahneman, 2014: S. 112ff.).

Das wichtigste Problem, das daraus folgt, ist der sog. Basisratenfehler: Das menschliche Denken neigt strukturell zu falschen Risikoeinschätzungen. Und das kann sich eindeutig negativ auf Geschäftsentscheidungen und das Verhandlungsverhalten auswirken (vgl. Thaler, 2016: S. 43). So werden nachweislich in der öffentlichen Wahrnehmung etwa Unfälle in einem Kernkraftwerk überschätzt und etwa die Gefahr, die vom Schlaganfallrisiko ausgeht, systematisch und dramatisch unterschätzt. Die Empfehlung für Verhandlungen liegt damit auf der Hand: Um einem Risiko mehr Aufmerksamkeit zu verschaffen, sollte man an ein ähnliches Ereignis erinnern, das nicht gut ausging (vgl. Thaler, 2016: S. 43f.). Natürlich nur, wenn es der eigenen Verhandlungsposition gelegen kommt. Denn das (unbewusste) Denken des Verhandlungspartners wird damit gezielt angestoßen. Ansonsten kann man sich fast blind an die sarkastische Empfehlung von Kahneman (2014: S. 113) halten: Wann haben Sie je beachtet, was Sie nicht getan haben oder etwas bedacht, das Sie nicht wussten? Voreilige Schlussfolgerungen (»Urteilssprünge« auf beschränkter Datenbasis) sind daher eines der größten Denkrisiken – auch von Verhandlungspartnern.

Overconfidence oder Blind spot bias

In Verhandlungen kann es fatal sein, wenn man sich selbst und seine Fähigkeiten möglicherweise falsch, insbesondere zu optimistisch einschätzt: Damit können z. B. Vertragskonditionen ungünstig verhandelt oder Vorfragen falsch entschieden werden. Das Problem ist nur, dass der Mensch i. d. R. genau für solche Verzerrungen anfällig ist, also etwa für die Illusion, man sei weniger täuschungsanfällig als andere (vgl. Dobelli, 2015: S. 13; Thaler, 2018: S. 23, 155, 355 f.). Die Diagnose ist niederschmetternd, aber eindeutig: Man unterschätzt durchweg das Ausmaß der eigenen Selbstkontrollprobleme und überschätzt den Grad der eigenen Reflektiertheit bzw. Sachkompetenz. Kahneman (2014: S. 317) weist darauf hin, dass derartige Verzerrungen geradezu fatal sind, wenn damit die Gewinnerwartungen und die operativen Probleme eines Unternehmens oder einer langfristigen Maßnahme falsch, weil viel zu optimistisch bewertet werden.

Kahneman (2014: S. 326) lokalisiert diese Effekte als Folge von heuristischen Verzerrungen im unbewussten System 1: Es konstruiert für Prognosen kohärente Geschichten, selbst wenn Güte und Menge der vorliegenden Informationen unzureichend sind. Dann weicht aber häufig der subjektive Grad des Überzeugtseins von der objektiven Bewertung deutlich ab. Klingt die selbstkonstruierte oder geglaubte Geschichte zu gut, dann fällt das unbewusste System 1 also selbst auf sich herein! Dies gilt auch und gerade für kollektiv geführte Verhandlungen, in denen Dutzende von Managern gemeinsam dieser Selbsttäuschung erliegen. Für Verhandlungen sollte der jeweilige Verhandlungsagent daher zweierlei beachten: Er kann Selbstüberschätzungen des Verhandlungspartners bewusst fördern – in Richtung der eigenen Position. Und er sollte bei Plänen – soweit sie ihn selbst betreffen – immer von einem pessimistischeren Verlauf ausgehen. Auf die Frage, ob sich derart übermäßiger Optimismus etwa durch Training überwinden lässt, war Kahneman übrigens ausgesprochen pessimistisch (vgl. Kahneman, 2014: S. 326).

Confirmation Bias

Menschen haben eine natürliche Neigung, für getroffenen Entscheidungen oder gelebte Überzeugungen eher nach bestätigenden als nach widerlegenden Informationen zu suchen. Dies wird als Confirmation Bias bezeichnet. Cialdini (2017: S. 94f.) reiht dieses und verwandte Phänomene unter den Oberbegriff Konsistenz-Verhalten ein. »Haben wir erst einmal eine Entscheidung getroffen oder einen Standpunkt eingenommen, begegnen uns intrapsychische und interpersonelle Kräfte, die uns dazu drängen, uns in Übereinstimmung mit dieser Festlegung zu verhalten... Wir reden uns selbst ein, die richtige Entscheidung getroffen zu haben und fühlen uns dadurch wohler mit ihr« (vgl. Dreger, 2012: S. 9ff., 24ff.). Ein typisches Beispiel dafür ist das Verhalten des Managements einer Aktiengesellschaft, wenn z. B. der Aufsichtsrat eine neue Firmenstrategie beschlossen hat: »Sämtliche Anzeichen, die einen Erfolg dieser Strategie andeuten, werden euphorisch gefeiert. Gegenteilige Indizien werden entweder gar nicht gesehen oder kurzerhand als Spezialfälle und »unvorhersehbare Schwierigkeiten« abgetan. Dieses Verhalten kann verstärkt werden, wenn es gelingt, durch gezielte Annahmen bestimmte Arten von widerlegenden bzw. gegensätzlichen Informationen als unwahrscheinlich erscheinen zu lassen. Dies wird auch als der Falscher-Konsensus-Effekt bezeichnet: Menschen neigen zu der Annahme, dass andere ihre Präferenzen teilen, was i. d. R. so nicht der Fall ist (vgl. Thaler, 2018: S. 226 f.).

Wenn bei Verhandlungen also bestimmte Überzeugungen und Thesen des Verhandlungspartners zwar für Sie falsch sind, aber für den Vertragsabschluss günstig: Warum sollte man nicht auf den Confirmation Bias setzen; dies umso mehr, als er ja auch (unbewusst) bereit ist, eine Disconforming Evidenz eher standhaft zu leugnen (vgl. Dobelli, 2015: S. 34f.). Investments, Behandlungsstrategien (wie etwa die Homöopathie), der Kauf von Statussymbolen, es gibt eine ellenlange Liste von Möglichkeiten, um die Wirksamkeit dieses Phänomens gerade in Verhandlungen zu belegen.

Erwartungs- und Self serving bias

Dabei handelt es sich um eine bemerkenswerte Erweiterung des Confirmation Bias. Seine Funktionsweise geht in Richtung Außenwahrnehmung: »What you expect is what you get«. Das unbewusste System 1, also die eigene unbewusste Wahrnehmung, filtert kognitiv die aktuelle Situation auf das durch, was die eigene Auffassung bestätigt. Der Effekt ist klar, damit muss das vorhandene Erwartungsbild auch nicht verändert werden (vgl. Jeske, 1998: S. 85; Dobelli, 2015: S. 30ff.; Kahneman, 2014: S. 323ff.).

Man geht mit Vorurteilen, Vorbewertungen in Verhandlungen – und erwartet, dass die andere Seite genauso denkt. Die eigene Erwartung führt überdies dazu, dass die Selbstwahrnehmung durch das Unterbewusstsein nachweislich verändert wird. Dies gilt auch für unbewusste bzw. ungeklärte Ablehnungen von Merkmalen, Trieben, Bedürfnissen.

Hinzu kommt die damit korrespondierende Tendenz der sog. »selbstwertdienlichen Beurteilung« (self serving bias): Im Fall von schlechten Leistungen oder Fehlverhalten tendiert das unbewusste System 1 dazu, Begründungen zu formulieren, die außerhalb der eigenen Person liegen, »alles war schuld, nur ich nicht«. So kann durch eine kognitive Verzerrung das positive Selbstbild aufrechterhalten werden (vgl. Dobelli, 2015: S. 185ff.; Kahneman, 2014: S. 325f.). Es ist daher nicht verwunderlich, wenn bei wirtschaftlichen Problemen eines Unternehmens die Verantwortung hierfür eher im wirtschaftlichen oder politischen Umfeld und weniger im Unternehmen selbst gesucht wird. »Erfolge schreibt man sich selbst zu, Misserfolge externen Faktoren« (Dobelli, 2015: S. 185). Die Aufdeckung solchen Verhaltens während einer Verhandlung sollte daher sehr genau überlegt werden, weil dies letztlich einen Angriff auf die Selbstwahrnehmung des Verhandlungspartners darstellt. Solange dieser Bias allerdings zum eigenen Vorteil ausgenutzt werden kann – warum eine solche Steilvorlage nicht nutzen? (vgl. Kahneman, 2014: S. 326)

Authority bias

Spätestens seit dem sog. Milgram-Experiment weiß die Fachwelt, welche dramatischen Konsequenzen der Einsatz von Autorität auf einzelne Menschen haben kann. Probanden waren bereit, auf die konkrete Weisung einer angeblichen fachlichen Autorität hin, eine Versuchsperson bis zum Äußersten zu quälen, obwohl die Versuchspersonen ab einem bestimmten Schmerzniveau Bedenken bekamen. In den meisten Fällen überwog der Glaube an die anweisende Autorität und führte zur Bereitschaft, extreme Qual anzuwenden (vgl. Cialdini, 2017: S. 277ff.).

Der Einsatz von Autorität kann in vielen Fällen zu kognitiven Fehlentscheidungen führen, die messbar sind. Dies belegt, dass auch in diesem Fall ein Verhaltensmuster evolutionär tiefsitzend im unbewussten System 1 verankert ist, das bedenkenlos vom Bewusstsein (System 2) unterstützt wird: »Ein vielschichtiges und weithin akzeptiertes Autoritätssystem bringt einer Gesellschaft enorme Vorteile« (Cialdini, 2017: S. 286). Dazu tragen auch religiöse Grundvorstellungen in der Erziehung von Anfang an bei genauso wie die Prägung durch ein konfuzianisches Wertesystem in vielen fernöstlichen Kulturen. Cialdini weist darauf hin, dass auch die Eltern-Kind-Ich-Prägung elementar so angelegt ist, aber auch die Lehrer-Schüler-Beziehung (vgl. Cialdini, 2017: S. 287).

Nun wird man sich fragen können, in welchen Verhandlungen der Einsatz von Autorität bei aufgeklärten oder professionellen Verhandlern wirklich wirksam sein kann. Nun, haben Sie persönlich schon je einem Arzt widersprochen, der ihnen im weißen Arztkittel eine bestimmte Anwendung empfohlen hat, etwa die hochumstrittenen IGEL-Leistungen, die nicht von der Gesetzlichen Krankenkasse übernommen werden? Cialdini (2017: S. 289f.) weist nach, dass die Werbung vom Einsatz von (scheinbarer) Autorität geradezu lebt. Daher wirken folgende Autoritätselemente nachweislich auch bei Wirtschaftsverhandlungen:

- Akademische Titel: Die Ansprache mit »Prof. Dr. iur.« ist – als Beispiel – bei Verhandlungen aller Art nicht selten ein die Verhandlung beeinflussender Faktor. Einer der zwiespältigsten Anwendungsbereiche, die beweisen, wie bei Verhandlungen wissenschaftliche Autorität eingebracht wurde, sind sog. gekaufte Expertisen.
- Kleidung: Welchen Sinn hat gute Kleidung, wenn nicht den eines äußerlich wirkenden Autoritäts- und Machtsymbols? (vgl. Cialdini, 2017: S. 294) Sie spielt daher auch bei Verhandlungen eine nachweisbare Rolle – wehe ein Verhandlungspartner ist bei zentralen Verhandlungen, etwa im Tarifbereich oder bei großen Lieferkontingentsverhandlungen, nachlässig gekleidet. Bedenken Sie, dass z. B. Trickbetrüger und Schwindler aller Art i. d. R. beste Manieren haben, gute Kleidung tragen und daher mit diesem Kapital der Autorität und Solidität schon seit Jahrhunderten arglose Opfer in Verhandlungen um Millionen erleichtern.
- Expertise: Wer bei Verhandlungen einen (angeblichen) Experten in seinem Team hat, dessen Sachvortrag wirkt schon allein deswegen nachweislich glaubwürdiger. Wenn dieser dann auch noch Gutachten bzw. die sprichwörtlichen »Expertisen« nachweist, dann ist der faktische Beweis des Vorgebrachten beinahe erbracht (vgl. Dobelli, 2015: S. 39). Hierzu zählt etwa der Einsatz von Experten, wissenschaftlichen Gutachten und wissenschaftlichen Veranstaltungen gerade im Bereich des Lobbyismus, um parlamentarische Verhandlungen für Gesetzgebungen gezielt zu beeinflussen.Ein wichtiges Beispiel für die Bedeutung von Autorität in einer Verhandlung ist die berühmt- berüchtigte Funktion der sog. »grauen Eminenz«. Es handelt sich um den eigentlichen Entscheider in einem Verhandlungsteam (Schott/Troczynski, 2020: S. 82). Hier gilt der klassische Grundsatz: »Die wichtigste Person, die du überzeugen musst, ist die graue Eminenz (selbst wenn sie falsch liegen sollte) – dann ist auch das Team über-

zeugt«. Es wird daher ausdrücklich empfohlen, diese Gruppenautorität - gerade im eigenen Interesse - in die Verhandlung gezielt einzubeziehen (vgl. Voss, 2017: S. 206f).

Rückschaufehler oder Story bias

Es ist auch eine gesicherte Tatsache, dass Menschen eindeutig dazu neigen, die Genauigkeit nicht nur ihrer eigenen früheren Vorhersagen, sondern auch die von anderen überzubewerten. Die Neigung des unbewussten Systems 1, die Geschichte der eigenen Überzeugung im Lichte der tatsächlichen Ereignisse (mit Duldung des bewussten System 2) nachträglich umzuschreiben, ist ausgeprägt. Sie erzeugt zudem eine robuste kognitive Illusion (vgl. Kahneman, 2014: S. 250f.). So ist etwa erwiesen, dass die Wirtschaftsprognosen des Jahres 2007 die nachfolgende Wirtschaftskrise infolge des Lehman-Bankdebakels weltweit nicht im Geringsten einkalkuliert hatten. Was danach sonnenklar schien, war vorher schlichtweg nicht für möglich gehalten worden (vgl. Dobelli, 2015: S. 57f.)

Die Konsequenz dieses prägenden Bewertungsfehlers in Verhandlungen ist klar: Wenn es einem Verhandlungspartner gelingen sollte, eine Geschichte in seinem Sinn und Interesse zu finden und vorzutragen, dann steigt damit die Glaubwürdigkeit seines Vortrages signifikant. Ein Beispiel für den Einsatz des sog. Story bias ist die Verwendung von Analogien, um Verhandlungsgegenstände für den Verhandlungspartner plausibel zu beschreiben. So habe ich einmal Verhandlungen für den Einsatz eines vollautomatischen Warenbewirtschaftungssystems im Bereich einer Apothekenkette begleitet, die damit die Grundlagen für den Einstieg in den Markt der Versandapotheken vollziehen wollte: Das wesentliche Argument des Verhandlungsteams auf der Verkäuferseite war: »Damit vollziehen Sie den Sprung von der Apotheke 1.0 zur Apotheke 4.0 in kürzester Zeit zu einem wirklich vertretbaren Preis«. Die sog. Verfügbarkeitsheuristik, mit der das unbewusste System 1 der Kaufinteressenten arbeitete, hatte so vom Verkäufer einen Vergleich der Fallkonstellation (1) »Apothekenentwicklung« mit der Fallkonstellation (2) »Industrierevolution« erhalten. Und was bei Fallkonstellation (2) nachweislich funktionierte - das würde wohl auch im Fall Apotheke gelingen (vgl. Nagler, 2018: S. 140f.). Der Story bias beruhte also auf einer Geschichte, die kaum exakt nachzuvollziehen war, aber als »Bildgeschichte« plausibel klang. Und das genügte letztlich auch für den Kunden: Er investierte einen Millionenbetrag - und erhielt ein (tatsächlich gut funktionierendes) vollautomatisches Warenbewirtschaftungssystem.

Induktionsbias

Ein beliebtes und weitverbreitetes kognitives Verhalten bei Verhandlungen ist der induktive Schluss: Bei einer Verhandlung beschreibt ein Verhandlungsführer mit welchen beeindruckenden Entwicklungen bei Aufwand und Ertrag die zum Verkauf stehende Gesellschaft in den letzten Jahren permanent erfolgreich gewachsen ist. Dann wird eine zentrale Folie präsentiert mit der Aussage: »Selbst wenn wir vorsichtig für die Zukunft die positive Entwicklung der Firma auf 50 % begrenzen, dürfte das Geschäftsmodell für den Investor eine der rentabelsten Anlageoptionen in Deutschland überhaupt sein«.

Eine ähnliche Investition wurde in einer vergleichbaren Lage in jüngster Zeit tatsächlich abgewickelt. Der Deal geschah in der Leuchtmittelindustrie bei einem auf Halogen- und Energiesparlampen orientierten Unternehmen. Es wurde teuer verkauft, weil man den Wachstumszahlen Glauben schenkte. Nur wenige Jahre später gelang die Erfindung und rasche Einführung des sog. weißen LED-Lichtes. Infolge dieser »Sprunginnovation« brach der Markt von Halogen- und Energiesparlampen dramatisch ein – die Firma musste mittlerweile unter ihrem ursprünglichen Wert weiterverkauft werden.

Was kann also geschehen? Beide Verhandlungsparteien können die induktive Argumentations- und Entscheidungsmethode zur Ermittlung von Geschäftschancen, Wertentwicklungen, Absatzmöglichkeiten, Produktionsoptionen u. v. m. einsetzen, weil die Wirtschaftswissenschaften solche Extrapolationen in die Zukunft dulden – und damit geradezu bilderbuchmäßig scheitern: In vielen Fällen entwickelt sich ein Sachverhalt eben nicht so, dass man aus Entwicklungen in der Vergangenheit auf die Zukunft schließen kann. (vgl. Taleb, 2018: S. 215ff.). Dobelli weist zu Recht darauf hin, dass in vielen Fällen natürlich dieser Schluss von der Vergangenheit in die Zukunft zulässig ist. Aus diesem Grund hat ja auch dieses evolutionär verankerte kognitive Programm im menschlichen Denken seinen unbedingten Sinn: Wenn Naturgesetze in der Vergangenheit galten, dann wird das auch induktiv in der Zukunft so sein (vgl. Dobelli, 2015: S. 131).

Bias der »ungeraden Zahlen«

Einem bemerkenswerten Phänomen bei Verhandlungen dürfte der bekannte Verhandlungsexperte Chris Voss auf die Spur gekommen zu sein: Er warnt davor, gerade Zahlen, die auf null enden und »glatt« gestellt sind, in Verhandlungen zu verwenden. Der Grund dafür ist einleuchtend, sie erscheinen schon dem unbewussten System 1 bei der kognitiven Bewertung eines Verhandlungsangebotes als nicht glaubwürdig, als »über den Daumen gepeilte Summen, die sich leicht herunterverhandeln lassen«. Aus diesem Grund wirken sie wie »vorübergehende Platzhalter«, die auch unbewusst signalisieren, dass eine exakte Berechnung wahrscheinlich noch nicht stattgefunden hat (vgl. Voss, 2017: S. 163, 221).

Der entsprechende Selbstversuch wirkt jedenfalls bei Studiengruppen mit folgendem Fall: Sie verhandeln über den Kauf eines gebrauchten Firmenhallengeländes. Der Makler stellt folgende Summen in den Raum: a) 400.000 Euro und b) 411.395 Euro. Welches Angebot halten Sie für sorgfältig kalkuliert? Es muss vermutlich nicht weiter belegt werden, dass die überwiegende Mehrheit der Befragten eindeutig die Zahl b) wählt. Ungerade Zahlen wirken wie eine Summe, die man sorgfältig berechnet hat und die daher auch glaubwürdig erscheint. Die Folge im vorliegenden Fall bei den Befragten: Die Zahl b) ankert signifikant wirksamer und führt dazu, dass man versucht, auf »glatt 400.000« herunterzuhandeln, während Zahl a) 400.000 Euro als Einstieg in das Verhandeln nach unten dient, da man angesichts dieser »Platzhalterzahl« noch Verhandlungsspielraum sieht (vgl. Häusel, 2015: S. 166f.).

Ähnlichkeitsbias

Schon seit langem ist nachgewiesen, dass Menschen eher den Menschen vertrauen und Glauben schenken, die man als vertraut oder ähnlich empfindet (vgl. Voss, 2017: S. 275f.). Dies wird als sog. Liking-Bias in der englischen Fachsprache bezeichnet. Cialdini (2017: S. 233f., 237ff.) fasst es aufgrund seiner wissenschaftlichen Studien noch weiter: Was uns sympathisch ist oder was uns ähnlich ist, das mögen wir. Der evolutionär ausgebildete kognitive Hintergrund ist nachvollziehbar: »Was ich da erlebe, hat schon einmal funktioniert bzw. ist mir ähnlich und ich funktioniere ja auch – also kann es so weitergehen«. Die Ähnlichkeitskategorien umfassen dabei einen weiten Bereich, vom äußeren Auftreten, der Kleidung über Ähnlichkeiten im Aussehen bis hin zu weltanschaulichen Übereinstimmungen.

Die Wirkung dieses kognitiven Fehlverhaltens kann in Verhandlungen massiv sein: So ist etwa das sog. »Spiegeln« dessen, wie der Verhandlungspartner in Körperhaltung, Stimmung und Ausdrucksweise auftritt, eine zentrale Verhaltensempfehlung bei Marketingseminaren. Auch die Neurolinguistische Programmierung (NLP) sieht darin ein zentrales Beeinflussungsinstrument (vgl. Seidl, 2015: S. 38f.). Selbst wenn bei Verhandlungen Schmeicheleien und Komplimente aber auch positive Kommentare übermittelt werden, wirkt sich dies positiv auf die Einstufung des Verhandlungspartners und seiner Positionen aus (vgl. Cialdini, 2017: S. 241). Auch das Vermitteln des Eindrucks, man kooperiere miteinander, wirkt messbar positiv.

Dazu gibt es in Verhandlungen zwei weitere relevante Fallgruppen, die eigentlich fast jedem bekannt sein dürften: Die angebliche Verschwörung des Verhandlers mit dem Verhandlungspartner gegen den eigenen Vorgesetzten: Man spiegelt vor, (angeblich) gegen die Weisung des Vorgesetzten, besondere Konditionen zugunsten des Partners zu akzeptieren – ggf. nur für kurze Zeit, mit dem Erzeugen der Knappheitsillusion, damit der Vertragsabschluss schnell und angeblich günstig über die Bühne gehen möge (vgl. Cialdini, 2017: S. 353). Hierzu zählt auch das Drehbuchszenario von »good guy« und »bad guy«, bei dem letztlich der »good guy« aufgrund seiner sympathischen Wirkung auf den Verhandlungspartner das angestrebte Verhandlungsziel manipulativ erreichen soll. Es ist eine Vorgehensweise, die in der Tat an der Grenze des Manipulativen liegt, aus diesem Grund prüfen etwa Gerichte Geständnisse, die aus einer derartigen Situation herrühren, inzwischen besonders kritisch (vgl. Cialdini, 2017: S. 252ff.).

Reziprozitätsbias

Der Pionier der sog. »Psychologie des Überzeugens«, Robert Cialdini, hat in seinem gleichnahmigen Buch diesen Mechanismus überzeugend beschrieben: Du sollst dich bemühen, das, was du von einem anderen bekommen hast, diesem auch zurückzugeben (vgl. Cialdini, 2017: S. 44ff.). Daraus kann bei Verhandlungen eine hohe Erwartungswahrscheinlichkeit für eigenes Vorverhalten abgeleitet werden: Wem gegenüber ich mich erkenntlich zeige, der verhält sich mir gegenüber in gleicher Weise (vgl. Dobelli, 2015: S. 25ff.).

Doch warum verhalten wir uns nach diesem tief im Unterbewusstsein verankerten Verhaltensmuster? Man sieht in der Reziprozitätsregel einen evolutionsbasierten Kernfortschritt der menschlichen Spezies. Zwar ist Reziprozität schon bei Säugetieren ein fest verankertes Verhaltensmuster. Ein hochentwickeltes System des gegenseitigen Verpflichtetseins gehört zu den typischen Merkmalen menschlicher Kulturen (vgl. Cialdini, 2017: S. 45). Der bekannte Paläoanthropologe Richard Leakey ist überzeugt, dass das Reziprozitätssystem eine wesentliche Grundlage der menschlichen Spezies überhaupt darstellt (Leakey, 1980). Dobelli bringt die positive Folge in der stammesgeschichtlichen Entwicklung auf den Punkt: »Der Bauch der anderen ist mein Kühlschrank«, wen ich mit meinen Überschüssen füttere, der wird mich bei seinen Überschüssen auch bedenken. Cialdini (2017: S. 50f.) belegt mit Studien seine Überzeugung, dass auch der Einsatz von Reziprozität dazu dient, sich andere gefügig zu machen, und deshalb enormen Einfluss hat.

Daraus leitet sich eine Grundregel des Verhandelns ab: Verlange nie etwas, ohne eine Gegenleistung zu bieten (vgl. Jeske, 1998: S. 164). Diese Taktik ist gerade dann wirksam, wenn das schon im Voraus erfolgt (vgl. Cialdini, 2017: S. 62ff.): Ein Verhandlungspartner kann durch im Voraus erbrachte Gefälligkeiten das Gefühl, der anderen Seite verpflichtet zu sein, geradezu programmieren, ohne selbst einen Verlust befürchten zu müssen. Ein Beispiel ist etwa das kalkulierte Verhalten von karitativen Einrichtungen, zu Weihnachten in einem Bittbrief unaufgefordert kleine Aufmerksamkeiten zuzusenden und das mit einem Spendenbrief zu verbinden. Häusel rät daher bei Verhandlungen dringend dazu, wenn es um Rabatte geht, unbedingt auf attraktive Zugaben zu setzen und Rabatte tunlichst zu vermeiden: Zugaben seien für das Gehirn des Verhandlungspartners Geschenke, die unbewusst eine reziproke Verpflichtung aufbauen. Im Gegensatz zur Verhandlung um Geld wird damit der Verhandlungspartner mental zum »Freund« – mit durchweg positiven Auswirkungen für das Geschäft (vgl. Häusel, 2015: S. 173).

Begründungsbias

Ein weiterer, auf den ersten Blick verblüffender kognitiver Automatismus wurde bereits vor rund 40 Jahren beschrieben: Wenn ein Mensch eine Bitte oder einen Wunsch äußert, dann steigt die Wahrscheinlichkeit, dass diese erfüllt wird, deutlich an, wenn eine Begründung dafür gegeben wird. Die Begründung kann völlig ohne weiteren Inhalt sein, ja geradezu sinnleer – es genügt die Begründung als solche (vgl Cialdini, 2017: S. 24; Voss, 2017: S. 278). Das bekannte Experiment dazu spielt vor dem Kopierer in einer Bibliothek: Fall a) »Entschuldigung, ich habe 5 Seiten. Können Sie mich bitte vorlassen?« Die Erfolgsquote lag bei 60 Prozent. Fall

b) »Entschuldigung, ich habe 5 Seiten. Können Sie mich bitte vorlassen? Weil ich Kopien machen muss«. Unglaubliche 93 Prozent akzeptierten diese Begründung und ließen die Versuchsperson nach vorne; es war nur 1 Prozent mehr, wenn die Begründung gelautet hätte: »Weil – ich habe es eilig«, was ja auch inhaltlich auch noch sehr dünn wäre (vgl. Cialdini, 2017: S. 24).

Die Begründung reicht, vermutlich weil das unbewusste System 1 dem folgenden Automatismus kognitiv folgt: Wenn jemand es begründen kann, dann wird es schon richtig sein. Dabei scheint die Begründung eines Wunsches oder auch einer Anordnung gerade dann besonders wirksam zu sein, je weniger Druck damit ausgeübt wird. Sie wirkt im Hinblick auf die nur kurzfristige oder langfristige Verankerung eines Wunsches nachweislich besser, wenn sie nicht drohend ist, sondern einsichtig wirkt und beim Verhandlungspartner mit seinen sonstigen langfristigen Commitment übereinstimmt, also von dessen gerade unbewussten Wertungen im System 1 mitgetragen wird. Cialdini (2017: S. 140f.) empfiehlt in solchen Fällen eine Begründung, die für sich genommen ausreichend stark sein sollte – aber nicht so stark, dass sie ihrerseits wieder als Druckmittel begründet werden muss.

Statistische Modellierungsprobleme

Menschen sind grundsätzlich nicht in der Lage, statistisch korrekt zu modellieren. Dies beginnt bereits bei der Relevanz des sog. »Null-Risiko-Denkens« und setzt sich bei der der Gewichtung von Wahrscheinlichkeiten fort (vgl. Kahneman, 2014: S. 398f.): So steht mittlerweile wissenschaftlich fest, dass Menschen die Wahrscheinlichkeiten unwahrscheinlicher Ereignisse durchweg überschätzen: Diesem Effekt – etwa auf unwahrscheinliche, aber hohe Gewinne zu setzen – verdankt etwa die Glückspielindustrie ihr jahrhundertealtes Wohlergehen. Und es geht weiter: Die Menschen übergewichten unwahrscheinliche Ereignisse bei ihren Entscheidungen – und davon lebt die Versicherungs- und Gesundheitsbranche. Dazu ein Beispiel: Sind Sie bereit, einen Impfstoff zu akzeptieren, der Kinder vor Masern schützt, aber mit dem 0,001-prozentigen Risiko einer dauerhaften Behinderung verbunden ist? (Häufigste Antwort: ja). Nun die eigentlich relevante Frage: Eines von 100.000 geimpften Kindern wird dauerhaft behindert sein – würden Sie diesen Impfstoff für Ihr Kind kaufen? Die Zustimmung sinkt hier deutlich, obwohl die Fallgestaltung identisch ist.

Dieser verblüffende Effekt wird als sog. »Nenner-Vernachlässigung« bezeichnet: Wenn Sie relative Häufigkeiten konkret beschreiben, spielen sie subjektiv eine meßbar höhere Rolle. Das hat etwa bei Verhandlungen um Sicherheitstechnik aber auch in vielen anderen Fällen eine enorme Relevanz. Aus diesem Grund kann man bei Verhandlungen mit gezielten Eingriffen in Modellierungen voraussagbar erwünschte Entscheidungen erzielen. Thaler hat dies für einen geradezu prophetischen Fall einer »Asiatischen Krankheit« beschrieben und hier faktisch Verhalteneffekte bei Impfungen in der Corona-Pandemie vorweggenommen (vgl. Thaler, 2018: S. 212; Kahneman, 2014: S. 404ff.).

Mentale Buchführung

Menschen betreiben eine sog. mentale Buchführung und legen diese ihren Verhandlungen zugrunde. Das Problem ist, dass diese mentale Buchführung häufig verzerrt wird und das wird von Kennern dieses Fehlschlusses bei Verhandlungen ausgenutzt. So hat Kahneman ein verblüffendes Beispiel beim Aktienverkauf beschrieben: Zur Finanzierung der Hochzeit der Tochter können Sie zwei Sorten von Aktien verkaufen: Die eine Sorte hat an Kurswert gewonnen, so dass Sie im Vergleich zum Kauf 5.000 Euro gewinnen – die andere hat in der gleichen Zeit 10 Prozent verloren. Seien Sie ehrlich: Auch Sie würden die Gewinneraktien verkaufen – obwohl es völlig sinnlos ist. Beide sind ihren Marktwert »wert«, aber Sie unterliegen dem sog. Dispositionseffekt. Sie haben für jede Aktie ein Konto eingerichtet, das sie mental führen (vgl. Dobelli, 2015: S. 23; Kahneman, 2014: S. 425).

Hinzu kommt ein weiteres Phänomen bei Verhandlungen: Thaler (2018: S. 89ff.) hat in seinen verhaltensökonomischen Untersuchungen eine wichtige Differenz herausgearbeitet. Es gibt nicht nur den sog. »Akquisitionsnutzen« eines Geschäftes, sondern auch den Transaktionsnutzen. Das ist die Differenz zwischen dem Preis, den man tatsächlich für ein Produkt zahlt und dem Preis, den man normalerweise zu zahlen bereit gewesen wäre (Vergleichspreis). Wie man ahnt, können im Ergebnis erhebliche Differenzen entstehen. So kann ein Verkäufer bei Verhandlungen beispielsweise den wahrgenommenen Vergleichspreis manipulieren und die Illusion eines Schnäppchens erzeugen. Bekanntes Beispiel für Verhandlungen ist der sog. »fiktive empfohlene Richtpreis«, der dann angeblich »kundengerecht« systematisch unterboten wird (Thaler, 2018: S. 92f.).

Eine weitere interessante Fallgruppe bilden sog. »interne Budgets« eines Verbrauchers, die unterschiedlich bedient werden (Thaler, 2018: S. 108ff.). In einigen Fällen zeigte sich dabei, dass Verbraucher bei mentalen Konten plötzlich ein Verhalten praktizieren wie Spieler. Gewonnenes Geld wird anders behandelt als eingesetztes (vgl. Thaler, 2018: S. 117f.). Dies kann dazu führen, dass Geldgewinne aus einer Immobilienspekulation für das eigene Haus zum beträchtlichen Teil in den Konsum flossen, anstatt damit den Hauskredit abzubezahlen. Dies kann dann bei Spekulationsblasen fatal sein (Thaler, 2018: S. 120). Für Verhandlungen können daher diese mentalen Konten (ob privat oder auch betrieblich) von enormer Bedeutung sein.

Halo-Effekte

Diese gedankliche Fehlbewertung ist schon seit etwa 100 Jahren bekannt und eine der am besten untersuchten Fehlleistungen des menschlichen Denkens: Menschen bewerten hiernach ihre Verhandlungspartner nach bestimmten Teilaspekten und schließen von diesen auf das Gesamtbild (vgl. Dobelli, 2015: S. 157ff.). Man denke nur an das legendäre Hoeness-Zitat: »The trend is your friend«: Ein CEO, der in einer Branche erfolgreich ist, wird es auch andernorts bzw. auch im Privatleben sein. Eine gutaussehende prominente Person beeinflusst die Meinung des Gegenübers durch ihren Gesamteindruck. Letztlich beruht auch der verkaufsfördernde Wert von Marken auf dem Halo-Effekt. Berühmt ist das Pepsi-Coca-Cola-Experiment: Versuchspersonen sollten abgedeckt die beiden führenden Cola-Sorten probieren und entschieden sich – nur nach Geschmack – mit 51 Prozent für Pepsi bzw. 44 Prozent für Coca-Cola (5 Prozent waren unentschieden). Der anschließende Genuss der sichtbaren Markengetränke drehte das Ergebnis komplett: 63 Prozent für Coca-Cola bzw. 25 Prozent für Pepsi bei 12 Prozent Unentschlossenen (vgl. Häusel, 2015: S. 158).

In Verhandlungen können daher Geschichten über den (eigenen) Aufstieg und den Fall von (anderen) Unternehmen unbewusst und messbar das System 1 und damit das Verhandlungsdenken einer Partei beeinflussen. Bedenken sie nur den gigantischen Betrugsfall »Wirecard«: Das Unternehmen schien so erfolgreich (Teilaspekt), dass viele – einschließlich der Aufsichtsbehörden – den Behauptungen von Bilanzmanipulationen nicht glauben wollten. Der Teilaspekt »Dax-Senkrechtstarter« galt für das Gesamtbild und verursachte einen Milliardenschaden bei allen Anlegern, die genauso dachten.

Endowment-Effekt

Der Mechanismus dieser menschlichen Denkverzerrung ist überraschend, aber wirksam: Menschen bewerten Dinge, die sie besitzen, als wertvoller als Dinge, die sie besitzen könnten, die ihnen aber noch nicht gehören (vgl. Thaler, 2018: S. 38). Als Grundlage für diese Erkenntnis dient das »Kaffeetassen-Experiment«: Zwei Gruppen sollten eine bestimmte – durchaus attraktive – Kaffeetasse verkaufen bzw. kaufen. Hiernach übertrifft der »subjektive« Wert, den ein Verkäufer seiner Tasse zumisst, die Wertschätzung von Käufern um fast das Doppelte. Die daraus in vielen Messungen abgeleitete Wertdisparität wurde bei ähnlichen Experimenten ebenfalls nachgewiesen und auch dann beschrieben, wenn bei Börsengeschäften Wertgeschäfte vorgenommen werden. Bei Messungen mittels Neuroimaging konnte dazu nachgewiesen werden, dass der Verkauf von Gütern Hirnregionen aktiviert, die mit Schmerz und Ekel assoziiert werden. Dies gilt auch für den Kauf von Gütern, aber nur, wenn die Preise als subjektiv zu hoch wahrgenommen werden (vgl. Kahneman, 2014: S. 363ff.; Dobelli, 2015: S. 93ff.).

Damit steht für Verhandlungen fest, dass auch hier mit dem Endowment-Effekt zu rechnen ist, wenn eine Seite auf etwas verzichten soll. Dies hat für Preisaufschläge und Konditionen unmittelbare Konsequenzen. Aber es gibt auch noch eine weitere verblüffende Erkenntnis: Wer bei Auktionen so lange mitbietet, bis er in der (gefühlten) Endauswahl steht, verändert plötzlich sein Bieterverhalten. Er ist bereit, mehr zu zahlen als er geplant hat. Anscheinend wird ab einem bestimmten Punkt die Aufgabe des Mitbietens als Verlust im System 1 gefühlt – und der Bieter gegen seine wirtschaftliche Vernunft im Spiel gehalten (vgl. Dobelli, 2015: S. 95). Der subjektive Schutz gegen den »Endowment-Effekt« in Verhandlungen für die »besitzende Partei« ist wesentlich für die richtige Preisermittlung und die Verhandlungsposition. Diese besteht i. d. R. aus einer interessanten fiktiven

Selbsttäuschung. Man kann sie wie folgt bekämpfen: Stellen Sie sich vor, das begehrte Objekt sei eine Leihgabe, also nicht ihr Eigentum. Damit geben Sie das Teil in eine »objektive Position«, die bei Ihnen die Kalkulation weg vom Besitzen hin zum Marktpreis relativiert.

Es scheint nur zwei Gruppen zu geben, die gegen den Endowment-Effekt abgehärtet scheinen: Die Händler von Gütern und arme Menschen. Dies ist auch plausibel: Händler, etwa auch Börsenhändler, sehen in Gütern nur wertbestimmte Tauscheffekte, mit deren Handel sie Gewinne erzielen wollen. Arme Menschen sehen im Sacherwerb – also in Kosten – i. d. R. immer Verluste (vgl. Kahneman, 2014: S. 367).

Verlustaversion

Aus der Beschreibung des klassischen Endowment-Effekts wurden weitergehende Untersuchungen abgeleitet mit der Frage, inwieweit der Mensch bei Geschäften generell zu erzielbaren Gewinnen und Verlusten steht. Nach der klassischen ökonomischen Theorie sollte jede Vermögensänderung ganz gleich, ob Gewinn oder Verlust, gleich zu gewichten sein (vgl. Kahneman, 2014: S. 343). Bei ihren Untersuchungen deckten Verhaltenspsychologen jedoch eine zentrale Abweichung im menschlichen Denken auf, die wirtschaftliches Handeln durchweg prägt. Demnach gilt, dass drohende Verluste (im Mittelwert) doppelt so stark (negativ) gewichtet werden wie potenzielle Gewinne. Diese Asymmetrie zwischen der Empfindung positiver und negativer Bewertung von Haben oder Verlieren scheint evolutionsgeschichtlich tief verankert zu sein. Lebewesen, die Bedrohungen vordringlicher behandeln als Chancen, haben höhere Überlebens- und Fortpflanzungschancen (vgl. Kahneman, 2014: S. 346f.).

Daraus lassen sich für Verhandlungen einige bemerkenswerte Folgerungen ableiten. Häusel (2015: S. 74) liefert ein Beispiel für die Aufnahme von Verhandlungen: Es kann als »Einstiegsappetizer« wirksam sein, die möglichen Verluste beim Scheitern der Verhandlung so zu adressieren. Auch bei Rabattsystemen können Auswirkungen unmittelbar aus der Verlustaversion abgeleitet werden: Würde man einem Kunden z. B. 50 Euro wegnehmen, würde er dies emotional doppelt so stark (negativ) bewerten wie einen unerwarteten Rabatt von 50 Euro (also einem faktischen Gewinn). Ein Kunde wertet einen einmal gewährten Nachlass als Besitzstand, der bei Folgegeschäften nicht mehr wegzuverhandeln ist, da er ja als Verlust enorm negativ eingeschätzt würde. Aus diesem Grund sollte man bei Verhandlungen mit Zugaben arbeiten.

Ein weiteres Phänomen ist die sog. kurzfristige Verlustaversion: Die Risikobereitschaft eines Kunden nimmt ab, je öfter er sich über die Wertentwicklung seines Vermögensportfolios informiert. Daraus kann man ebenfalls Rückschlüsse auf die Bedeutung des Verhandlungsmoments im Hinblick auf die Bewertung durch den Verhandlungspartner ziehen: Der Mensch will prioritär Umstände verhindern, die ein unbefriedigtes Bedürfnis vergrößern bzw. unlustauslösend wirken (vgl. Jeske, 1998: S. 66) – erst dann sucht er »lustverschaffende«. Das sollte je nach

Verhandlungsposition unbedingt berücksichtigt werden. Thaler (2018: S. 258ff.) weist darauf hin, dass dieser Effekt vergleichbar mit einem »engem Framing« ist: Der Verhandlungspartner bucht bzw. »framt« sein Portfolio zu kurzfristig, ohne auf gegensätzliche langfristige Trends zu sehen. Dieser Faktor hat etwa bei der Vermögensberatung im Bereich von Finanzdienstleistungen relevante Konsequenzen (vgl. Thaler, 2018: S. 396 ff.).

Ein letzter wesentlicher Hinweis für Verhandlungen betrifft natürlich auch die Frage, inwieweit die dargestellte Verlustaversion und die damit verbundenen Risiko-Bewertungsdystopien dazu führen können, einen Verhandlungsabschluss – im Sinn des Verhandlungsführers – zu erzielen (und nicht zu vermeiden). Dies ist konsequenterweise dann der Fall, wenn der Verhandlungsgegner aufgrund Ihres Vortrages zur Überzeugung gelangt, durch einen Nichtabschluss einen Verlust zu erleiden (vgl. Voss, 2017: S. 171).

Best Alternative to a Negotiated Agreement (BATNA)

Ein wesentlicher Schwerpunkt für die Verhandlungsstrategie nach dem Harvard Negotiation Project ist die Formulierung einer »besten Alternative« für den Fall, dass es bei einer Verhandlung zu keiner Einigung kommt. Es werden dem Verhandlungsführer dazu drei Schritte empfohlen: 1. Eine Liste von Aktionen, die möglicherweise durchgeführt werden, wenn es zu keiner Übereinkunft kommt; 2. Weiterentwicklung von einigen, besonders vielversprechenden Ideen und ihre Umwandlung in praktische Handlungsoptionen; 3. Versuchsweise Auswahl der besten dieser Möglichkeiten (vgl. Fisher/Ury, 2015: S. 147ff.). Die Begründung für dieses – mögliche alternative – Verhandlungsverhalten liegt auf der Hand: Viele Verhandlungsparteien gehen in die gegenseitigen Verhandlungen mit einem sog. Limit. Was aber passiert, wenn das Limit erreicht wird und die Verhandlung scheitern kann? Hier scheinen sich die Geister in der Theorie zu scheiden: Häusel (2015: S. 178) empfiehlt für Preisverhandlungen etwa nachdrücklich: Formulieren Sie klare und eindeutige Verhandlungsziele und setzen Sie eine »Stopp-Loss-Marke«. Er empfiehlt auch, harten Verhandlungssituationen im Zweifel nicht aus dem Weg zu gehen.

Die Funktion dieser Taktik ist letztlich nichts anderes als der sprichwörtliche »Plan B«. Er ist insoweit als BATNA wohl nur als »alter Wein in neuen Schläuchen« zu bezeichnen. Im Endergebnis umfasst BATNA folgende Handlungsmaxime: Konzentriere dich auf keinen Fall allein nur auf dein eigenes angestrebtes Verhandlungsziel – es gibt mehr Alternativen, diese sind in einer sorgfältigen Vorbereitung unbedingt durchzuarbeiten.

Ein Klassiker dafür ist etwa die Gehaltsverhandlung. In unzähligen Fällen wurde und wird durch Mitarbeiter eine Gehaltserhöhung verlangt – aber die Geschäftsleitung lehnt auch nach Verhandlungen diese Forderung rundweg ab. Wie kann hier ein Plan B lauten, will der Mitarbeiter nicht als völliger Verlierer das Verhandlungsgespräch verlassen: Es gibt dazu als typische Optionen: 1. Ein besseres Gehaltsangebot eines anderen Arbeitgebers; 2. Die Einräumung anderer – auch geldwerter – Vorteile; 3. Die Verhandlung von langfristigen Gehaltsverbesserungen etwa durch einen Positionswechsel im Betrieb. Die Erfahrung zeigt, dass in solchen Fällen durchaus das eine oder andere Entgegenkommen zu erzielen ist (vgl. Tenbergen, 2017: S. 115ff.). Die Wirkung eines Plan B bzw. BATNA ist daher letztlich die eines »negativen Ankers« und dies macht ihn auch so problematisch: Ein Plan B bzw. BATNA ist natürlich unbewusst im System 1 als Option verankert und stellt somit das neue Mindestziel dar. Man sollte deshalb beide Optionen, die best- und die schlechtestmögliche, offen einplanen (aber natürlich nicht ausplaudern) und so die unbewusste Wirkung des negativen Ankers einschränken (vgl. Voss, 2017: S. 301f.; Häusel, 2015: S. 178).

Sunk Cost Fallacy

Das klassische Beispiel für dieses kuriose menschliche Verhalten stammt wieder von Kahneman (vgl. Kahneman, 2014: S. 423ff.; Thaler, 2018: S. 96ff.): Sie brauchen Geld für eine Investition. Um diese finanzieren zu können, überlegen Sie, Aktien in ihrem Eigentum zu veräußern. Sie haben zwei Aktienbestände im Auge: Wenn Sie Aktienbestand 1 an ihren Banker verkaufen, machen Sie einen Gewinn von 5.000 Euro. Der zweite Aktienbestand ist weniger wert als zum Zeitpunkt seines Erwerbs. Der Kurs der Aktien ist in den letzten beiden Wochen jeweils stabil geblieben. Welche werden Sie dem Banker verkaufen? Die Antwort bei den meisten Befragten lautet: Ich verkaufe Aktienbestand 1. Bei dieser Antwort sträuben sich dem erfahrenen Banker die Haare: Dieser würde nur die Aktie verkaufen, die in Zukunft vermutlich mit der geringeren Wahrscheinlichkeit eine gute Wertentwicklung verzeichnen wird (vgl. Kahneman, 2014: S. 424). Sollte das beispielsweise für Aktienbestand 2 gelten, würde er sich in seiner Verhandlung auf diesen konzentrieren.

Wie kommt man nun zur gegenteiligen Lösung. Sie ist ihnen vom unbewussten System 1 – wie in den meisten vergleichbaren Fällen – vorgegeben worden, ohne dass das System 2 dies beanstandet hätte, weil es plausibel erschien: Ausgaben für ein Gut werden hiernach nicht als erfolgte Opportunitätskosten »abgeschrieben«, sondern mental als Investment bewertet. Und dieses kann sich dann rentieren oder Verluste erzielen: Ein rationaler Entscheider sollte sich aber hier nur für die zukünftigen Kosten seines Investments interessieren. Aus diesem Grund wird die Entscheidung, weitere Finanzmittel in ein Verlustgeschäft zu investieren, obwohl es bessere Anlagemöglichkeiten gäbe, als Sunk Cost Fallacy oder der »Fehlschluss aus versunkenen Kosten« bezeichnet (vgl. Kahneman, 2014: S. 425; Thaler, 2018: S. 97f.).

Zeit- oder Gegenwartspräferenz

Bei einer Reihe von Verhandlungen spielt folgendes Phänomen eine Rolle: Es könnte Ihnen z. B. ein Prämienmodell für eine Spareinlage angeboten werden, bei dem Sie für 1.000 Euro Einsatz in einem Jahr 1.050 Euro erhalten und 1.100 Euro in einem Jahr und zwei Monaten. Die meisten würden hier für die Auszahlung in einem Jahr und zwei Monaten stimmen – sie erhielten ja darauf eine vergleichsweise gute Verzinsung von ca. 2 Prozent für einen Monat. Und nun die zweite Frage: Wollen Sie eine Auszahlung sofort – dann erhalten Sie 1.000 Euro oder in einem Monat, dann würden 1.020 Euro bezahlt. In diesem und vergleichbaren Fällen entscheidet sich die Mehrheit für die sofortige Auszahlung, obwohl sie damit auf eine Verzinsung von 2 Prozent pro Monat, also sagenhafte 24 Prozent Jahreszins verzichten.

Wir sind damit einer weiteren heuristischen Verzerrung des menschlichen Denkens auf der Spur: Je eher bzw. zeitlich näher eine »Belohnung« in der Gegenwart ansteht, umso weniger sind wir bereit, auf sie zu verzichten, um dafür in der Zukunft mehr zu erhalten (vgl. Dobelli, 2015: S. 210). Dies führt dazu, dass der gegenwärtige Konsum gegenüber dem zukünftigen bevorzugt wird. Diese Tendenz nimmt aber als Zeitfunktion inkonsistent ab (vgl. Thaler, 2018: S. 126ff.). Dieser Begriff wird auch »Gegenwartsverzerrung« genannt und ist an sich ein Verstoß gegen das Modell des diskontierten Nutzens. Thaler (2018: S. 128f.) weist nach, dass der normale Mensch »quasihyperbolisch« also gegenwartsverzerrt diskontiert. Dies scheint eine evolutionäre Anlage zu sein, da sie sich sogar in Tierversuchen belegen lässt (vgl. Thaler, 2018: S. 145). Viel spricht dafür, dass dies aus den Ergebnissen von Tierversuchen heraus bereits eine evolutionäre Anlage zu sein scheint (vgl. Shane et al.: 2002).

Der Erwerb von unmittelbaren Vorteilen bzw. Belohnungen wirkt daher sehr verführerisch (Dobelli, 2015: S. 211). Dies spielt auch bei Zugaben eine enorme Rolle: Häusel (2015: S. 173) beschreibt plastisch, wie – anders als bei Rabatten – der Käufer diese positiv empfindet: »Der Verkäufer wird wieder zum Freund«. Und im Übrigen wird der Verkäufer auch deswegen besser dastehen, weil die Zugabe ja preiswerter eingekauft wurde, als es der Verkaufswert ist.

Social Proof oder Herdentriebeffekt

Einer der wichtigsten – auch psychologisch belegten – Effekte menschlichen Denkens knüpft an die Tatsache an, dass (fast) jeder Mensch dazu neigt, das Verhalten, das er bei anderen Menschen beobachtet, grundsätzlich als Orientierung dafür zu nutzen, wie er sich selbst verhält (vgl. Cialdini, 2017: S. 16ff.). Evolutionsgeschichtlich ist der Herdentriebeffekt von durchschlagender Effizienz: Wenn im Steinzeitalter alle zu laufen begonnen haben, war es sicher besser, mitzulaufen – als selbst zu prüfen, ob da ein Säbelzahntiger kommt (was man wohl bejahendenfalls nicht überlebt hätte) (vgl. Dobelli, 2015: S. 18). Dieses Verhalten ist daher im Genpool verankert und feiert als Schwarmintelligenz eine fulminante Renaissance.

Die Verwendung dieses sehr mächtigen Arguments in Verhandlungen ist offensichtlich: Wer belegen kann, dass ein bestimmtes Verhandlungsziel von vielen anderen, etwa auch Experten, Freunden oder anderen Testimonials praktiziert wird, der kann auf die nachweisliche Tendenz hoffen, dass der Verhandlungsgegner eine Handlung für richtiger hält, wenn auch andere sie ausführen. Dies wird in vielen Situationen auch gezielt praktiziert: Cialdini (2017: S. 167) belegt dies anhand des »Trinkgeldtricks« und dem laufenden Schriftband für Spender in Fernsehsendungen für wohltätige Zwecke: Wenn einer schon Trinkgeld in den Becher gelegt hat oder hunderte andere bereits gespendet haben, dann kann ich das auch tun. Häusel (2015: S. 85) empfiehlt daher, bei Verhandlungen im Team aufzutreten: »Allein wenn diese bei wichtigen Stellen ihrer Präsentation sichtbar zustimmend nicken, werden ihre Argumente erheblich an Gewicht und Bedeutung gewinnen«. Wenn Sie sich fragen sollten, warum man bei vielen Verhandlungen ganze Mannschaften beider Seiten auftreten sieht, obwohl die Verhandlung selbst nur von den wenigen Verhandlungsführern bestritten wird, dann erklärt sich das aus dem Herdentriebeffekt.

Der eigene Name – die eigene Marke

Wer seinen eigenen Namen nennt, sich vorstellt, der verlässt damit die anonyme Fremdheit. Er schafft damit die Grundlage dafür, dass der Verhandlungspartner ihn als vertrauter wahrnimmt. Der Austausch von Visitenkarten ist das klassische Beispiel. Man schafft im unbewussten System 1 ein Gefühl der kognitiven Leichtigkeit, wenn man die »verkörperte Namensvorstellung« buchstäblich in die Tasche stecken kann – am besten natürlich auch in einer Aufmachung der Visitenkarte, die Seriosität, aber auch Wiedererkennbarkeit sicherstellt. Wer dies mit einem freundlichen Grundeindruck verbindet, schlägt eine unsichtbare Brücke zum unbewussten System 1 des Verhandlungspartners und suggeriert: »Ich bin keine anonyme Gefahr, sondern ein Mensch, den du beim Namen nennen kannst und der nicht feindlich ist« (vgl. Wenski, 2020: S. 109).

Die Bedienung dieses Urbedürfnisses nach Individualisierung geht in die ältesten Zeiten der menschlichen Kultur zurück und wird etwa explizit durch ein zentrales Zitat der Bibel im Buch Jesaja 43,1 belegt: »Ich habe dich bei deinem Namen gerufen«. Die Bedeutung der Namensnennung spielt auch bei Kahneman eine zentrale Rolle für die Verankerung im Gedächtnis und die Herstellung kognitiver Leichtigkeit in Bezug auf eine Person (vgl. Kahneman, 2014: S. 82 ff.).

Wertungsverzerrungen im Bereich der Bewertung von Fairness

Bei Verhandlungen spielt die Frage, ob Forderungen oder Verhandlungsziele als fair eingestuft werden, eine wesentliche Rolle. Kahneman und Thaler arbeiteten dabei erstaunliche kognitive Verzerrungen bei Vertragspartnern heraus (vgl. Kahneman, 2014: S. 375ff.; Thaler, 2018: S. 173ff.): Dazu Fall a): Ein Copyshop beschäftigt einen Mitarbeiter für 9 Euro Stundenlohn. Als eine wirtschaftlich schwierige Situation aufzieht, senken andere Läden in der Nachbarschaft den Lohn bei neu eingestellten Mitarbeitern auf 7 Euro. Darauf verlangt der Inhaber von dem Mitarbeiter auch eine Lohnsenkung auf 7 Euro. Fall b): In der gleichen Situation stellt der Inhaber einen neuen Mitarbeiter ein und zahlt diesem 7 Euro. Das Ergebnis ist wieder erstaunlich: Die Mehrheit fand das Vorgehen in Fall a) unfair, in Fall b) akzeptabel obwohl der Lohn gleich gewesen wäre.

Daraus leiten Wirtschaftspsychologen ab, dass in der unbewussten Bewertung von System 1 für einen aktuellen Lohn, Preis oder Mietzins ein Referenzpunkt festgesetzt wird. Dieser soll seinem Wesen nach nicht angetastet werden. Es ist für die heuristische Bewertung folglich unfair, wenn ein Unternehmen Kunden oder Mitarbeitern bezogen auf die Referenztransaktion Verluste aufbürdet (Kahneman, 2014: S. 376). Aus diesem Grund gelten augenscheinlich unterschiedliche Regelungen für an sich vergleichbare Sachverhalte: Wer einen Verlust befürchtet, kann diesen nicht ohne weiteres auf andere abwälzen (und ggf. die Preise erhöhen). Verhandler müssen daher mit einer negativen Reaktion der anderen Seite rechnen, wenn sie gegen diese Regel der Fairness verstoßen. Diese können schnell den kalkulierten Gewinn dieses Verhaltens ernsthaft gefährden und zu Gewinnausfällen führen (Kahneman, 2014: S. 377). Mit anderen Worten, das Denken von Menschen ist unterschiedlich für zwei alternative Verhaltensweisen ausgelegt: Großzügigkeit wird zwar anerkannt und belohnt, Geiz zu Lasten von bestehenden Geschäftspartnern jedoch als unfair eingestuft und ggf. bestraft. Der Verhandlungsgegner sollte dann Vorsicht walten lassen, wenn kalkulatorisch bei einem Geschäft einem Verhandlungspartner Verluste auferlegt werden. Dies könnte negative Reaktionen auslösen, die durchaus negative Resultate bezogen auf die Gewinnerwartung bewirken (Kahneman, 2014: S. 378f.).

Die vorstehende Beschreibung von verhaltensökonomisch und neurobiologisch basierten Verhandlungsverhalten belegt die anfangs geäußerte Überzeugung, dass ein rein rational basiertes Verständnis des Verhandlungsablaufes als überholt eingestuft werden muss. Der Ansatz, Menschen und Probleme getrennt voneinander zu behandeln (vgl. Fisher/Ury, 2015: S. 47ff.) und sich auf Interessen zu konzentrieren, nicht auf Positionen, geht an den neuen wissenschaftlichen Analyseerkenntnissen der Verhandlungswissenschaft vorbei. Auch eine Weiterentwicklung, die sich emotional aufgeladenen Konflikten zuwendet (vgl. Shapiro, 2018: S. 19ff., 286) bildet die Realität nur unvollkommen ab. Die meisten Verhandlungssituationen sind nicht emotional aufgeladen – sie sind schlichtweg durch das emotional-unbewusste Denken von System 1 geprägt. Die enorme Zahl von Biasses und Fallacies, die dem System 1 gerade in Verhandlungssituationen spezifisch unterlaufen können, belegt dies nachweislich.

4 Geld als Forschungsgegenstand in der Verhandlungswissenschaft

Eine Vielzahl von Verhandlungen widmen sich dem Austausch von Sachen, Rechten oder Dienstleistungen gegen Geld. Die damit verbundenen rechtlichen und wirtschaftswissenschaftlichen Fragestellungen zur Bedeutung des Geldes als Tausch-

und Zahlungsmittel, seine Wertaufbewahrungs- und Währungsfunktion sowie die sog. soziale Funktion sind von enormer Bedeutung für die Verhandlungswissenschaft.

4.1 Geld und das unbewusste System 1

Häusel (2015: S. 162) weist nach, dass die Wahrnehmung von und der Umgang mit Geld für das Gehirn auch bestimmte Teile des (unbewussten) »Emotionssystems«, also des unbewussten Systems 1, aktiviert. Erhält eine Versuchsperson Geld, wird in den wissenschaftlichen Hirnscans nachweislich das Belohnungszentrum aktiviert. Muss eine Versuchsperson Geld ausgeben oder verliert sie Geld, wird das Schmerzsystem im Gehirn aktiviert.

Das mit Geld erlebte Wohlbefinden oder Unglücks-/Schmerzempfinden im Fall von Armut ist allerdings relativ: Es orientiert sich am individuellen Vermögens- und Einkommensstand. Dieser ist für das subjektive »Preis-Wert-Gefüge« von entscheidender Bedeutung (vgl. Häusel, 2015: S. 163; Kahneman, 2014: S. 488f.). Dies gilt auch für Verhandler in Hierarchien eines Unternehmens: Die Berechtigung, Geld auszugeben, ist i. d. R. status- und machtbezogen mehr oder weniger umfangreich. Daran orientiert sich konsequenterweise auch der in Verhandlungen erzielbare subjektive Glücks- oder Schmerzzustand. Für den Privatmenschen scheint dabei mit ca. 80.000 Euro jährlichem Haushaltseinkommen ein Sättigungsniveau an »geldbezogenen Wohlbefinden« erreicht, das danach nicht weiter ansteigt (vgl. zu diesem Wert auf dem Stand 2010: Kahneman, 2014: S. 489).

4.2 Geld und das bewusste System 2

Ungeachtet dessen ist zu beobachten, dass Denken und Handeln mit Geld in erster Linie das System 2 unmittelbar beschäftigen. Es schaltet in den Rechenmodus – also ist die rationale linke Hirnhälfte messbar stärker aktiviert. Dies scheint vermutlich eine Folge der Tatsache zu sein, dass die Geldfunktion in der Evolution bislang keine Rolle spielte. Erst seit etwa 3.000 Jahren (vgl. Weimer, 1994) wird damit der Verstand beschäftigt, für eine »unbewusste Geldheuristik« ist wenig Platz. Diese rational motivierte Denkweise führt auch – konsequenterweise – dazu, dass der Mensch bei Geld durchweg egoistischer denkt und handelt; seine empathische Hilfsbereitschaft nimmt fühlbar ab.

Häusel (2015: S. 164) leitet daraus für Preisverhandlungen eine nüchterne Empfehlung ab: Preisverhandlungen sollten erst so spät wie möglich angegangen werden. Man sollte es so lange wie möglich vemeiden, über Geld und Preise zu sprechen. In der Tatsache, dass System 2 bei Geldangelegenheiten eindeutig höher aktiviert ist, liegen aber auch verblüffende Möglichkeiten, es letztlich zu manipulieren. Ausgangspunkt ist das berühmte Tennisschlägerbeispiel nach Kahneman (2014: S. 61): Ein Schläger und ein Ball kosten 1,10 Euro. Der Schläger kostet einen

Euro mehr als der Ball? Wieviel kostet der Ball? Hand auf's Herz: Auch Sie, lieber Leser, denken intuitiv an 10 Cent – und Sie sind damit in bester Gesellschaft. Bei ca. 50 Prozent der (ehrlichen!) Antworten wurde intuitiv – und damit falsch – geantwortet. Der richtige Wert war 5 Cent (das ist die Lösung, wenn man die beiden zugrundeliegenden Gleichungen im Einsetzungsverfahren löst: (1) Ball + Schläger = 1,10 Euro; (2) Schläger = Ball + 1,00 Euro).

Dieser und viele andere Tests zeigen, dass der Mensch auf unbewusst von System 1 eingespielte, heuristische Lösungen in seinem bewussten System 2 auch bei Geld ohne Kritik positiv eingeht. Der Grund hierfür ist – neurobiologisch – einfach und einleuchtend: Das Gehirn verbraucht mehr Energie/Glukose als die anderen Körperteile. Aus diesem Grund nimmt es jede Möglichkeit an, durch reduzierte Energieaufnahme länger zu denken und einen Erschöpfungszustand zu vermeiden (Kahneman, 2014: S. 59f.). Und da Intelligenz nicht nur allein die Fähigkeit zu logischem Denken ist, sondern auch die Fähigkeit, im Gedächtnis vorhandene relevante Erinnerungen aufzufinden und kognitiv zu verarbeiten, ist ein Gutteil der intelligenten Denkarbeit nach wie vor in System 1 verortet. Wenn also System 2 naturgemäß einen Gang zurückschaltet und System 1 unzureichend arbeitet, dann kommen »unerklärliche« Fehlleistungen ans Licht. Trägheit beim Urteil über die mentale Selbstüberwachung von System 2 ist somit nicht unüblich – und das kann man natürlich auch beim Umgang mit Geld als Verhandler ausnutzen (vgl. Kahneman, 2014: S. 64).

4.3 Verhandlungen mit Geld für sich beeinflussen – 10 Tipps

Vergrößere die Leistungs- und Qualitätsvorteile des eigenen Angebots

Die Pharmaindustrie macht es seit Jahrzehnten vor: Ausgehend vom Ausbruch der Schweinegrippe (H1N1) in Mexiko schätzten Experten der WHO im Jahr 2009, dass weltweit bis zu zwei Milliarden Menschen durch die Schweinegrippe infiziert werden würden. Das angebliche Gegenmittel hieß Tamiflu und es wurde von fast allen Industrienationen für Milliarden Euro gekauft. Es wurde als das Wundermittel gegen Infektionen »gehypet«, obwohl damals bereits feststand, dass Tamiflu den Menschen nicht gegen die tödlichen Folgen schützen könne. Es könne lediglich die durchschnittliche Krankheitsdauer von 5 auf 4 Tage verringern, so eine ausdrückliche Feststellung der US-Gesundheitsbehörde. Diese Tatsache war zwar schon bekannt, spielte aber in der öffentlichen Beurteilung von Tamiflu als dem Mittel gegen H1N1-Infektionen kaum eine Rolle.

Was stand dahinter? Massenhafte Worst-Case-Szenarien (mit Tausenden von Todesopfern) waren von Beratern der WHO verbreitet worden, die in vielen Fällen finanzielle Verbindungen zu den Herstellern des Medikamentes hatten. Der damit weiterverbreitete Bias lautete: »Vorsicht ist besser als Nachsicht« – also lieber ein (zweifelhaftes) Medikament als gar keines. Das ist als eine Verhaltensregel an sich ganz vernünftig. Nur wusste niemand, wie man wirklich richtig Vorsorge treffen könnte (vgl. Gigerenzer, 2013: S. 303ff.). Nach der Corona-Pandemie im Jahr 2020/21 dürfte man zumindest bei der Hygieneprophylaxe deutlich weiter sein. Die Erkenntnis aus dem Milliardengeschäft zu Tamiflu lautet: Vergrößere die Risikowahrnehmung beim Kunden, am besten mit harten Worst-Case-Szenarien, preise dein Produkt mit wahrscheinlichen Qualitäten an und betone einen alten heuristischen Erfahrungssatz (»Vorsicht ist besser als Nachsicht«) – und schon läuft alles in Richtung eigener Verhandlungsposition. Die Frage, was das kostet, sollte erst am Schluss gestellt werden, denn wenn Handlungsdruck besteht, ist auch ein Kunde bereit, einen saftigen Aufschlag zu bezahlen, ohne das unfair zu finden.

Arbeite mit statistischen Tricks und relativen Prozentzahlen

Wie schon dargestellt fällt es vielen Menschen – auch Verhandlungsführern – schwer, korrekt mit Wahrscheinlichkeiten und statistischen Bewertungen umzugehen (vgl. Kahneman, 2014: S. 180f.; Dobelli, 2015: S. 105ff.). Dies gilt vor allem für die richtige Bewertung sog. kleiner Risiken: Entweder werden sie komplett ignoriert oder maßlos überschätzt (vgl. Kahneman, 2014: S. 181). Dies gilt aber auch umgekehrt etwa für die Wirksamkeit von Medikamenten und ihre Darstellung durch die Pharmaindustrie: So verkündete ein Pharmakonzern, dass ein neues Medikament, das Risiko einen Schlaganfall zu bekommen, um 48 Prozent, also etwa die Hälfte, senken würde (vgl. Häusel, 2015: S. 165).

Machen Sie bitte den Selbstversuch: Werden die Hälfte aller Patienten vom Schlaganfall (also geschätzt hunderttausende in Deutschland) künftig verschont – eine Einschätzung, die bei der geschilderten These tatsächlich viele vertreten. Oder bedeutet das in absoluten Zahlen nicht vielmehr: In der Kontrollgruppe Risikopatienten ohne Medikamenteneinnahme haben im Zeitraum der Studie 2,8 Prozent einen Schlaganfall bekommen; von den Patienten, die das Medikament eingenommen haben, haben aber nur 1,3 Prozent überhaupt einen Schlaganfall erlitten (was tatsächlich zutraf). Es ging also um hunderte Patienten und nicht um tausende. Das abstrakt-rationale Denken von System 2 arbeitet also aufgrund der heuristischen Vorgaben von System 1 fehleranfällig und lässt sich mit relativen Zahlen gezielt und manipulativ beeinflussen. Angenommen der neue Motor eines Pkw reduziert den Kraftstoffverbrauch von 8 auf 7,5 Liter (93,75 Prozent des bisherigen Wertes). Die Konkurrenz schafft mit dem neuen Modell eine Verbrauchsreduktion von 8 auf 7,7 Liter (also nur noch 96,25 Prozent des bisherigen Wertes). Und jetzt kommt der Zahlentrick des Autoherstellers: Wenn sie die relativen Ersparnisse in Korrelation setzen, ergibt es einen Wert von 40 Prozent, um den ihr Produkt besser ist als dasjenige der Konkurrenz. Das ist doch ein Wort bzw. Wert und überzeugt!

Daraus kann man folgern, was für Verhandlungen allgemein gelten dürfte: Will man (Produkt-)Vorteile darstellen, so wende man relative Zahlen an – will man (Produkt-)Nachteile entschärfen, so verwende man die absoluten Zahlen.

Der Umrechnungstrick von großen Preisen in kleine Stückpreise

Bei Versicherungen ist es ein wirksames Instrument, abschreckend hohe Versicherungsprämien für bestimmte Standardversicherungen zu relativieren: Wenn Sie eine Unfallversicherung für 5 Familienmitglieder mit 2.100 Euro Jahresprämie angeboten bekommen, ist das schon ein gehöriger Betrag. Mein Versicherungsmakler bot mir die Versicherung in 12 Monatsraten zu 179 Euro an – willigt man eher ein, obwohl der Betrag 48 Euro und damit 2 Prozent mehr betrug als die Jahresprämie?

Der Trick dürfte aber in vielen Verhandlungsfällen anwendbar sein (Häusel, 2015: S. 166). Wer hohe Verkaufspreise in kleinere, weniger schmerzhafte Preishäppchen umwandelt, kann das denkfaule System 1 des Kunden überlisten. Die Absatzstrategie vieler Fahrzeughersteller weist in diese Richtung: Das monatliche Leasing ist bezogen auf das übliche Monatsgehalt schon viel »erträglicher«, wenn man dann bei Elektrofahrzeugen die monatliche Batteriemiete ins Kleingedruckte verbannt, den staatlichen Umweltbonus groß herausstellt und auch (vermeintlich) vom Autohersteller noch was draufgelegt wird, dann wird aus so manchem teurem Gesamtpaket ein gewissenschonender Fahrzeugdeal!

Vermeide glatte Zahlen bei Geldbeträgen

Wie bereits dargelegt, beeinflusst zwar das bewusste System 2 Verhandlungen mit Geld nachweislich überproportional; wird diesem aber vom unbewussten System 1 ein plausible Vorbewertung präsentiert, dann spricht viel dafür, dass diese auch übernommen wird. Das Musterbeispiel hierfür ist die Verwendung glatt gerundeter Zahlen in Preisverhandlungen. Das unbewusste System 1 wird stutzig und es unterstellt tendenziell bei der glatten Zahl eine Aufrundung zu seinen Ungunsten (vgl. Jung, 2012: S. 639).

Ist die Zahl dagegen »gebrochen«, dann steigt die Plausibilität, der Preis sei fair kalkuliert und daher günstiger. Dies dürfte auch die Ankerwirkung für weitere Preisverhandlungen signifikant verbessern. Wenn sich diese Preiskonditionen auch noch entsprechend »unrund« stückeln, also in zusammengesetzte Zahlen (etwa bei Aufpreislisten) aufteilen lassen, wirkt dies umso glaubwürdiger. Einer der wichtigsten Bereiche für diese Methodik ist das Gebiet der Tarifverträge: Hier gibt es schon aus Prinzip keine »glatten« Stundenlöhne. Und wenn der neueste Tarifvertrag dann eine Erhöhung von 2,37 Prozent vorsieht, wird es erfreulich unrund bleiben. Ein Blick auf die Lohntarifverträge von IG Metall oder Verdi belegt das eindrucksvoll. Den Profit ziehen beide Parteien daraus: Die Arbeitgeber können den Tarifmitgliedern zeigen, wie hart gefeilscht wurde – bis zur zweiten Stelle hinter dem Komma. Auch ein Gewerkschaftssekretär wird an das unbewusste System 1 der Gewerkschaftsmitglieder erfolgreich das Narrativ vermitteln können, dass man mit den »Pfennigfuchsern« der Arbeitgeber bis zur letzten Minute verhandeln musste und »mehr nicht drin war«.

Wirkungsvolle Preisanker setzen

Die Bedeutung von »Verankerungen« bestimmter Basisbilder beim Verhandlungspartner ist bereits hinlänglich beschrieben worden. Eines der zentralen Experimente zeigt seine Wirksamkeit auch bei Preisverhandlungen (vgl. Kahneman, 2014: S. 157): Immobilienmakler sollten nach einer Hausbesichtigung und einer Prospektprüfung der Informationsbroschüre den Preis für ein (tatsächlich angebotenes) Haus ermitteln. Der Prospekt enthielt für zwei Testgruppen zwei unterschiedliche Preisforderungen, eine deutlich über dem objektiven Marktwert, die andere deutlich darunter. Bei der anschließenden Bewertung der Makler wurde im Interview fast durchweg von den Maklern diese angegebene Preisforderung ausdrücklich nicht berücksichtigt, sondern eine Fülle anderer Faktoren wie etwa Lage, Ausstattung, Bauqualität etc. Auch wenn die Makler beteuerten, für sie sei die Preisforderung völlig irrelevant gewesen, betrug der gemessene Ankereffekt kaum glaubhafte 41 Prozent bei erfahrenen Praktikern und 48 Prozent bei BWL-Studenten ohne Immobilienerfahrungen.

Kahneman (2014: S. 161) betont generell, dass ein anfänglicher Anker in Verhandlungen immer einen starken Effekt besitzt. Bei »unverschämten Angeboten« sollte daher die Ankerwirkung dadurch beseitigt werden, indem man mit dem Abbruch der Verhandlungen droht und so eine zweite, realistische Angabe erzwingt. Eine vergleichbare Abwehrwirkung dürfte es haben, wenn man die Aufmerksamkeit fokussiert und das Gedächtnis nach Argumenten gegen den Anker suchen lässt. Generell dürfte eine Strategie des »bewussten Denkens des Gegenteils« bei Geldverhandlungen eine gute Sicherung gegen Ankereffekte darstellen, um so die ankerausgelöste Verzerrung im Denken des Systems 1 durch eine bewusste Strategie von System 2 zu korrigieren. Häusel (2015: S. 171) empfiehlt dazu, nach Möglichkeit schon sehr früh, aber indirekt und unbewusst in Verhandlungen Preisanker zu setzen. Dies könne etwa dadurch geschehen, dass man bei Vorgesprächen etwa von vergleichbaren Fällen oder Kunden berichtet, die sich für solche Produkte interessiert hätten und nachweislich bereit waren, dafür die dann später genannten (hohen) Konditionen zu akzeptieren.

Der »dritte Mann«

Die Figur des sog. »dritten Manns« ist eigentlich eine Faustregel für einen gängigen Verkaufstrick: In vielen Fällen von Verhandlungen wird man mit zwei Verhandlungsangeboten konfrontiert: einem relativ teuren auf der einen Seite und einem gegensätzlich preiswerteren auf der anderen Seite. Dies führt in vielen Fällen dazu, dass die negative Ankerwirkung des billigeren Angebots sich durchsetzt. Der Klassiker im Handel ist die Auswahl zwischen zwei Weinkategorie – einem teureren und einem billigeren, die Konsequenz ist klar: Ohne zusätzliche intensive Werbemaßnahmen wird in der überwiegenden Mehrheit der Fälle das billige Angebot gewählt. Häusel (2015: S. 168f.) nennt für seine Studie den Wert von 85 Prozent.

Die manipulative Ablenkungsvariante dazu ist einfach aber wirkungsvoll: Der verkaufende Verhandlungspartner macht ein drittes Produkt-Preisangebot, das deutlich über seinem eigentlich angestrebten Preisangebot liegt.

Anstelle von nur zwei Weinsorten zu 5,65 Euro und 12,95 Euro bieten Sie ein Luxusprodukt zu 33,95 Euro an. Der gemessene Effekt zeigt eine deutliche Verschiebung des Käuferverhaltens: 69 Prozent wählen den billigen, 29 Prozent den mittleren und 2 Prozent den teureren Wein. Der Effekt für das unbewusste System 1 ist augenscheinlich: Die relative Bewertung von »teuer« verschiebt sich und macht den »mittleren Wein« preiswerter und damit relativ akzeptabler: In 29 Prozent der Fälle (also doppelt so häufig) wird Variante 2 gewählt und der Ausgangsanker damit wirksam relativiert. Das eigentliche Ziel war also nicht, den ganz teuren Wein loszuwerden – nein: Der mittlere sollte das Premiumangebot als erschwingliche Variante relativieren und so als »gute Mittelwertlage« präsentiert werden. Wenn das funktioniert, erhöhen sie Umsatz und Gewinn evident zweistellig!

Dealing top-down

Eine weitere Überlegung betrifft die Frage, wie bei Verhandlungen Angebote präsentiert werden sollen und dabei auch das eigene Verhandlungsziel am wirksamsten eingebracht werden kann. Hier lautet die Empfehlung durchweg: Beginne mit deinem teuersten Angebot (Kahneman, 2014: S. 160f.; Häusel, 2015: S. 170). Der Grund hierfür ist einleuchtend: Beim Verhandlungspartner kann so der »obere Konditionenanker« gesetzt werden – mit der klaren Ansage, in diese Richtung zu verhandeln. Dies gilt an sich durchweg, ganz gleich, ob es sich um Kauf- oder Tarifverhandlungen handelt.

Gerade Tarifverhandlungen belegen das »Verhandlungsritual« idealtypisch: Jede der Tarifparteien setzt eigene Anker – i. d. R. die Arbeitnehmerseite mit ihrer Lohnforderung. Es wäre eine tarifpolitische Todsünde, in dieser Situation durchscheinen zu lassen, wo die darunterliegende Kompromisszone beginnt. Das Tarifritual ist auch eine interessante Vorgabe für einen Verhandlungsverlauf, den ausgebuffte Profis auch für Verkaufsverhandlungen empfehlen. Setze nach dem »oberen Preis-Orientierungsanker« das billige Angebot, damit wird durch den »scheinbaren Preisnachlass« das Belohnungszentrum im Gehirn aktiviert und positive Stimmung generiert, bei Tarifverhandlungen für das Belohnungszentrum der Gegenpartei. Erst dann folgt die persönliche Empfehlung in der Mitte. Sie wirkt ganz im Sinn der kognitiven Heuristik der »Tendenz zur Mitte«. Und weil der Kunde sieht, dass ihm nicht das teuerste Produkt aufgeschwätzt werden soll, wächst bei ihm Vertrauen. Dieses Vertrauen identifiziert Cialdini (2017: S. 142ff.) als wichtiges psychologisches Band, das gegenseitiges »Commitment« aufbaut. Und er schildert dazu auch grenzwertige Low Ball-Methoden: Bei diesen wird ein Käufer durch ein gutes Geschäft zur grundsätzlichen Kaufentscheidung motiviert, die dann durch einen unangenehmen Zusatzpunkt zwar nach oben, aber noch in die zumutbare Mitte gehoben wurde.(vgl. Nagle/Holden: 2002, S. 84ff.)

Preisverschleierung durch Bundling

Mit der Theorie der sog. mentalen Buchführung lässt sich ein verblüffender Effekt nachweisen, der erneut die kognitive Leistung des unbewussten Systems 1 und seinen Einfluss auf System 2 betrifft: Die Aufteilung eines Produktangebotes in Einzelteile und ihre Bündelung auf der Basis der Grundeinheit führt i. d. R. erstaunlicherweise dazu, dass das Bündel bezogen auf den neuen (höheren) Referenzwert der Grundleistung als relativ »günstiger« empfunden wird als der ursprüngliche Gesamtpreis. Hinzu kommt das Prinzip abnehmender Empfindlichkeit bei der Beurteilung von Vermögensänderungen: Es ist für das unbewusste System 1 messbar ein Unterschied, ob sie eine subjektive Differenz zwischen 900 und 1.000 Euro bewerten oder eine Differenz zwischen 100 und 200 Euro. Die Differenz zwischen 900 und 1.000 Euro wird subjektiv viel kleiner eingeschätzt (vgl. Kahneman, 2014: S. 346ff.; Häusel, 2015: S. 171f.). Mit anderen Worten: Durch Bündelung von Einzelleistungen kann es gelingen, einen höheren Preis für das gleiche Produktbündel zu erzielen als das vergleichbare ursprüngliche »Gesamtangebot« in einem Preis. Dies ist dann besonders erfolgreich, wenn es gelingt, in das Bündel unvergleichbare Leistungen zu schmuggeln. Ein gutes Beispiel dafür sind etwa die Bündelangebote bzw. Aufpreislisten der Mobilfunkkonzerne (vgl. Häusel, 2015: S. 172; Priemer: 1999, S. 62f.).

Keine Rabatte – aber Zugaben

Die Frage des Geldes in Verhandlungen kulminiert fast immer in einem Thema, das geradezu als Ritual eingestuft werden muss: Man hat sich auf gewisse Konditionen geeinigt und jetzt kommt es zur Frage, was da noch »abgezogen« werden kann, ob also »preislich noch was geht«. Man beginnt also – wie im buchstäblichen Basar – zu feilschen. Wer die Medien anlässlich von Rabattschlachten im Bereich von Möbelgroßhändlern und vielen anderen Konsumentenprodukten verfolgt, wird zum Schluss verleitet werden, es handele sich hier um eine übliche Routineoperation im Rahmen des Marketings. Doch weit gefehlt! Fast jeder erfahrene Betriebswirt warnt vor voreiligen Rabattierungen – im Gegenteil: Rabatte – einschließlich des berühmt-berüchtigten Skontos haben das Potenzial, eine sorgfältig vorbereitete Kalkulation geradewegs zu ruinieren: Wer als Beispiel etwa die Umsatzrenditen des deutschen Mittelstandes heranzieht, dem nachgesagt wird, durchaus profitabel zu sein, kommt auf einen Wert von 7,4 Prozent (vgl. Destatis, Angaben für 2018). Wer hier als Verhandlungspartner 2 Prozent Rabatt gibt und 2 Prozent Skonto drauflegt, kann mitunter sofort die Profitabilität seines Unternehmens gefährden. Dies ist der Grund dafür, dass viele Händlerrabatte mit Limits durch die Unternehmen intern an den vorgegebenen Listenpreis gebunden werden, um Rabatte dem rabattierenden Vertreter sofort über die dramatisch reduzierte Provision anzulasten, ja ihn damit zu bestrafen (vgl. Häusel, 2015: S. 172).

Häusel (2015: S. 174 f.) rät daher dringend dazu, das Belohnungssystem des Verhandlungspartners nicht durch Rabatte zu aktivieren, sondern durch Zugaben bzw. »Geschenke«. Ihnen kommt eine durchaus mehrfach positive Funktion in Verhandlungen zu. Zum einen wirken sie als Geschenk, das durchaus auch nach der dargestellten Funktion der Reziprozität eine unbewusste Käuferverpflichtung aufbaut. Der Verhandler wird durch die positive Beantwortung erneut zum »Freund«. Und zum dritten sind Zugaben auch für den Verkäufer günstiger, da in der internen Kalkulation ja auch die eigenen günstigen Einkaufskonditionen dafür weitergegeben werden können, auch und gerade, wenn man mit dem teureren Marktpreis der Zugabe wirbt.

Relativiere die kognitive Bedeutung des Geldes

Ein weiteres bemerkenswertes Phänomen in Verhandlungen zur Preisfindung sollte beachtet werden: So sind Verhandlungsszenarien nicht selten, etwa beim Gebrauchtwagenkauf, in denen Folgendes passiert: Man einigt sich nach intensiven Verhandlungen auf einen Preis von z. B. 14.995 Euro. Zum Schluss zückt der Verhandlungspartner seine Geldbörse, entnimmt dieser ein großes Bündel von Euroscheinen und sagt dazu: »Hier habe ich 14.600 Euro – 14.600 Euro in bar und der Kauf gilt«. Warum lassen sich viele auf so etwas ein?

Das Präsentieren von Bargeld löst einen unmittelbaren, emotional bestimmten Eindruck aus – dieser »Giermodus« hängt mit dem optischen und haptischen Fühlen von Geld zusammen, das im menschlichen Denken auch direkt kognitiv-emotional wirkt (vgl. Häusel, 2015: S. 175f.; Bätscher u. a., 2015: S. 18 f.). Gier, also das emotional übermächtige Gefühl, etwas unmittelbar haben zu wollen, wirkt damit unbewusst. Es führt damit auch zur sog. »Gegenwartsverzerrung« von vorteilsbezogenen Entscheidungen. Der »emotionale Zinssatz« steigt an, je näher der Vorteil und sein Genuss in der Gegenwart liegt (vgl. Dobelli, 2015: S. 210). Dem liegt die schon dargestellte »Gegenwartspräferenz« als klassische Fehlleistung des unbewussten Systems 1 zugrunde. Vor diesem Hintergrund ist nachvollziehbar, warum viele Menschen – auch Profis – der relativen Anziehungskraft von Bargeld erliegen. Nun kennen wir auch eine wesentliche Begründung für das Kalkulationsinstrument des Skontos: Im vorliegenden Fall enthielten 14.600 Euro in bar einen Skontoeffekt von ca. 2,75 Prozent bezogen auf die Ausgangsforderung von 14.995 Euro (vgl. Hoffmann-Becking/Gebele, 2019: Anm. 6).

Die Vorteile der unbaren Bezahlung für die Verhandlungspartei liegen somit in zwei Phänomenen: Sie vermeidet zum einen unerwünschte geldwerte Effekte der Barzahlung. Unbare Transaktionen haben auch deutlich weniger oder keinen Effekt auf die emotionale Bewertung eines Vorgangs mit Gier oder Verlustempfinden im unbewussten System 1 (vgl. Häusel, 2015: S. 176). Als »abstrakte Rechenoperation« unterliegen solche Vorgänge – wie schon dargestellt – keiner unmittelbaren emotionalen heuristischen Einstufung. Da also keine »Trauer« bzw. »Schmerz« mit dem Geldausgeben per Kreditkarte oder Überweisung verbunden ist, ergibt sich ein naheliegender Effekt, der in seiner Höhe aber dennoch verblüffend ist: Kunden, die mit EC- oder Kreditkarten kaufen, geben bis zu 20 Prozent mehr aus als bei Barzahlung (Häusel, 2015: S. 175) – und weil sie ja unmittelbar mit dem Geldausgeben keinen Schmerz verbinden, ist auch die Reklamationsquote signifikant niedriger als bei Bargeschäften.

Sicherlich ist bei vielen professionellen Verhandlungen dieser oder die anderen vorstehenden Effekte im unmittelbaren Umgang mit Geld weniger wirksam. Gleichwohl sind geldbezogene »Fehlbewertungen« – etwa beim Bundling – auch im B2B-Geschäft durchaus anzutreffen. Es zeigt sich dabei, dass auch professionelle Verhandler fast genauso anfällig für solche Bewertungsfehler sind wie Laien (Kahneman, 2014: S. 323ff.). Der Skonto-Trick beweist dies augenfällig. In Verhandlungen sollten daher die vorgetragenen Standardtricks auch von erfahrenen Verhandlern durchaus in Betracht gezogen werden, um nicht alle, aber den einen oder anderen Kniff nutzen zu können.

5 Wer verhandelt eigentlich – das Unbewusste als Verhandlungspartner

5.1 System 1 und System 2

Die vorstehenden Ausführungen zu merkwürdigen kognitiven und logischen Verzerrungen des menschlichen Denkens bei Verhandlungen aller Art legen eine Annahme für die Verhandlungswissenschaft nahe, die mittlerweile in vielen anderen Teildisziplinen der Natur-, Sozial-, Sprach- und Wirtschaftswissenschaften als Standard gelten darf: Ohne eine vertiefte wissenschaftliche Kenntnis und Berücksichtigung der modernen neurobiologischen und wirtschaftspsychologischen Erkenntnisse ist eine wissenschaftliche Aufarbeitung der interdisziplinär zu begreifenden Verhandlungswissenschaft undenkbar.

Neue Erkenntnisse, wie Sie etwa im Bereich des sog. Neuromarketings und der Psychometrie seit einigen Jahren gewonnen werden, prägen beispielsweise bereits heute das Verständnis und die verkäufergesteuerte Beeinflussung von Kaufaktionen, wie sie im Systemhandel und dem Internet millionenfach täglich stattfinden. Wenn diese aber im zentralen Bereich einer klassischen, transaktiven Verhandlung etwa Kaufverhandlungen Anwendung finden, dann liegt der Schluss nahe, dass diese Erkenntnisse generell Verständnis, Voraussetzungen und Gestaltung von Verhandlungen wesentlich beeinflussen. Grundlegend modellbildend ist der theoretische Ansatz, dass das menschliche Denken durch zwei kognitive Systeme geprägt wird, das unbewusste System 1 und das bewusste System 2 (Kahneman, 2014: S. 32ff.; R. Thaler, 2018: S. 141ff.). Für das neuroökonomische und konzeptionelle Verständnis eines Verhandlungsprozesses bedeutet dies folgendes: Der Verhandlungsprozess wird bei beiden menschlichen Verhandlungspartnern jeweils parallel geführt. Jeder Verhandlungspartner wird dabei von zwei Systemen gesteuert, die das Verhandlungsgeschehen zwar koordiniert »mit einer Stimme« führen – jedes der Systeme arbeitet aber arbeitsteilig im Gehirn des jeweiligen Verhandlungspartners mit jeweils unterschiedlichen Aufgabenstellungen und Arbeitsmustern.

Da ist zuerst das bewusste System 2, das gemeinhin als das bewusste, logisch denkende Selbst beschrieben wird (vgl Kahneman, 2014: S. 33). Es steuert die abstrakten mentalen Aktionen, etwa komplexe Berechnungen oder logische Operationen. Sie korrelieren mit dem subjektiven Erleben von Handlungsmacht, Entscheidungsfreiheit und Konzentration. Jeder Mensch – und damit auch der Verhandlungspartner – glaubt, dass er mit diesen intellektuellen Fähigkeiten Herr seiner (Ver-) Handlungen ist. Damit kann er sich bewusst auf die Gedankenführung, die Argumente und Verhandlungsziele des anderen Verhandlungspartners konzentrieren, sie analysieren und daraus seine eigene Verhandlungsagenda konzipieren, mit der er sein Verhandlungsziel erreichen will.

Vor diesem Hintergrund ist es naheliegend, dass die bisher führende Theorie der Verhandlungsführung genau hier ansetzt: Fisher/Ury (2015: S. 76 ff.) verlangen, dass das abstrakte Denken bei Verhandlungen im Mittelpunkt zu stehen habe: Die rational ermittelbaren Interessen, also die sachbezogenen Verhandlungsziele, seien von den subjektiven Positionen und dem »egogetriebenen« Verhalten zu trennen. Es gehe darum, hart in der Sache – aber weich zu den Menschen zu verhandeln, bestmögliche sachliche Alternativen zu suchen und daraus quasi logisch eine gemeinsame »Win-win-Situation« zu formulieren, mindestens aber eine bestmögliche Alternative (BATNA). Dabei wird zwar zugestanden, dass es »das Problem Mensch« gebe; dieses könne aber durch aktive Kommunikation und Beziehung im Wesentlichen neutralisiert werden, wenn man die sachliche Entwicklung von Entscheidungsmöglichkeiten zum beiderseitigen Vorteil objektiv in den Mittelpunkt der Verhandlung stelle.

Die Theorie von Fisher/Ury konnte allerdings neuere Erkenntnisse der Psychologie und Neurowissenschaften nicht berücksichtigen, die sich nach 1990 durchsetzten: Hiernach ist der Hauptträger der kognitiven und mentalen Prozesse, aber auch der sonstigen neurologischen Aktivitäten im Menschen das unbewusst arbeitende System 1 (Kahneman, 2014: S. 32; Braun/Benz, 2015: S. 49ff.). Es arbeitet automatisch und schnell, seine Ergebnisse resultieren augenscheinlich ohne willentliche Steuerung und weitgehend mühelos. Im unbewusst arbeitenden System 1 entstehen spontan die Eindrücke und Gefühle bzw. sie werden dort zwischengespeichert und blitzschnell abgerufen. Sie sind die Hauptquelle der expliziten Überzeugungen und bewussten Entscheidungen von System 2 (vgl. Kahneman, 2014: S. 33). Im Hinblick auf die unglaubliche Vielzahl der permanenten Eindrücke unserer Sinnesorgane »bemustert«, bewertet und vergleicht System 1 diese und integriert sie in das vorhandene, ungeheuer vielfältige Netzwerk unserer inneren neuronalen Verknüpfungen. Die Fähigkeit, die Umwelt wahrzunehmen, Gegenstände zu erkennen, die Aufmerksamkeit zu lenken und das Mindset permanent zu steuern, das unsere sprachliche Kompetenz und unsere kulturelle Existenz ausmacht – all das wird vom »Autopiloten« System 1 unbewusst geleistet. Man denke nur an die Vielzahl »quasi automatischer« Tätigkeiten, die wir alltäglich absolvieren, vom Autofahren, der Morgentoilette bis hin zu beruflichen Routinetätigkeiten – sie erfolgen in einem Zustand, der von einigen Wissenschaftlern auch als Flow beschrieben wird. Dieses Verhalten geht durchweg auf die jahrzehntelangen Routinen zurück, die jeder Mensch sich permanent aneignet, wieder aufruft und Schritt für Schritt erweitert (vgl. Kahneman, 2014: S. 34f.; Nagler, 2018: S. 25f.).

Selbstverständlich können viele Prozesse, die i. d. R. unbewusst ablaufen, auch vom bewusst arbeitenden System 2 angesteuert werden, wenn es seine Aufmerksamkeit darauf richtet. Dies erfordert aber Konzentration: System 2 hat die Fähigkeit, die Funktionstätigkeiten von System 1 in gewissem Umfang zu verändern und auch zu lenken. Diese bewusste Aufmerksamkeitskapazität ist aber bekanntermaßen begrenzt: Wer eine auch nur mäßig komplizierte Rechenaufgabe lösen muss, sollte in dieser Situation nicht auch noch im dichten Verkehr Auto fahren; und er kann vermutlich nicht mehr dem juristischen Fachgespräch folgen, das er parallel auf dem Handy zu führen beabsichtigt. Wohl kaum ein Mensch hat die Fähigkeit zu derartigem konzentrationsbezogenem Multitasking. Im Gegenteil: Die intensive Konzentration auf eine Aufgabe macht Menschen in ihrem bewussten System 2 nachweislich und messbar blind für andere Stimuli, die an sich passieren und von anderen Personen auch als ungewöhnlich wahrgenommen werden. Kahneman (2014: S. 36f.) zitiert dazu exemplarisch das berühmte wissenschaftliche Experiment des »unsichtbaren Gorillas«. Das, was System 2 in seiner bewussten Aufmerksamkeitsarbeit fast unmöglich ist, das Multitasking, geschieht im unbewussten System 1 (aufgrund seiner evolutionsbedingten Entwicklung) permanent. Es arbeitet im multioperationalen Modus quasi automatisch und ist der Generator für alle Eindrücke, Intuitionen, Absichten und Gefühle, die dem bewussten System 2 zugespielt werden. Hier kommt der zentrale neue Ansatz im neurobiologischen Verständnis der kognitiven Leistung unseres bewussten Denkens ins Spiel: Wenn das bewusste System 2 keinen Anlass zum Eingreifen sieht, es also in seinem angenehmen und energiesparenden Modus geringer Anstrengung bleibt, werden diese unbewussten »Eingaben« automatisch zur bewusst wahrgenommenen Wirklichkeit und zur Grundlage des (angeblich willentlich gesteuerten) aktuellen Denkens insgesamt!

Kahneman (2014: S. 38) fasst daher zusammen: »Der größte Teil dessen, was Sie (Ihr System 2) denken und tun, geht aus System 1 hervor, aber System 2 übernimmt sobald es schwierig wird und es hat normalerweise das letzte Wort«. Wie schon angedeutet, gibt es im Wesentlichen zwei Gründe für diese »höchst effiziente« Arbeitsteilung zwischen System 1 und System 2. Der eine liegt im enormen Energieverbrauch, den das Gehirn, insbesondere aber die Denkleistung von System 2 dem menschlichen Körper entnimmt. Er kann bis zu 20 Prozent des gesamten Energieverbrauchs des Körpers ausmachen, obwohl das Gehirn nur i. d. R. 2 Prozent des Körpergewichts beträgt (vgl. Kahneman, 2014: S. 59). Das Gesetz des geringsten Aufwands gilt daher nachweislich nicht nur für physische, sondern auch für die kognitiven Anstrengungen. Auch das Gehirn arbeitet daher nach dem Grundsatz, den Weg zu wählen, der mit dem geringsten Arbeitsaufwand verbunden ist. Kahneman (2014: S. 50f.) bringt es auf den Punkt: »Faulheit ist tief in unserer Natur angelegt« – und das gilt auch für das Denken.

Daraus lässt sich eine zweite Regel ableiten, die schon in der Evolution des menschlichen Gehirns angelegt ist: Was System 1 in vielen Jahrmillionen nachweislich – energiesparend – gelernt hat und automatisch i. d. R. zuverlässig ausführt, das muss System 2 nicht – energieaufwändig – parallel erledigen. System 1 erkennt einfache Beziehungen, führt Informationen über einen Gegenstand zusammen und führt automatisierte – erlernte – Programme mühelos aus. Aber nur System 2 kann bewusst Regeln befolgen, Vergleichsoperationen anstellen und wohlüberlegte Auswahlentscheide zwischen Optionen treffen. Es kann bewusst »Task sets«, also kognitive Zustände der optimalen Aufgabenvorbereitung, einführen und so das Gedächtnis programmieren, dass es nur dieser Anweisung gehorcht. Es ist zur sog. »exekutiven Kontrolle« und an allen Aktivitäten beteiligt, die man mit Intelligenz assoziiert. Solange diese mentale Anstrengung nicht erbracht werden muss, reduziert System 2 auch konsequenterweise seine Tätigkeit. Aus diesem Grund werden i. d. R. Aktivitäten, die hohe Anforderungen an System 2 stellen und Selbstkontrolle erfordern, als erschöpfend und unangenehm empfunden! System 2 ist also grundsätzlich faul (vgl. Kahneman, 2014: S. 61). Sie glauben es nicht? Also noch einmal das bereits oben erwähnte Beispiel: Ein Tischtennisschläger und ein Ball kosten 1,10 Euro. Der Schläger kostet einen Euro mehr als der Ball. Wie viel kostet der Ball? Sie haben diese Aufgabe vorhin schon einmal falsch gelöst – 10 Cent, oder? Die richtige Lösung muss aber 5 Cent lauten. Der Grund für Ihre Fehlleistung: System 2 hat es nicht für nötig befunden, die Lösung zu lernen und sich zu merken – aus Energiespargründen. Nun liefert Ihnen das unbewusste System 1 erneut einen (im Grunde) geschätzten Schnellschuss, den ihr System 2 übernimmt, weil es energiesparend arbeitet und der vom (energiesparender arbeitenden) System 1 gelieferte Wert plausibel klingt. Bis man möglicherweise in letzter Sekunde merkt, dass etwas nicht stimmt, weil System 2 nachrechnet – und erst dann der energieaufwändige Rechenprozess angeschaltet wird. Konkret hilft ihnen hier nur eines: Sie haben nicht die Lösung gelernt, sondern, dass Sie in diesem Fall einen Fehler gemacht haben und daher aufpassen müssen. Das ist weniger anstrengend als sich die Lösung zu merken. Deswegen werden Sie nun in den Rechenmodus geschickt. Dazu der Kommentar von Nobelpreisträger Kahneman (2014: S. 64): »Es ist jedoch verstörend, wenn man sieht, wie leicht Sie zufriedenzustellen sind und dann nicht weiter nachdenken. ›Faul‹ ist ein hartes Urteil über die mentale Selbstüberwachung dieser jungen Menschen und ihr System 2, aber es scheint nicht unangemessen zu sein.«

Für das Verhandlungsszenario bedeutet dies, dass auch hier viele mentale Operationen weniger abstrakt-logisch allein vom bewussten System 2 ausgeführt werden. In deutlich mehr Fällen als bislang überhaupt für möglich gehalten, basieren mentale kognitive Operationen zumindest zu einem großen Teil unmittelbar auf Denkergebnissen des unbewussten Systems 1. Die enorme Anzahl der dargestellten Fehlschlüsse belegt dies – sie wurden deshalb bewusst im Vorkapitel behandelt. Wir und hier vor allem unser bewusstes System 2 verlassen uns – unbewusst – auf System 1, weil dieses System der hochdifferenzierten Aufmerksamkeitszuweisung sich in langen evolutionären Zeiträumen als absolut richtig erwiesen hat und das Überleben sicherte. Jedoch kam Verhandeln in der Evolution zunächst nicht vor – hier ging es ausschließlich um Fressen und Gefressenwerden. Unser in der Evolution auf andere Settings programmiertes Denken wird nun mit kognitiven Situationen konfrontiert, die es so in der langen Geschichte des evolutionär entwickelten Lebens noch nie gab.

5.2 Der Konflikt-Bias

Vor diesem Hintergrund wird verständlich, warum eine Fülle von Verhandlungen durch Streitigkeiten bzw. Konflikte geprägt werden. So wird in der Verhandlungsliteratur durchweg auch ein Streit als eine Verhandlung bezeichnet, die eben nicht produktiv und dabei durch folgende Phänomene gekennzeichnet ist (vgl. Schott/Troczynski, 2015: S. 14; Fisher/Ury, 2015: S. 160ff.):

- Beide Verhandlungs-/Streitpartner haben den unbedingten Willen, sich durchzusetzen und bestehen hartnäckig auf ihrem Standpunkt.
- Jede Partei glaubt sich im Recht und die andere Seite im Unrecht.
- Die Stimmen werden laut, Tonfall und Mimik sind aggressiv.
- Am Ende des Streits gibt es mindestens einen Verlierer, es sei denn man geht ohne Annäherung auseinander.

Bei dieser objektiven Beschreibung der Streitsymptomatik wird übersehen, dass es auch eine subjektiv-personenbezogene Seite der Streitsymptomatik gibt: Der Herzschlag nimmt bei Streitigkeiten meßbar zu, man gerät in eine höherfrequente Atmung, die Hände beginnen zu zittern, man bekommt einen trockenen Hals. Man fühlt sich subjektiv angegriffen und reagiert auch innerlich aggressiv. Dazu kann mittlerweile eine nachvollziehbare Erklärung für Verhandlungen geliefert werden, die in ein Streitszenario münden: Das unbewusste System 1 assoziiert mit den Forderungen, Ansprüchen und Attacken durch einen (fremden) Dritten sofort die uralte, intrinsisch programmierte Bedrohungsangst als »kohärentes Muster« und schaltet unmittelbar in einen angeborenen Instinktmechanismus, in den emotionalen Alarmzustand. In dieser Situation gibt auch das bewusste System 2 innerlich keine Entwarnung, sondern verstärkt den Eindruck von System 1: »Ich werde attackiert, es kann zu Verletzungen meiner Persönlichkeitssphäre kommen, es kann zum Verlust von Vermögen und Positionen kommen, meine Planung persönlich und bezogen auf Hab und Gut kann (massiv) gefährdet sein, ich kann das Gesicht, also mein Selbstwertgefühl verlieren und zum Gespött der Betrachter werden, man wartet nur darauf, dass ich mich blamiere«.

Da beide Systeme einer Verhandlungsperson nun kongruent im (Kampf-)Abwehrmodus sind, gibt es keine dämpfende Wirkung des bewussten System 2, das hier logisch-analytisch eingreifen könnte, im Gegenteil: Beide kognitiven Systeme verstärken sich und schaukeln zusätzlich die Aggressionsstimmung hoch, der Erregungszustand geht schnell nach oben und die mentale Leistungsfähigkeit wird aggressionsbedingt reduziert. Im schlimmsten Fall sieht man buchstäblich »rot«. Ähnlich wie bei einem einseitigen rhetorischen Kurzschluss befindet man sich damit in einer subjektiven Situation, die bereits vor über 100 Jahren prägnant von den Psychologen Robert Yerkes und John D. Dodson beschrieben wurde (▶ Dar. 2): Ab einem bestimmten situativen Erregungs- und Anspannungsniveau lässt die mentale und kognitive Leistungsfähigkeit eines Betroffenen schnell und dramatisch nach bis hin zum völligen Verhandlungsversagen in Form eines einseitigen, aggressiven Ausrastens (vgl. Abromeit, 2014: S. 12; Voss, 2017: S. 41).

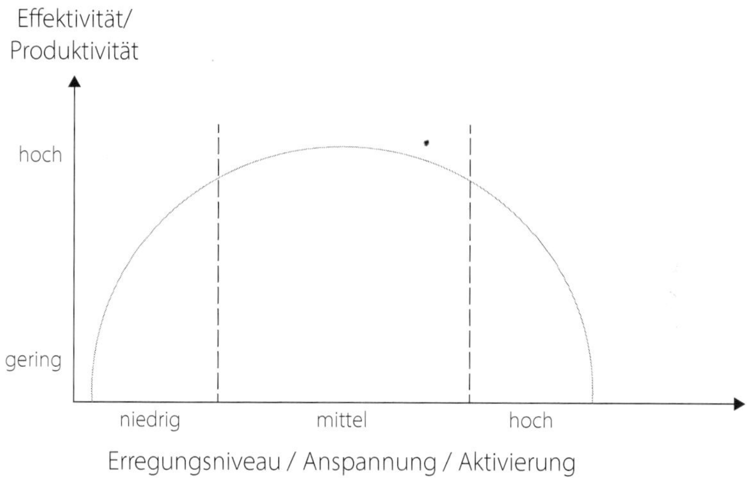

Dar. 2: Die Funktionsgrafik zum Yerkes-Dodson-Gesetz (Quelle: Nagler, 2018: S. 273; Abromeit, 2014: 12)

Die Streitsymptome sind damit nichts anderes als der Ausdruck eines nicht angepassten, neurologisch-hormonell ausgelösten und evolutionär programmierten Aggressionsverhaltens. Dies geschieht in einer Verhandlungssituation, die sowohl vom unbewussten System 1 als auch dem bewussten System 2 der Verhandlungspartner gleichermaßen falsch kognitiv und emotional bewertet wird und sich in einem nicht angepassten, psychisch-physischen Verhaltensmuster ausdrückt. Dabei spielen nicht selten auch schlechte Erfahrungen in (konfliktären) Verhandlungssituationen und lang nacherinnerte, unbefriedigende Verhandlungserlebnisse eine Rolle. Zusätzlich ist von Bedeutung, dass gerade in Zeiten hoher mental-emotionaler Anspannung das unbewusste limbische Ur-System belastende Situationen abspeichert, auf die es evolutionsbiologisch bedingt in vergleichbar unangenehmen Stresslagen zurückgreift. Viele kennen dieses Phänomen, sich noch nach Jahrzehnten an äußerst unangenehme Verhandlungs- und Stresssituationen etwa Kündigungs- und Abfindungsverhandlungen bildhaft erinnern zu können. Diese Erinnerungstrigger sind im Unterbewusstsein abgespeichert und werden quasi-automatisch vom System 1 aus dem limbischen System als besonders relevant in der aktuellen Verhandlungssituation aufgerufen. Dazu wird wissenschaftlich konstatiert, dass typischerweise in dieser Lage kaum gegenseitiger Respekt und Achtung mehr gezeigt wird und niemand den anderen in Würde aus dem Streit gehen lassen möchte. Es zählt nur der Sieg (vgl. Schott/Troczynski, 2020: S. 14f.) oder man muss von »psychologischer Kriegsführung« ausgehen (vgl. Fisher/Ury, 2015: S. 194f.).

Erst die modernen Neurowissenschaften und verhaltensökonomischen Erkenntnisse können eine valide Begründung für dieses Phänomen liefern. Es kann daher auch als ein Konflikt-Trugschluss oder -Bias bezeichnet werden, der letztlich auf eine gemeinsame Fehlleistung von unbewusstem System 1 und bewussten System 2 zurückgeht: In an sich objektiv notwendigen Verhandlungen gleichzeitig auch einen emotionalen Konflikt zu sehen und konfliktär bewältigen zu wollen, ist letztlich eine der fundamentalen kognitiven Fehlleistungen schlechthin, da sie in einer Vielzahl von Fällen zu fehlerhaftem Verhandlungsverhalten führt, das in fehlgeschlagenen Verhandlungsergebnissen resultiert. Auch wenn dieses Phänomen noch nicht so häufig beschrieben worden zu sein scheint, soll dieser Terminus in die verhandlungswissenschaftliche Diskussion eingeführt werden.

Die Erkennung und Bewältigung dieses Konflikt-Bias dürfte einer der wesentlichen Verdienste der Kriminalpsychologie sein, die gerade bei Entführungs- und Geiselnahmen mit solchen Konfliktsszenarien konfrontiert ist: Voss (2017: S. 40ff.) beschreibt eindringlich die Stresssituation eskalierender Verhandlungen, in der die meisten Menschen fast nur noch mit ihren eigenen Argumenten beschäftigt sind. Die direkte Folge ist, dass sie dem Gegenüber nicht aufmerksam zuhören. Damit sind die Grundlagen für massive Beeinträchtigungen der an sich notwendigen Verhandlungskommunikation gelegt: Die Verhandlung ist plötzlich eine Argumentationsschlacht, man lässt sich oft vom »Stimmengewirr im eigenen Kopf überfordern« und wenn man gerade nicht spricht, denkt man über die eigenen Argumente nach. Wenn man spricht, konzentriert man sich vornehmlich auf die Darlegung der eigenen Position. Oft machen beide Seiten das gleiche. Das Ergebnis bezeichnet Voss als »eine Art Schizophrenie«: Beide Seiten hören nur auf die Stimmen im eigenen Kopf – es mag äußerlich so aussehen als nähmen zwei Personen A und B an dem Gespräch teil, in Wirklichkeit sind es aber mit System 1A, System 2A sowie System 1B und System 2B mindestens 4 Systeme, die alle gleichzeitig kommunizieren wollen. Eine geregelte Kommunikation muss daher zwangsläufig scheitern. Der überkommene Ansatz, die Probleme vom Menschen zu trennen und rein rational behandeln zu wollen, greift damit zu kurz (vgl. Fisher/Ury, 2014: S. 47f.) Den Verhandlungen sind permanent die Einflüsse immanent, die sich aus der unmittelbaren Beteiligung des jeweiligen unbewussten System 1 jedes Verhandlungspartners für das Verhandlungsgeschehen ergeben. Nur eine ganzheitliche Sicht auf die mentalen und kognitiven Vorgänge in beiden Verhandlungspartnern und das permanente gemeinsame Zusammenwirken des jeweiligen unbewussten System 1 und des bewussten System 2 kann zu einer angemessenen Analyse des jeweiligen Verhandlungsstandes führen. Daraus können die Konsequenzen und Handlungsempfehlungen für die weitere Gestaltung der Verhandlung hin zu einem Verhandlungsergebnis folgen. Dies gilt zum einen für die Gestaltung einer angemessenen und konstruktiven Kommunikation in der konkreten Verhandlungssituation. Genauso wichtig ist es, zu analysieren, inwieweit der Verhandlungsstand, das Verhandlungsverhalten und die jeweiligen Interessen sowohl das unbewusste System 1 emotional-kognitiv beeinflusst und das bewusste System 2 logisch-operativ beschäftigt.

5.3 Verhaltenspsychologisch basierte Empfehlungen für Verhandlungssituationen

In kaum einer Situation können grundlegende verhandlungswissenschaftliche Erkenntnisse so pointiert und auch klar analysiert werden wie in Extremsituationen etwa bei Geiselnahmen. Dabei stellen gerade solche Situationen eine Erwartungshaltung nachhaltig in Frage, die bei Verhandlungen häufig formuliert wird: Warum trifft man sich bei den Forderungen nicht immer in der Mitte? Chris Voss (2017: S. 31) stellt dazu lakonisch fest: »Ein erfolgreicher Verhandlungsführer muss alles bekommen, was er fordert, ohne irgendetwas Substanzielles zurückzugeben« (vgl. auch Nasher, 2015: S. 145ff.). Er müsse etwa in der folgenden Situation gewinnen und könne etwa zu einem Bankräuber nicht sagen: »Okay, Sie haben vier Geiseln genommen. Treffen wir uns auf der Hälfte – Sie lassen zwei Geiseln frei, und dann sind wir quitt«. Es wird noch härter: »Das muss er auf eine Weise machen, die seinem Gegenüber das Gefühl vermittelt, zwischen ihm und dem Verhandlungsführer bestehe eine hervorragende Beziehung«. Die Quintessenz der Rezeptur für dieses verhandlungswissenschaftliche Postulat scheint dabei einfach, es ist die »Anwendung emotionaler Intelligenz in Reinform« (Voss, 2017: S. 31). Derartige Thesen sind etwa der willkommene Anlass für teuer zu bezahlende Seminare mit Titeln wie »Hart verhandeln – machen Sie Schluss mit faulen Kompromissen«.

Nun, lieber Leser, derartiges Zauberwissen werden sie in diesem Buch kaum finden. Warum? Sehen Sie sich nur die Realität im B2B-Bereich an: Hier wird nicht in emotionalen Extremsituationen wie bei Geiselnahmen verhandelt. Hier sitzen auf beiden Seiten normalerweise kühl kalkulierende Profis, die auf eine Vielzahl von hausinternen Daten zugreifen können, um ggf. Verhandlungen auch bei einem unbefriedigenden Stand zu vertagen oder sogar abzubrechen. Und es gibt für viele B2B-Verhandlungen die eisernen Grundsätze: »Nach der Verhandlung ist vor der Verhandlung« und noch provokanter: »Wer wütend aus einer Tür hinausrennt – muss durch sie auch wieder hereinkommen«. Der wissenschaftliche Mehrwert von Verhandlungen in Extremsituationen besteht also in der Analyse solcher Extremlagen, um daraus eine transferierbare Erkenntnis destillieren zu können. Dies gilt insbesondere für das Instrument der sog. taktischen Empathie und die damit verbundenen Handlungsempfehlungen basierend auf der dargestellten Erkenntnis, dass bei Verhandlungen permanent ein kognitiv-mentales Zusammenwirken von unbewusstem System 1 und bewusstem System 2 erfolgt.

Regeln für ein gutes Verhandlungsszenario

1. Bedenken Sie den Konflikt-Bias und denken Sie daran, dass ihr innerer Schweinehund vieles unternehmen wird, Sie in den Kampf-Modus zu versetzen. Geben Sie dem unpassenden mental-hormonellen Fehlverhandeln keine Chance. Das aktuell von der Harvard-School eingeführte Konzept, das sog. »Stammesdenken« zu berücksichtigen, geht in diese Richtung, auch wenn die bahnbrechenden Erkenntnisse der Verhaltensökonomie noch nicht vollständig berücksichtigt sind (vgl. Shapiro, 2018: S. 44f.).
2. Die wesentliche Empfehlung zur Vermeidung unkontrollierbarer Fehlentwicklungen lautet daher: Entschleunige die Verhandlung! Kein überhastetes Vorgehen – durchatmen. Dies wirkt nachweislich selbstreflexiv, da man damit selbst ruhiger wird (vgl. Voss, 2017: S. 44; Schott/Troczynski, 2020: S. 62f.).
3. Bereiten Sie sich gründlich vor – aber beachten Sie, dass ihr Wissen von der Gegenseite häufig nur Hypothesen sein können und keine validen Annahmen. Das Sammeln von Informationen muss daher während der gesamten Verhandlung weitergehen (Voss, 2017: S. 42).
4. Denken Sie an ihr eigenes Priming der Verhandlungssituation: Wer eine Schlacht will, der bekommt eine Schlacht – wählen Sie im Verhandlungskontext also konstruktivere Metaphern und Bilder. Wer sich auf eine Entdeckungsreise zu seinem Ziel begibt, kann den Verhandlungspartner kennenlernen und mehr entdecken (Voss, 2017: S. 63).
5. Denken Sie an »Mehrabians' law«: Hiernach wird jede Verhandlungskommunikation nicht nur von objektiven faktischen Statements maßgeblich beeinflusst. Es geht auch um die emotional basierten Mitteilungselemente aus dem unbewussten System 1 heraus. Bezogen auf diese Kommunikation von Gefühlen und Gesinnungen steht nach den umfangreichen Messreihen fest, dass insoweit der übermittelte abstrakte Inhalt einer Nachricht nur 7 Prozent des »Kommunikationswertes« ausmacht, der sprachlich-vokale Inhalt 38 Prozent und die körpersprachlich-mimische Komponente zu 55 Prozent wirkt! Wir werden das noch vertiefen.
6. Daraus leitet sich die Handlungsempfehlung ab, eine positiv-heitere Stimmung zu vermitteln; dazu gehört auch das eigene Lächeln (Voss, 2017: S. 47, 64).
7. Daraus resultiert die weitere Forderung, stimmlich »abzurüsten« und eine eher tiefe, unaufgerechte Stimmlage zu wählen (Schott/Troczynski, 2020: S. 76; Voss, 2017: S. 46f., 64).
8. Es sollte die Spiegeltechnik verwendet werden: Wer durch aktive Kommunikation das Verhalten der Gegenseite nachahmt, der zeigt aktive Empathie und die Bereitschaft zum aktiven Zuhören und Annehmen der Inhalte der Gegenseite (Voss, 2017: S. 50f.).

Damit sind wir allerdings noch lange nicht am Ende der methodischen Durchdringung des Verhandlungsgeschehens. Diese erfordert noch weitere wissenschaftliche Erkenntnisse, gerade im Hinblick auf das Verständnis der Verhandlung als Kommunikationsprozess. Dem wollen wir uns nun zuwenden.

6 Die Kommunikations- und die Verhandlungswissenschaft

6.1 Verhandeln ist Kommunikation

Jede Verhandlung gestaltet sich neben den verhaltensökonomischen, neurobiologischen und psychologischen Gesetzmäßigkeiten auch nach den Grundsätzen einer weiteren wissenschaftlichen Disziplin, der Kommunikationswissenschaft: Der Austausch von Standpunkten, die Diskussion von Argumenten, die Erarbeitung von Lösungsoptionen und das Finden einer Verhandlungslösung – das alles ist ohne den Austausch bzw. die Übertragung von Informationen, die Kernelemente der wissenschaftlichen Definition von Kommunikation sind, schlicht unmöglich. Die zwei zentralen Kernsätze von Kommunikations- und Verhandlungswissenschaft können dabei miteinander zu einer gültigen Schlussfolgerung verknüpft werden:

1. Man kann nicht nicht kommunizieren (Grundgesetz der Kommunikation nach Watzlawick).
2. Man kann nicht nicht verhandeln.
3. Schlussfolgerung: Verhandeln ist ohne Kommunikation nicht denkbar.

Ich verrate dabei nicht zu viel, wenn ich darauf hinweise, dass gerade kommunikationswissenschaftliche Erkenntnisse von unschätzbarer Bedeutung für eine methodische Durchdringung der Verhandlungswissenschaft sind und sich aus ihnen wesentliche Empfehlungen für eine kompetente Verhandlungsführung ergeben (vgl. Schulz v. Thun, 2001: S. 31ff.).

6.2 Das Kommunikationsmodell in der Verhandlungswissenschaft

Auch für die kommunikative Interaktion der Verhandlungspartner gelten die wissenschaftlichen Rahmenbedingungen der Kommunikation: Jeder Austausch von Informationen findet hiernach auf verschiedenen Kanälen parallel statt. Die beiden Hauptkanäle sind dabei die verbale und die nonverbale Kommunikation; beide Kommunikationsaktivitäten erfolgen dabei während einer Verhandlung jeweils parallel und zur gleichen Zeit durch den Sender. Nur dann, wenn beide Aktivitätsebenen des Verhandlungspartners 1 authentisch und glaubwürdig beim Verhandlungspartner 2 ankommen, wird dieser den Stand der Verhandlungskommunikation als Basis für die weitere Kommunikation uneingeschränkt akzeptieren. Probleme ergeben sich daher in jedem Fall bei der Inkongruenz von nonverbalen und verbalen Kommunikationsinhalten (Schulz v. Thun, 2001: S. 35).

Ein interessantes Beispiel für die Wahrnehmung einer augenscheinlichen Inkongruenz von nonverbaler und verbaler Kommunikation bei wichtigen politischen Verhandlungen lieferte US-Präsident Donald Trump im Umgang mit Bundeskanzlerin Angela Merkel bei ihrem Besuch im Weißen Haus im März 2017.

Trotz mehrfacher Aufforderung der Journalisten und einer sichtlich irritierten Kanzlerin verweigerte Donald Trump ihr den Handschlag. Trump behauptete zwar dazu, ein »großartiges Treffen« mit ihr gehabt zu haben. Es gab aber kaum einen Medienvertreter, der hierin nicht ein klares Zeichen tiefgreifender Unstimmigkeiten sah. Die Bundeskanzlerin dürfte als erfahrene Verhandlerin aus der Inkongruenz von Worten und unterlassener (nonverbaler) Handlung ihre Schlüsse gezogen haben. Wie man weiß begegnete sie dem US-Präsidenten auch noch lange Zeit danach mit unverhohlener Distanz.

Da wir uns der nonverbalen Kommunikation bei Verhandlungen später noch zuwenden, erfolgt zuerst eine Darlegung der wichtigsten wissenschaftlichen Erkenntnisse zur verbalen Kommunikation.

Die vier inhaltlichen Ebenen einer Kommunikationsaussage

Nach dem sog. Kommunikationsquadrat (vgl. Schulz v. Thun, 2001: S. 25ff.; Schulz v. Thun, 2003: S. 33f.) hat jede Äußerung auch in einer Verhandlung vier potenzielle Inhalte bzw. Teilfunktionen. Lassen Sie uns das an den Kommentaren der Verhandlungspartner durcharbeiten, die zum Abschluss der sehr kontrovers geführten Tarifverhandlungen im Öffentlichen Dienst am 19.4.2018 abgegeben wurden (vgl. Öffentlicher Dienst Info, 2018): Bundesinnenminister Horst Seehofer: »Für die Beschäftigten wird es eine spürbare Lohnerhöhung und strukturelle Verbesserungen geben. Wir freuen uns insbesondere, dass wir zielgerichtete Entgeltsteigerungen vereinbaren konnten, um den öffentlichen Dienst noch attraktiver zu machen.« Frank Bsirske, Vorsitzender der Gewerkschaft ver.di: »Das ist ein Ergebnis, das auf die Attraktivierung des öffentlichen Dienstes insgesamt zielt. [...] Gute Leute, gute Arbeit, gutes Geld – das gehört zusammen.« Ulrich Mägde (SPD), Oberbürgermeister von Lüneburg: »Der Abschluss ist zu hoch. Das ist eindeutig. Viele Bürgerinnen und Bürger werden das bei den Gebühren merken. Insofern kann ich die Begeisterung nicht nachvollziehen.«

1. **Die Sachinformation**
   Hier wird, klar von System 2 überwacht und dominiert, das vom Verhandlungspartner mitgeteilt, was sachlich-objektiv vermittelt werden soll. Konkret von allen Parteien: Es gibt Lohnerhöhungen für die Tarifangestellten, die relativ hoch ausfallen.
2. **Die Selbstkundgabe**
   Jede Sachinformation ist das Produkt einer neurolingualen Produktionsphase, die in wenigen Millisekunden in den aktivierten Gehirnteilen stattfindet. Dabei wird eine kaum messbare Fülle von neuronalen Abgleich-, Emotions- und verbalen Generationsprozessen durchgeführt, die tief in den unbewussten Teil des Systems 1 hineinreichen. Damit ist unvermeidlich, dass auch viel von dem kundgegeben wird, was buchstäblich »im Verhandlungspartner arbeitet« und wie er zu der mitgeteilten Information steht: Zuversicht, Konstruktivität, Sorge, Destruktivität, neutrale Einstellung und vieles andere mehr. Dabei gibt es den

alten Grundsatz: Keine Selbstkundgabe ist identisch mit der anderen, sie ist immer individuell und lässt daher Spielraum zur Analyse und wertenden Rezeption durch Zuhörer und Verhandlungspartner (vgl. Schulz v. Thun, 2001: S. 116f.).

3. **Die Beziehungsindikation**
   Das Beispiel liefert einen Beleg dafür, dass jede der Botschaften auch zum Ausdruck bringt, wie der Verhandlungspartner zum anderen steht und was er von ihm hält, jedenfalls bezogen auf den aktuellen Verhandlungsgegenstand (vgl. Schulz v. Thun, 2001: S. 156f., Schulz v. Thun, 2003: S. 35). Dies kann von neutral und sachlich über wohlwollend bis hin zu Angst oder Wut in der Kommunikationssituation reichen. So ist es auch hier: Die Verhandlungsführer Seehofer und Bsirske sind nach den harten Verhandlungen offensichtlich mit sich im Reinen. Ihre Beziehungsindikation ist entspannt und positiv. Ulrich Mägde ist dagegen auf beide schlichtweg sauer: Er erwähnt seine vertretenen Mitglieder des öffentlichen Dienstes mit keinem Wort – wohl aber schließt er sie in den Begriff Bürger (implizit) mit ein und stellt ihnen unverblümt in Aussicht, die Zeche zahlen zu müssen.
4. **Die Appell-Ebene**
   Jede Kommunikation – auch in Verhandlungen – will den Adressaten, also den Verhandlungspartner, nicht nur »erreichen«, sie will auch »etwas erreichen« (vgl. Schulz v.Thun, 2001: S. 209ff.; Schulz v. Thun, 2003: S. 40). Der Verhandlungspartner soll zu einem bestimmten Verhalten, zu einer Entscheidung oder Einstellung bewegt werden. Denken Sie daran, dass dies bereits das unbewusste System 1 auf neuronaler Ebene der Verhandlungsgestaltung veranlassen will. Es will mehr als nur die Beziehungsebene gestalten, sondern effektiv ein Ziel erreichen.

Die Kommunikation in Verhandlungen ist damit nach diesem 4-Ebenen-Modells vielschichtig und multidimensional aufgebaut. Bedenken Sie dabei abschließend, dass den 4 Bedeutungsebenen aus der Senderperspektive stets die 4 Bedeutungsebenen des Empfängers gegenüberstehen (Schulz v. Thun spricht hier vom »4-Ohren-Modell«, vgl. Schulz v. Thun, 2003: S. 33). Sollte also eine »Teilbotschaft« des sendenden Verhandlungspartners gezielt ausgesendet werden, damit sie auch der empfangende Verhandlungspartner richtig verstehen und weiterverarbeiten kann, dann muss dies auch dem Sender bewusst sein: Er ist für Missverständnisse verantwortlich und sollte in seiner Formulierung tunlichst dafür sorgen, dass zumindest im Hinblick auf die Teilbotschaft Klarheit herrscht.

Die Frage, worauf sich der Verhandlungspartner jeweils konzentrieren soll, ist mit der Einsicht verbunden, dass man wohl kaum mehr als zwei von vier Kanälen bewusst steuern kann. Dies dürfte auch für den Verhandlungspartner gelten. Wenn dabei der wesentliche Kanal die sog. Sachinhaltsebene ist, dürfte für das Verhandlungsgeschehen vor allem die Steuerung der Beziehungsebene wichtig sein, da sich mit ihr wesentlich das Verhandlungsgeschehen beeinflussen lässt. Die sonstigen Mitteilungskanäle werden damit nur unbewusst durch das System 1 mitgesteuert werden, daher ist es wichtig, die unbewussten weiteren Kanäle wenigstens synchron mitzusteuern. Sonst fällt dem Verhandlungspartner womöglich auf, dass zwischen der bewussten und der unbewussten Seite der Verhandlungskommunikation eine Diskrepanz besteht. Gerade dies könnte im unbewussten System 1 für Misstrauen und Skepsis beim Verhandlungspartner sorgen. Er dürfte (unbewusst) intuitiv spüren, dass da etwas nicht stimmt. Hier setzt der weitverbreitete Appell von Verhandlungstrainern ein: »Sei bei Verhandlungen natürlich und authentisch«. Wie das umgesetzt werden kann, wird noch dargestellt – vorher müssen wir uns weiteren wichtigen Elementen jeder Kommunikation zuwenden.

6.3 Das Transaktionsmodell in der Verhandlungswissenschaft

Kommunikation – auch in Verhandlungen – ist gleichzeitig als Transaktion zwischen zwei (oder mehr) Menschen zu verstehen. Diese Dimension der Kommunikation bringt zum Ausdruck, dass man nicht nur spricht, »sondern der eine dem andern etwas tut und dieser wieder etwas tut«; dies bezeichnet man als »transactional stimulus« sowie als »transactional response«. So verstanden kann und ist also Verhandeln auch Handeln – im wahrsten Sinne des Wortes (vgl. Harris, 2001: S. 27ff.). Die Eigenschaft der Verhandlungskommunikation als Handeln, das wirken kann wie Gewalt oder auch Zuneigung, kommt treffsicher in Sprichwörtern zum Ausdruck, wie »lieber mit den Füßen ausrutschen als mit der Zunge«, »die Zunge hat keinen Knochen, aber sie kann ein Rückgrat brechen« – denken Sie etwa an knallharte »Outplacement-Verhandlungen«. Es ist offensichtlich, dass sich der Verhandler daher bewusst sein sollte, dass er schon allein mit Worten handelt und was dieses Handeln auslösen kann.

Die Transaktionsanalyse als eine Teildisziplin der Psychologie hat dazu zwei wesentliche Erkenntnisse für das richtige Verhandeln entdeckt. Das erste wesentliche Gestaltungsprinzip für Verhandlungen, das die Transaktionsanalyse entwickelt hat, ist die Einstellung des Redners zum Verhandlungspartner und auch zu sich selbst. Sie ist letztlich fast digital: o.k. oder nicht o.k. (vgl. Harris, 2001: S. 54ff.). Daraus resultieren vier grundsätzliche Lebensanschauungen/-einstellungen, die die Kommunikation jedes Menschen – auch als Verhandler – zutiefst prägen:

a) Ich bin o.k. – du bist o.k.
b) Ich bin o.k. – du bist nicht o.k.
c) Ich bin nicht o.k. – du bist o.k.
d) Ich bin nicht o.k. – du bist nicht o.k.

Auch wenn Sie als Verhandler gerade das bewusste System 2 im Griff haben: Das unbewusste System 1 arbeitet währenddessen gleichzeitig auf der Grundlage dieser »emotionalen Basisverdrahtung« des Selbstbildes permanent in dem jeweiligen O.k.- bzw. Nicht-O.k.-Modus, den es nach Überzeugung der Transaktionswissenschaftler bis zum Ende des zweiten Lebensjahres als bindend für sich adaptiert hat (vgl. Harris, 2001: S. 60f.). Damit generiert es so auch die Vorlagen für das bewusste Sprechen und Verstehen. Dies geschieht folglich durch einen positiven oder negativen Vor-Filter. Für den Verhandler heißt das: Beeinflusse die Beziehung zum Verhandlungspartner in Richtung »ich bin o.k. – du bist o.k.« Dieser Maxime entspricht auch die häufig gehörte Frage des Verhandlungs- bzw. Kommunikationstrainers: »Meinen Sie, Sie können mit einer negativen Selbstausstrahlung oder einem erkennbar negativen Selbstbild andere positiv in einer Verhandlung lenken?« (vgl. Nasher, 2015: S.71ff.)

Mit der Grundprogrammierung aus »o.k. – nicht o.k.« verbunden ist die andere zentrale Entdeckung der Transaktionsanalyse. Unser unbewusstes System 1 vereinigt grundsätzlich drei relativ eigenständige Denkweisen in sich: Das Eltern-Ich, das Erwachsenen-Ich und das Kindheits-Ich. Das macht Verhandeln und Kommunikation nicht unbedingt leichter. Nur, es ist nicht von der Hand zu weisen, dass unsere Neuronen und Synapsen so arbeiten und schalten; dies vollzieht sich in einem noch längst nicht neurowissenschaftlich vollends entschlüsselten Prozess, der als solcher die Menschheit seit Jahrtausenden prägt: Was dies auch für die Verhandlungswissenschaft bedeutet, müssen wir uns im Folgenden vergegenwärtigen und daher diese drei Denkmodi kennenlernen, die jeder in sich trägt.

Das Eltern-Ich

Am Anfang unseres menschlichen Erlebens und damit auch Denkens stehen alle Erfahrungen der ersten sechs Lebensjahre, alle Regeln, Bewertungen und sonstigen Erfahrungen, die ein Mensch von seinen Eltern oder anderen, vergleichbaren prägenden Personen übernimmt. Diese erworbenen Denk- und Verhaltensmuster haben unbedingten Vorbildcharakter, weil das von einem Kind in diesem Stadium Aufgenommene als Wahrheit wahrgenommen wird (vgl. Harris, 2001: S. 35). Aus der Sicht der Evolutionsbiologie ist dieses Verhalten elementar: Nur so kann ein Kind die Verhaltensmuster erwerben, die für das eigene Überleben unabdingbar waren und sind. Dieser »Eltern-Ich-Kodex« wird mit vielen Lebensregeln aufgefüllt. Dazu zählen insbesondere solche, die mit den elterlich gesetzten Imperativen (»du darfst nie – du musst immer – vergiss nie – pass auf, wenn«) eingetrichtert werden. Unser unbewusst arbeitendes System 1 greift auf diese tief gespeicherten Eindrücke, Regeln und Werte automatisch zurück (vgl. Eagleman, 2017: S. 129ff.; 220ff.). Der erworbene Ausdrucksstil kann dabei dem sog. »entscheidenden Elternteil« entsprechen; eine andere Variante ist der sog. »fürsorgliche Elternstil«. (vgl. Gates, 2019: S. 148).

Für die Kommunikation in der Verhandlungsführung hat die Erkenntnis dieses Eltern-Ichs eine unmittelbare inhaltliche Auswirkung. Es gibt eine Fülle solcher »Imperative«, die immer noch eine zentrale Rolle für das unbewusste Verstehen und Denken der meisten Verhandlungspartner spielen. Wer also einen Anker mit einem solchen Imperativ in seiner Verhandlung setzen oder seine Priming-Strategie auf diese Weise verstärken kann, der kann unterstellen, dass dieser Effekt seine Aussage nachhaltig kognitiv und emotional beim Verhandlungspartner unterstützt.

Aber Vorsicht – es kann auch schiefgehen: Wer sich in der Kommunikation im Eltern-Ich äußert, der riskiert, dass der Verhandlungspartner nicht als Erwachsener, sondern aus dem Kind-Ich heraus instinktiv antwortet; und dann kann die Post abgehen! Ein »Kommunikationsklassiker« der Transaktionsanalyse ist folgender: Auf die überzeugte Feststellung des Verhandlers: »Nur mit dieser XY-Methode werden die besten Resultate erzielt« (»entscheidender Elternstil«) – kann folgende Reaktion kommen: »Das kann man so nicht sagen, denn auch mit der AB-Methode haben wir schon sehr gute Resultate erzielt« (»rebellischer, sog. angepasster Kind-Stil«; vgl. Gates, S. 149; Heinrich, 2018). Hier ist der Verhandler im klassischen, belehrenden »Eltern-Ich-Modus« (sicher auch dominant im Auftreten), damit hat er aber eine rebellische Reaktion aus dem Kindheits-Ich des Verhandlungspartners provoziert, das möglicherweise gerade solche Belehrungen schlichtweg hasst.

Das Kindheits-Ich

Spiegelbildlich zu den »Wahrheiten« der Eltern, die man vermittelt bekommt speichert jedes Kind genauso im unbewussten Erinnern die innere Wahrnehmung und Empfindung dessen ab, was es sieht, hört oder spürt. Es ist nicht verwunderlich, dass dieses Erleben aus unmittelbaren Gefühlen besteht, an die ein Kind teilweise ein Leben lang zurückdenkt – und vorher natürlich auch zurückfühlt! Ganz gleich, ob mit Freude oder wohl häufiger mit negativen Gefühlen wie Schmerz, Zurückweisung, Frustration (vgl. Harris, 2001: S. 40ff.). Damit ist klar, dass emotional abgespeicherte Erfahrungen, die für die Mehrheit der Zuhörer aus dem Kindheits-Ich herrühren, ebenfalls eine mächtige rhetorische Rolle spielen können. Auch sie stellen ein wesentliches Fundament der emotionalen und bewertenden Schaltungen im unbewusst arbeitenden System 1 dar, mit dem es die Kommunikation beeinflusst.

In einer Verhandlung über die Rechtfertigung einer verhaltensbedingten Kündigung, die (nach mehreren Abmahnungen) ausgesprochen werden musste, setzte die Personalreferentin einen wirkungsvollen Anker mit dem Satz »wer nicht hören will muss fühlen« – als sie die Bedeutung von verhaltensbedingten Abmahnungen auch wegen eher harmloser Einzelverfehlungen verteidigte. Welcher Verhandlungsteilnehmer hatte diesen Satz nicht schon dutzendmal in sein Kindheits-Ich eingebläut bekommen und damit auch gleichzeitig in seinem unbewussten System 1 »positionsverstärkend« aktiviert? Die Wirkung solcher für das »Kindheits-Ich« relevanter Appelle muss nicht allein ausschlaggebend sein, um sich durchzusetzen – es genügt, wenn sie kognitiv unterstützend in der Verhandlung wirken (vgl. auch Gates, 2019: S. 150).

Das Erwachsenen-Ich

Die Entwicklungspsychologie hat herausgearbeitet, dass ein Kind ab dem 10. Lebensmonat die Fähigkeit besitzt, ein eigenständiges Bewusstsein und Denken zu entwickeln. »Das Erwachsenen-Ich füllt sich mit Inhalten – und Denkoperationen – sobald das Kind die Fähigkeit besitzt, selbständig zu klären, worin sich die Lebenswirklichkeit unterscheidet von dem ›gelernten Weltbild‹ seines Eltern-Ichs und dem ›gefühlten Weltbild‹ seines Kindheits-Ichs. Das Erwachsenen-Ich baut (Schritt für Schritt) sein eigenes ›gedachtes Weltbild‹ auf, indem es Informationen über die Realität sammelt und verarbeitet« (vgl. Harris, 2001: S. 45). Letztlich bildet sich damit das bewusst operierende System 2 mehr und mehr aus. Dies ist die Grundlage zum Denken als Mensch einschließlich der wesentlichen Fähigkeit zur Wahrscheinlichkeitsabschätzung und Kreativität. Es entwickelt sich damit zeitgleich die Fähigkeit zum Sprechen und damit zur bewussten Verbalisierung des Denkens. Mit anderen Worten: Nur ein Kind, das dieses Erwachsenen-Ich ohne größere Abweichungen (»Devianzen«) entwickelt, ist zum objektiven Lernen und zur objektiven Auseinandersetzung mit der Wirklichkeit imstande. Nur dann kann und wird das Kind später auch respektierter Verhandler sein können – und in Verhandlungen in der Lage sein, diese erlernten Erfahrungen und Urteilsdaten auch zu reflektieren. Gates ist sogar der Auffassung, dass nur »Erwachsene zu Erwachsene«-Verhandlungen langfristig erfolgreich sein können (vgl. Gates, 2019: S. 151). In jedem Fall ist der »erwachsene« Verhandler sicherlich der Stil, in dem am ehesten ein bewusster und kompetenter Verhandlungsauftritt verwirklicht werden kann. Dies gilt etwa auch für die Wahrscheinlichkeitsabschätzung, die in vielen Verhandlungen von hoher heuristischer Bedeutung ist (vgl. Harris, 2001: S. 49).

Auch hier gibt es dennoch eine Fülle von Schwächen in der Denkentwicklung, die sich typischerweise bei den meisten – erwachsenen – Menschen entwickeln (▶ Kap. II.3). Es ist eine wichtige Erkenntnis, zu verstehen, dass und wie man das bewusst arbeitende System 2, in dem vorwiegend das Erwachsenen-Ich operiert, beeinflussen und ggf. auch manipulieren kann. Für eine effiziente Verhandlungsführung haben sie also gerade hier interessante Ansatzpunkte. Wir werden sie auch bei den Fragen der Argumentationslehre noch eingehend durcharbeiten. Ein wichtiges Beispiel ist das schon dargestellte Problem fast jedes Menschen, im Erwachsenen-Ich seltene Ereignisse in ihrer Wahrscheinlichkeit realistisch zu bewerten (vgl. Harris, 2001 S. 49; Kahneman, 2014: S. 396ff.). Gerade bei Ereignissen, die mit negativen Emotionen verbunden sind, werden die Wahrscheinlichkeiten unwahrscheinlicher Ereignisse übergewichtet (vgl. Gigerenzer, 2013: S. 94ff.; Hesse, 2011: 24ff.).

Gute Kommunikation bei Verhandlungen aus der Sicht der Transaktionsanalyse

Für die Verhandlungswissenschaft ist es nun wichtig, die vorstehenden Erkenntnisse in das gültige Transaktionsmodell zu integrieren, gerade die Frage, »aus welchem Teil-Ich heraus« zu kommunizieren ist. Ausgangspunkt ist dabei die Erkenntnis, dass jede Kommunikation auch Transaktion ist (vgl. Harris, 2001: S. 27f.). Die drei zentralen »Seinszustände« von Eltern-, Kindheits- und Erwachsenen-Ich sind damit jeder Kommunikation immanent (vgl. Harris, 2001: S. 33). Damit findet Kommunikation immer schwerpunktmäßig in einem dieser Zustände statt – was selbstverständlich auch für die Antwort des Verhandlungspartners gilt. Dabei kennt die Transaktionsanalyse zwei Haupttypen von Kommunikation, die parallele bzw. komplementäre Kommunikation und die sog. überkreuzte bzw. nichtkomplementäre Kommunikation (vgl. Harris, 2001: S. 84ff., 101ff.). Dies bedeutet folgendes: Eine Kommunikation gelingt erfahrungsgemäß dann, wenn sie parallel zwischen »komplementären Ich-Beziehungen« erfolgt. Wenn also beispielsweise das Erwachsenen-Ich des Verhandelnden nüchtern-objektiv mit dem Erwachsenen-Ich des Verhandlungspartners kommuniziert. Ebenso sind Kommunikationen zwischen den Eltern-Ichs und den Kind-Ichs zu verstehen. Dies gilt bei Kind-Ich-Kommunikation auch bei Erwachsenen; wer z. B. mit seiner/m Partner/in flirtet oder schmust ist genau in diesem Zustand des Kind-Ich und beide wollen es auch sein (vgl. Harris, 2001: S. 95f.)

Problematisch wird es, wenn beispielsweise der Verhandler im Erwachsenen-Ich kommuniziert und der Verhandlungspartner aus dem Kindheits-Ich antwortet. Dazu ein Beispiel, das auch der Verkaufstrainer Stephan Heinrich (2018) verwendet:

- A: »Ich habe eine tolle Idee: Wir sollten ab sofort allen neuen Kunden einen Blumenstrauß schicken und uns für das Vertrauen bedanken!«
- B: »Unsinn. Das ist viel zu teuer und außerdem bringt das nichts.«

Die Aussage A erfolgt aus dem (kreativen) Kindheits-Ich. Sie löst eine Reaktion aus dem (kritischen) Eltern-Ich aus, die sofort als unangenehm und unangemessen kritisch das Kommunikationsklima belastet. Die Antwort erfolgt nicht auf einer parallelen Ebene, sie überkreuzt sich, was erfahrungsgemäß zur Unterbrechung der Kommunikation führt. Dies kann häufiger passieren als man glaubt. So kann auch eine an sich vernünftige Idee aus dem Eltern-Ich von einem quengeligen Verhandlungspartner mit einer Stellungnahme aus dem (rebellischen) Kind-Ich attackiert werden und die andere Seite wiederum unangenehm treffen:

- A: »Wir haben ein Konzept für Sie erarbeitet, das genau Ihr Problem löst.«
- B: »Wenn es so einfach wäre, wären wir schon längst selbst draufgekommen!«

Die nüchtern-belehrende Aussage aus dem kritischen Eltern-Ich wird mit einer rebellischen Aussage aus dem Kind-Ich gekontert – und schon ist der moderat-sachorientierte Verhandlungston dahin. Dies alles macht es sicher nicht leicht, Empfehlungen für eine gute Kommunikation bei Verhandlungen aufzustellen, dennoch lassen sich folgende Empfehlungen formulieren:

1. Bemühen Sie sich um ein Auftreten im Erwachsenen-Ich: Wie gezeigt sind Kommunikationssituationen, in denen entweder der Verhandler oder sein Partner aus dem Eltern- bzw. Kindheits-Ich-Zustand heraus verhandelt, tendenziell eher mit Schwierigkeiten behaftet. Der Grund dafür liegt auf der Hand: Verhandeln ist im Kern das Abspulen einer Fülle von Daten, die im Rahmen einer nüchternen Vorbereitung gewogen wurden. Hinzu kommt, dass das Verhandeln als klassisches Vorgehen unter Wahrscheinlichkeitsparametern verstanden wird (Harris, 2001: S. 117). Diese Denkbereiche sind klassische Zuständigkeitsbereiche des Erwachsenen-Ich. Es spricht daher viel dafür, Dinge, die das Erwachsenen-Ich per se denkt, von ihm auch formulieren zu lassen (vgl. Harris, 2001: S. 114f.).
2. Dies dürfte auch der Forderung nach gelassener Authentizität im Auftreten entsprechen: Schwerpunkt des Verhandlungsszenarios ist das nüchterne Kalkulieren: Ist es sinnvoll, hier zuviel Emotionen wirken zu lassen? Wie dargestellt ist die Gefahr groß, dass einem mit dem unbewussten System 1 in Verhandlungssituationen die Kontrolle über das Verhandlungsgeschehen entgleitet. Aktivierungen des Kind-Ichs und des Eltern-Ichs führen schnell in nicht komplementäre, kritische Kommunikationsphasen, die dann allzu häufig scheitern können.
3. Wenn Ihnen bei der Kommunikation unwohl wird, nehmen Sie sich heraus und atmen tief durch. Und dann fragen Sie sich, wer aktuell in welchem Ich-Zustand agiert – und ob die Situation möglicherweise nicht komplementär, sondern im »Überkreuz«-Zustand abläuft. Hier hilft die Vorstellung, dass beim anderen Verhandlungspartner soeben das unbewusste System 1 mit einem rebellischen Kindheits- oder Eltern-Ich das Kommando übernommen hat. Dann ist es wirklich sinnvoll, innezuhalten und zu überlegen, was man in Ton und Inhalt verändern kann. Wenn Sie selbst lospoltern wollen und Ihnen buchstäblich der Kamm schwillt: Durchatmen und reflektieren. Entweder mich provoziert gerade der andere – oder ich bin mit meinem Kindheits- bzw. Eltern-Ich am Anschlag. Das kann nicht gutgehen.
4. Vermeiden Sie Bewertungen des Verhandlungspartners und beziehen Sie Sachaussagen auf sich selbst. Der klassische semantische Unterschied, der hier relevant ist, kann leicht mit den nachstehenden Alternativen erklärt werden:
   - Variante 1: »Sie sind aber jetzt mit diesen doch voreiligen Forderungen weit vorgeprescht«.
   - Variante 2: »Ich fürchte, das ging mir jetzt etwas zu schnell – können Sie mir die Forderungen noch einmal erklären«.
5. Auch der Fragestil im Erwachsenen-Ich ist gut geeignet, um zur Sachlichkeit zurückzuführen. Voraussetzung ist allerdings auch hier, dass keine geschlossenen/wertenden Fragen gestellt werden, die den Verhandlungspartner in die Ecke treiben und damit ebenfalls aus dem Eltern-Ich werten können (vgl. Heinrich: 2018).
6. Auch wenn Sie der Verhandlungspartner aus dem Eltern-Ich oder dem »rebellischen« Kindheits-Ich in unglücklichem Ton anspricht: Abfedern und auf keinen

Fall provozieren lassen. Denken Sie an eine Beschwerde-Hotline: Sie sind jetzt »die arme Sau im Callcenter«, jetzt müssen sie beruhigen, nichts persönlich nehmen und komplementär – am besten auf Augenhöhe – reagieren (vgl. Nasher, 2015: S. 103f.).
7. Was dir auf der Zunge liegt, um es loszuwerden, im Zweifel lass' es unausgesprochen: »Man kann dich nicht wegen einer Sache angreifen, die du nicht gesagt hast« (Harris, 2001: S. 118). Oder wie der Volksmund tatsächlich richtig für Verhandlungen empfiehlt: Reden ist Silber – Schweigen ist Gold.

Viele dieser Anregungen haben Sie sicher schon einmal gehört – werden sie dadurch unpraktisch, ja sogar falsch? Kahneman (2014: S. 134) hat recht, wenn er sagt, dass das System 1 uns mehr im Griff hat als wir denken und daher unbewusst mehr Bewertungen (über das Kind- oder Eltern-Ich) einsteuert als unserem »anspruchslosen« System 2, also dem objektiv denkenden Erwachsenen-Ich, lieb sein kann.

6.4 Welcher Verhandlungstyp sind Sie?

In der Kommunikationspsychologie spielen neben den bislang dargestellten (neuro-)psychologischen Einzelfaktoren seit jeher auch ganzheitliche Modelle eine wichtige Rolle. Sie wollen jeden Menschen und damit auch jeden Verhandler als ganzheitliche Persönlichkeit umfassend typisieren. Dies reicht vom »inneren Team« von Typen in der Kommunikationspsychologie von Schulz v. Thun (2003: S. 45ff.) über die 4/8-Persönlichkeitsmodelle etwa von C. G. Jung und H. J. Eysenck (vgl. Ueckert/Kakuska, 1974: S. 207f.) bis hin zum Konzept der Big Five (vgl. Saum-Adelhoff, 2012: S. 15ff.). Aus ihnen leitet dann die einschlägige Literatur eine Reihe von Verhandlungstypen ab, die ganz unterschiedlich an Verhandlungen herangehen (vgl. Häusel, 2015: S. 33ff.).

Das klassische Beispiel ist der sog. »harte Verhandlungstyp«: Unnachgiebig vom Anfang bis zum Ende geht er mit maximalen Forderungen in die Verhandlungen, sein dominanter Stil, die knallharte Rhetorik, die Fähigkeit, enorm Druck aufzubauen, das alles sichert ihm letztlich die zentralen Vorteile, mit denen er zum Schluss im Wesentlichen seine Ziele erreicht (vgl. Fisher/Ury, 2015: S. 36f.). Wer möchte nicht die Fähigkeiten, Kenntnisse und das Auftreten in einem Seminar erlernen und beherrschen, die solche harten Verhandler augenscheinlich nach vorne bringen? Ihr moderner Archetyp heißt Donald Trump. Er kultivierte geradezu sein Image als beinharter »Dealmaker« mit der Methode des sog. »maximalen Drucks« im Dienst seiner Nation, der nur eine Devise kennt: »America first« (vgl. Schlembach, 2018). Dagegen wirken Politiker wie frühere Bundeskanzlerin Angela Merkel geradezu wie weichgespült und hilflos. Wir sind damit mitten in einem Thema, das auch für die Verhandlungswissenschaft von hohem Interesse ist und das wir mit folgenden Fragestellungen umschreiben können:

Gibt es wissenschaftliche Ansätze für eine »Typenlehre« von Verhandlern?

Die Verhandlungswissenschaft muss zur Beantwortung dieser Frage auf die Erkenntnisse zurückgreifen, die von der allgemeinen und der Verkaufspsychologie sowie den Kommunikationswissenschaften erarbeitet wurden (vgl. Häusel, 2015: S. 21ff.). Der Versuch einer Typisierung des menschlichen Charakters und seiner Aufnahme-, Denk- und Kommunikationsstruktur hat zu erstaunlichen Zwischenergebnissen geführt (vgl. Lorber, 2015; Saum-Aldehoff, 2015). Bei aller methodischen Vorsicht ist es daher sinnvoll, sich als Verhandler mit einem der gängigen »Typenschemata« zu beschäftigen (vgl. Saum-Aldehoff, 2015: S. 17ff.). Es kann für die Vorbereitung von Verhandlungen und die Konzeption einer effektiven Argumentation durchaus von Bedeutung sein.

Den Ausgangspunkt für solche Überlegungen bildet das Konzept nach C. G. Jung und dem Persönlichkeitspsychologen H. Eysenck (vgl. Uekert/Kakuska, 1974: S. 206f.; Saum-Aldehoff, 2015: S. 20), das grundsätzlich 4 bekannten Typen unterscheidet: Choleriker, Melancholiker, Phlegmatiker und Sanguiniker. Verkaufspsychologen haben diese Kategorisierung im Wesentlichen übernommen (vgl. Häusel, 2015: S. 15ff.). Ähnlich wie Kahneman sieht Häusel (2016: S. 69ff.) etwa im emotional-basierten und -gesteuerten unbewussten System 1 den eigentlichen Entscheidungsmotor des menschlichen Denkens. Für dieses »Emotionssystem« hat er mit den Eigenschaftspaaren Dominanz – Harmonie sowie Stimulanz – Balance operationale Basiskategorien formuliert, mit deren Hilfe er die 4 zentralen Verhaltenstypen beschreibt.

Wie lassen sich Verhandlungstypen beschreiben und welche Schwächen und Stärken haben sie?

Die Übereinstimmungen und damit die Charakterisierung von Verhandlungstypen zeigt sich bei einer Gegenüberstellung des 4-Segment-Kreises (▶ Dar. 3) und der Limbic Map (▶ Dar. 4), die bei einem Vergleich beider Modelle augenfällig ist (vgl. Häusel, 2016: S. 45).

Kahneman (2014: S. 93f.) beschreitet diesen Weg nicht: Für ihn ist wesentlich, dass mit der Entdeckung des Zusammenspiels von System 1 und System 2 die Grundlagen der kognitiven Heuristik hinreichend beschrieben sind, so dass sich daraus die wesentlichen Erkenntnisse der Verhaltensökonomie messbar ableiten lassen. Ob und inwieweit die auf dem gleichen neurobiologischen Konzept aufbauende »limbische Interpretation« der kognitiven Entscheidungen von Häusel eher zutrifft, wird man künftigen Untersuchungen vorbehalten müssen. Eines wird man allerdings zubilligen können: Die festgestellten heuristischen und kognitiven emotionalen Bewertungen und potenziellen Entscheidungen des unbewussten Systems 1 gibt es nach modernen neurowissenschaftlichen Erkenntnissen (vgl. Häusel, 2016: S. 45). Ob sich diese unterschiedlichen emotionalen Zustände und Entscheidungsgrundlagen aber weiter in 4 oder 3 Hauptkategorien einteilen lassen, bleibt zu diskutieren. Konsequenterweise muss auch Häusel insoweit vage bleiben,

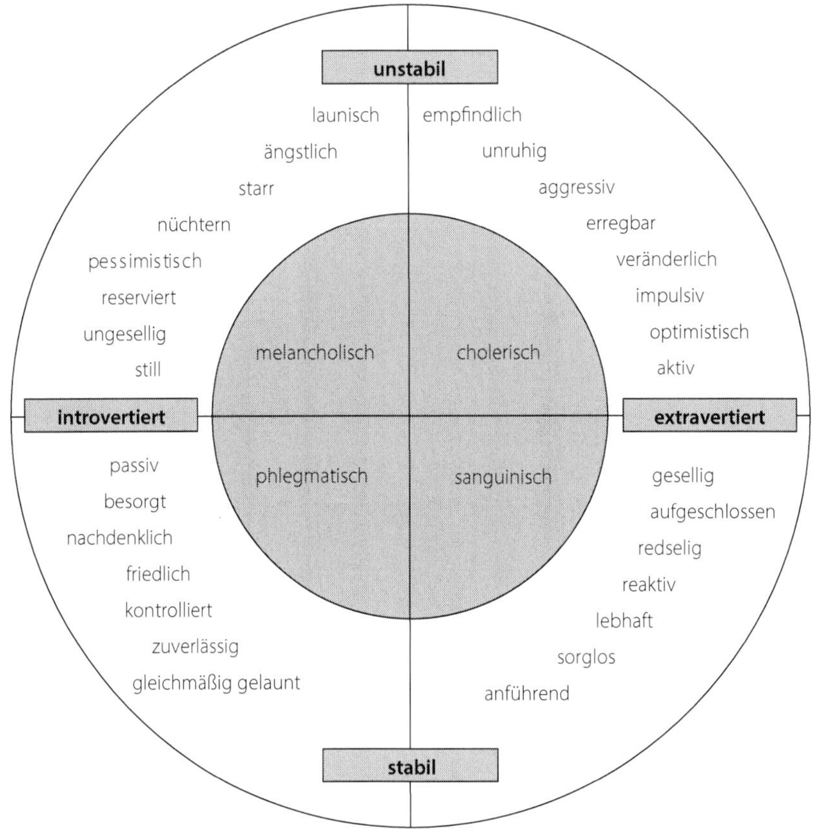

Dar. 3: 4-Segment-Kreis (nach Eysenck)

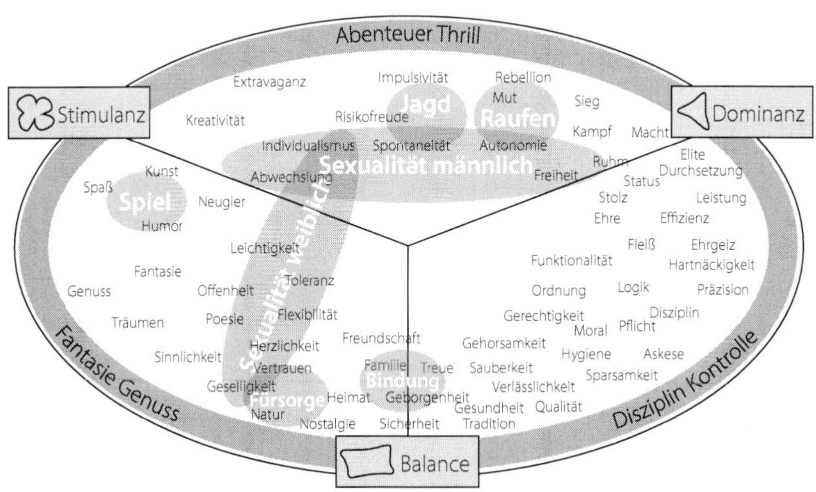

Dar. 4: Limbic Map nach Häusel

als er zugesteht, dass das Vorkommen der 4 Typen in Reinkultur zwar eher selten ist. Aus der jeweils signifikanten emotionalen Hauptprägung modelliert aber auch er 4 Verhaltenstypen, die er seinen Handlungsanweisungen für Kaufverhandlungen zugrunde legt:

- **Choleriker** (empfindlich, unruhig, aggressiv, erregbar, veränderlich, impulsiv, optimistisch, aktiv): Ein vergleichbares Modell beschreibt Häusel unter der Rubrik »Hardseller«, dessen Verhaltens- und Verhandlungsstil von einer überdurchschnittlich starken Dominanz-Kraft geprägt ist. Die Schwächen dieses Stils sind durchaus verständlich: Das Einfühlungsvermögen ist eher schwach ausgeprägt. Er wirkt daher leicht arrogant und allzu selbstbewusst - und das kann gefährlich werden: Auch durch seine (vom unbewussten System 1 gesteuerte) Körpersprache kann dieses soziale Desinteressse ausgedrückt werden.
- **Melancholiker** (launisch, ängstlich, starr, nüchtern, pessimistisch, reserviert, ungesellig, still): Vergleichbare Charaktere bezeichnet Häusel als »Kundenversteher« mit dem Bestreben der Bewahrung eines entwickelten Harmoniesystems. Seine wesentliche Eigenschaft ist zugleich sein Problem: Er sieht eher die Schwierigkeiten und weniger die Chancen. Er ist eher ein warmherziger Zuhörer und liebevoller Kümmerer, dem an langjährigen Kundenbeziehungen gelegen ist (also in Fällen, in denen ein »Hardseller« sich schon längst verabschiedet hat).
- **Phlegmatiker** (passiv, besorgt, nachdenklich, friedlich, kontrolliert, zuverlässig, gleichmäßig gelaunt, ruhig): Häusel bezeichnet ihn als den »Korrekten«, der emotional von einer starken Balance-Kraft beeinflusst wird. Auch sieht er in der Zuverlässigkeit, Ordnung und Liebe zum Detail vergleichbare Stärken. Für diesen Typus ist der Aufbau von Vertrauen auf beiden Seiten ein wesentliches Verhandlungsziel, ihm kommt er mit Verlässlichkeit nach. Dies gilt auch für korrekte und detaillierte Verhandlungsangebote. Der »korrekte Verkäufer« zeigt die Fragwürdigkeit von Ansätzen, die lediglich dominantes Verhandeln als erfolgreich ansehen. Ein verlässlicher und korrekt vorgehender Verhandler dürfte für viele Verhandlungspartner geradezu ein idealer Gegenpart sein.
- **Sanguiniker** (gesellig, aufgeschlossen, redselig, reaktiv, lebhaft, sorglos, anführend): Für Häusel ist der »Kundenbegeisterer«, geschaffen für neue Partner und Verhandlungsziele. Er geht offen und mit Freude auf andere zu. Für ihn sind Verhandlungen geradezu ein Spiel und wenn es verlorengehen sollte, dann steckt er das mit Frustrationstoleranz und Nehmereigenschaften weg. Das Problem sind allerdings Sprunghaftigkeit und eine gewisse Neigung zum Chaos. Auch mit Verhandlungen, die reglementiert und mit vorgegebener Struktur ablaufen müssen, hat er seine Schwierigkeiten.

Ein vergleichbares Konzept liefert das sog. 5-Faktoren-Modell (Big Five). Es beruht auf der durch viele Studien belegten Einschätzung, dass fünf Hauptdimensionen die Persönlichkeit des Menschen prägen. Der Mensch könne sich mit dem jeweiligen Grad der Ausprägung jeder der Haupteigenschaften auch relativ genau beschreiben lassen. Hintergrund ist dabei ein linguistischer bzw. lexikalischer Ansatz: Hiernach kann aus der Analyse umfassender Sprachmuster durchaus messbar auf die Ausprägung wesentlicher Faktoren in einer Persönlichkeit rückgeschlossen werden. (vgl. Saum-Aldehoff, 2015: S. 33ff.). Dieses Konzept dürfte aktuell als das führende für Persönlichkeitsanalysen weltweit anerkannt sein und hat sich für die unterschiedlichen Muttersprachen als durchweg valide erwiesen. Es wird auch aktuell weiter nachweislich für flächendeckende Werbekampagnen unter »Big Data-Bedingungen« getestet. Inwieweit etwa die Behauptung zutrifft, dass die Wahlkampfkampagne Donald Trumps mit bis zu 220 Millionen darauf basierenden Persönlichkeitsprofilen gearbeitet habe, ist allerdings umstritten.

Wesentlich für das Verständnis dieses Modells sind die folgenden Faktoren, mit denen im Rahmen einer Persönlichkeitsanalyse jeder Proband konfrontiert wird – und damit auch jeder potentielle Verhandler bzw. Verhandlungspartner:

- **Aufgeschlossenheit/Offenheit für Erfahrungen (»Openess«)**: Dieses Eigenschaftsbündel kennzeichnet die eher positive bzw. eher negative Bereitschaft, kulturelle und intellektuelle Grenzen für sich zu überschreiten und Neues anzugehen. Dazu zählen folgende Einzelparameter:
  - Bereitschaft zu/Aufgeschlossenheit für Gefühle,
  - Offenheit für Handlungen,
  - Offenheit für neue Ideen,
  - Aufgeschlossenheit für Ästhetik,
  - Bereitschaft zur Veränderung von Normen und Werten,
  - Aufgeschlossenheit für Fantasie (vgl. Saum-Aldehoff, 2015: S. 129ff.)
- **Gewissenhaftigkeit (»Consciousness«)**: Hierunter werden Eigenschaften verstanden, die sich auf die Persistenz eines Charakters, seine Fähigkeit zu diszipliniertem Handeln und seine Willensstärke beziehen. Dies betrifft im einzelnen folgende Eigenschaften:
  - Pflichtbewusstsein,
  - Selbstdisziplin,
  - Leistungsstreben,
  - Ordnungsliebe,
  - Besonnenheit,
  - Positiv performant bzw. orientiert darauf, »kompetent« zu wirken (vgl. Saum-Aldehoff, 2015: S. 111ff.).
- **Extraversion/Intraversion (»Extraversion«)**: Damit werden im Wesentlichen folgende Einzelelemente einer Persönlichkeit beschrieben:
  - Durchsetzungsfähigkeit,
  - Geselligkeit,
  - Aktivität,
  - Fähigkeit zum Glückserleben,
  - Wunsch nach neuen Erfahrungen und Erlebnissen,
  - Freundlichkeit/Herzlichkeit) (vgl. Saum-Aldehoff, 2015: S. 49ff.).

- **Verträglichkeit/Kooperationsbereitschaft/Empathie (»Agreeableness«):** Hier wird der Kern der Fähigkeit angesprochen, im Umgang mit anderen positiv-leutselig und eher altruistisch umzugehen – oder sich lieber als Egomane mit einem eher feindselig-misstrauisch-dominanten Verhalten durch das Leben buchstäblich boxen zu wollen. Hierzu zählen folgende wichtige Charaktermerkmale:
  - Fähigkeit zu Vertrauen,
  - Tendenz zur Aufrichtigkeit und Offenheit,
  - Bereitschaft zu Altruismus,
  - Positive empathische Grundeinstellung,
  - Bereitschaft zum Nachgeben und zu Kompromissen,
  - Veranlagung für Bescheidenheit und Nachsichtigkeit (vgl. Saum-Aldehoff, 2015: S. 91ff.).
- **Emotionale Labilität/Stabilität (»Neuroticism«):** Die Frage des emotionalen Umgangs mit der Umwelt und den unterschiedlichsten Faktoren ist der letzte Hauptfaktor der Persönlichkeitsanalytik. Ganz gleich, ob ein Mensch emotional labil ist oder eher emotional stabil durch das Leben geht, ob er psychosomatisch anfällig wirkt oder nicht, die nachstehenden Faktoren prägen ebenfalls das Leben:
  - Gelassenheit oder Ängstlichkeit im Umgang mit Neuem,
  - Provozierbarkeit oder Reizbarkeit,
  - Veranlagung zu Depressivität,
  - Minderwertigkeitsgefühle, soziale Befangenheit,
  - Impulsivität bzw. geringe Frustrationstoleranz,
  - Stresstoleranz/Resilienz oder Stressanfälligkeit (vgl. Saum-Aldehoff, 2015: S. 71ff.).

Wenn Sie diese fünf Hauptparameter wie vorstehend anordnen, haben Sie sich auch eine kleine »Eselsbrücke« zum Merken des Ganzen erarbeitet: Das Konzept wird nach den englischen Anfangsbuchstaben der dargelegten Hauptbegriffe auch »OCEAN«-Konzept genannt.

Gibt es ein Instrumentarium, mit dem wir aus dem Wissen um Verhandlungstypen einen relevanten Nutzen ziehen können?

Die vorstehenden Parameter liefern mit ihren ca. 30 Analysekriterien und einzelnen Messskalen eine große Zahl an Typisierungen einzelner Eigenschaften. Zusammengesetzt können Sie ein valides Bild der meisten Verhandlerpersönlichkeiten abbilden. Für die Verhandlungswissenschaft beginnen damit aber erst die Probleme.

Eine vollständige »Typisierung« eines einzelnen Verhandlers oder eines Verhandlungsteams ist zwar kaum möglich. Das heißt aber nicht, dass die Aufgabe nicht zumindest näherungsweise zu bewältigen sein müsste. In diesem Sinn sollte zumindest ein einseitiger Strukturbogen angewendet werden, in dem nach Möglichkeit die wichtigsten wahrgenommenen emotionalen und kognitiven Elemente des Verhandlungspartners – aber auch die eigenen – zusammengefasst sind. Dabei lassen sich aus der Kombination der Schaubilder von Eysenck und Häusel (▶ Dar. 3 und 4) die 4 Hauptcharaktere – auch mit überkommenen Farbzuweisungen – systematisch erfassen. Dieses System ist auch vom unbewussten System 1 kognitiv schnell zu erfassen, um damit die anstehende Argumentationsarbeit angemessen für und mit dem bewussten System 2 vorzustrukturieren. Wichtig ist, dass bei der Vorbereitung auf die Verhandlung dieses Thema mit einem solchen Hilfsmittel bedacht wird. Die Konsequenzen daraus werden wir uns unten erarbeiten (▶ Dar. 5).

Dar. 5: Die 4 Hauptcharaktere in Verhandlungen

Kundenversteher • Melancholiker • Harmoniser/Harmoniesucher • Grün • »Miteinander/Füreinander/Menschlichkeit«	**Hardseller** • Performer • Choleriker • Rot • »Dominanz/Erfolg/Macht/ • Status/Leistung« (Gewissenhaftigkeit) • (Extraversion/Offenheit)
Korrekter • Phlegmatiker • Bewahrer • Blau • »Disziplin/Präzision/Bescheidenheit/ Stabilität«	**Kundenbegeisterer** • Sanguiniker • Spontaner • Gelb • »Offenheit, Veränderung, Spaß, Innovation«

Es dürfte schwer werden, mit wenigen Analyseergebnissen während einer eher unbewusst gesteuerten Kontaktaufnahme etwa nach 3 Minuten ein vollständiges »Psychogramm« eines einzelnen Kommunikationspartners zu erstellen. Wichtig ist daher eine fundierte Vorbereitung auf den Verhandlungspartner – dies wird daher noch eingehend zu bearbeiten sein. Kennen Sie sich dabei als Verhandler auch selbst, ihre Hauptcharakteristiken und daraus resultierende Manipulationsversuche des Verhandlungspartners? Es ist immer wieder frappierend, wie in Verhandlungsseminaren der potenzielle Gegner analysiert wird – man aber über sich selbst nicht einmal ansatzweise reflektiert. Denken Sie an die alte Verhandlerweisheit: »Was nützt es, wenn du den Fischer kennst, wenn er dich schon am Angelhaken hat«.

Im Rahmen der Verhandlungsvorbereitung wird es also hilfreich sein, an Skalen sowohl eine (sorgfältige) Selbsteinschätzung als auch eine (vorsichtige) Einschätzung des Verhandlungspartners getroffen zu haben. Jeder Berufstätige, der mit professionellen Verhandlungen zu tun hat, sollte die vorbereitende Selbstanalyse obligatorisch und rechtzeitig vor seiner Verhandlungstätigkeit durchführen. Eine gute, praktikable Basis liefert das »Schnellprofil« (vgl. Saum-Aldehoff, 2015: S. 189ff.). Aus ihm können eine Fülle an Erkenntnissen abgeleitet werden (► Dar. 6).

Extraversion	**Introversion**
Ausprägung des Hardseller (V)	Der Korrekte (V)
Ausprägung auch beim Kundenbegeisterer (V)	Der Bewahrer (K)
v.a. Sanguiniker	v.a. Phlegmatiker
Hoher Neurotizismus	**Geringer Neurotizismus**
Ausprägung Choleriker/Hardseller(V)	Melancholiker/Harmoniser Performer (K) Harmoniesucher/Vertrauensbezogen (K)
Hohe Verträglichkeit	**Geringe Verträglichkeit**
„Einfühlungsvermögen/Altruismus"	
Melancholiker	Choleriker
Harmoniesucher (K)	Performer (K)
Kundenversteher (V)	Hardseller (V)
Hohe Gewissenhaftigkeit	**Geringe Gewissenhaftigkeit**
Phlegmatiker	Sanguiniker
Der Korrekte (V)	Kundenbegeisterer (V)
Melancholiker	*Hardseller*
Kundenversteher (V)	*Choleriker*
Offenheit für neue Erfahrungen	**Skepsis vor neuen Erfahrungen**
Sanguiniker	Phlegmatiker
Kundenbegeisterer(V)	Korrekter (V)
Neugierig/Kreativer(K)	

Dar. 6: Kriterien für die Erarbeitung eines Schnellprofils des Verhandlungspartners nach »Big Five« (vgl. Saum-Aldehoff, 2015: S. 198)

Eine Reflexion des Verhandlers, welche der in Darstellung 6 aufgeführten Faktoren auf seine Person zutreffen, ist zweifelsohne von hohem Nutzen. Gerade wenn sein Selbstbild in einer Diskussion mit Kollegen über das Fremdbild auffällige Unterschiede ergeben sollte, ist nachzufragen, woran das liegt. Der Gesamteindruck einer Person stellt jedenfalls die wesentliche Grundlage des authentischen Auftretens als Verhandler dar (vgl. auch Wieke, 2002: S. 52f.).

Wenn ein Verhandler sich dann aber anders präsentiert als er nach seiner Persönlichkeit wirkt, führt dies auf Dauer zu Friktionen, die Verhandlungspartner zumindest unbewusst wahrnehmen. Auch hier gilt der Grundsatz: »Nosce te ipsum – lerne dich selbst kennen«. Je mehr der Verhandler über sich weiß, um so mehr kann er aus dieser authentischen Grundhaltung heraus für sich eine Strategie finden, um in seiner typischen Gesamthaltung (nicht »Unzulänglichkeit«) überzeugend zu wirken! Bedenken Sie dabei, dass es vor dem Hintergrund dieser enormen faktischen Bandbreite an unterschiedlichen Persönlichkeiten keinen »idealen Verhandlungstypus« gibt.

Wichtig ist auch hier die Erkenntnis, dass aus dem jeweiligen Verhandler kein »verhandelnder Übermensch« produziert werden kann und muss! Wenn es aber gelingt, durch Analyse und Training bei vielen Faktoren am persönlichen Eindruck und seiner Performance im Auftreten, dem Verhandlungsinhalt, den dabei verwendeten verbalen und nonverbalen Elementen zu arbeiten, dann ist eine signifikante Verbesserung des Verhandlungskönnens fast zwangsläufig. Hier liegt neben den methodischen Details auch die wesentliche Verantwortung eines erfahrenen und professionellen Verhandlungstrainers: Durch Videoanalysen und intensive Beschäftigung mit dem Probanden das Selbstbild zu erkennen und und weiterzuentwickeln. Es geht gleichzeitig auch darum, das Fremdbild (eines möglichen Verhandlungspartners) dazu zu vermitteln. Zentral ist es dann, eine allgemeingültige Strategie festzulegen, wie die bestmögliche kommunikative und verhandlungsbezogene Verbesserung in diesem Kontext erzielt werden kann.

Verhandlungstipps für die 4 Archetypen

Wir kommen damit am Schluss dieses Abschnittes zu der entscheidenden Kernfrage, die wir schon anfangs gestellt haben: Kann man relevante Hilfsmittel und Instrumente erarbeiten, mit denen in Verhandlungen gezielt auf die Besonderheiten des jeweiligen Verhandlungsstils eingegangen werden kann, um so für die eigene Verhandlungsstrategie einen relevanten Vorteil zu ziehen.

Die Lösung dazu liefern sowohl die linguistische Analyse der Big-Five-Methode (»OCEAN«) als auch der neurobiologische Ansatz. Die Big-Five-Methode identifiziert die einzelnen Persönlichkeitselemente des Individuums anhand der typischen kognitiven und emotionalen Verwendung von Sprache, ihren Worten und Sprechmustern. Ihr zentraler Ansatz ist die These, dass in der Sprache selbst das wesentliche Persönlichkeitsschema steckt, eine implizite Theorie der (konkreten) Persönlichkeit (vgl. Saum-Aldehoff, 2015: S. 38f.). Die Konsequenz daraus lautet, dass der Sprachduktus des Verhandlers mit dem Sprachduktus dieser identifizierten Persönlichkeit des Verhandlungspartners kompatibel sein sollte – damit es sowenig wie möglich zwischen den beiden Sprachräumen von Verhandler und Verhandlungspartner »knirscht«.

Dem entspricht verblüffend – aber auch konsequent – die Handlungsempfehlung der Neurobiologie, um erfolgreich verkaufen – also auch verhandeln zu können: Ein Verhandler wird dann erfolgreich sein, wenn er auf das kognitive und gefühlsbezogene Emotionssystem des Verhandlungspartners positiv Einfluss nehmen kann (vgl. Häusel, 2015: S. 32). Auch hier spielt die Tatsache die zentrale Rolle, dass durch Sprache emotionale Botschaften übertragen werden. Diese erzeugen emotionale Resonanz (positiv) oder Dissonanz (negativ) sowohl im kognitiven System 2 des Bewusstseins und noch viel mehr im heuristischen System 1 des Unterbewusstseins (vgl. Häusel, 2015: S. 48). Es geht also für eine positive Vermittlung der Botschaften des Verhandlers darum, mit Formulierungen, Bildern und Frames eine direkt kompatible positive emotionale Resonanz beim Verhandlungspartner zu erzeugen. Daraus können passende Persönlichkeiten, Formulierungen, Bilder und Frames herausgearbeitet werden, die bei den erwähnten 4 charakterlichen Hauptgruppen jeweils für sich genommen eine positive Resonanz auch in der Verhandlungsansprache erzeugen.

1. Hardseller/Performer/Choleriker/dominanter Charakter als Verhandlungspartner (»Rot«)

Lassen sie mich dazu – mit ein wenig Augenzwinkern – ein personalisiertes, zugegebenermaßen auch ein wenig überzogenes Beispiel anhand von zwei Männern geben, die als die Inkarnation dieses Persönlichkeitstyps gelten, nämlich US-Präsident Donald Trump und Altkanzler Gerhard Schröder. Geprägt durch das emotionale »Dominanzsystem« gelten sie als egoistisch, status- und karriereorientiert, sie sind selbstbewusst, wollen das Beste – und das soll man auch sehen (vgl. Häusel, 2015: S. 51). So perfekt wie man selbst ist oder sich zumindest gibt (man sollte die sanguinisch-hedonistische »Unterfärbung« nicht außer Acht lassen) – so perfekt soll man ihn behandeln, er erwartet Bewunderung, Anerkennung und Statusbestätigung.

- **Frame:** »Als Kleidung verdienen sie etwas ganz Außergewöhnliches, das ganz klar ihren Status als Bundeskanzler Deutschlands repräsentiert« (Gerhard Schröder galt als der Brioni-Kanzler).
- **Produkt** (für den Wahlkampf): »Diese Mikrotargeting-Software verschafft Ihnen einen riesigen Wettbewerbsvorsprung«.
- **Bild** (für Donald Trump): »Die Konstruktionsart dieses Grenzzaunes ist das beste, was es in dieser Klasse derzeit gibt; es ist Hightech, die Ihr zentrales Wahlversprechen garantiert hocheffizient erfüllt.«
- **Verbale Attribute** haben mit Zielgerichtetheit, Leistung, Stärke, Größe, Effizienz, Cleverness, Exklusivität, Überlegenheit – schlicht mit dem Besten zu tun.

Muss es da verwundern, wenn die hochprofessionelle Werbetruppe, die Trump beraten hat, genau diese Attribute ständig verwendete? Beginnend bei der zentralen Botschaft, die mittlerweile für ihn steht: »Make Amerika great again« (MAGA).

2. Korrekte/Bewahrer/Phlegmatiker/Gewissenhafter als Verhandlungspartner (»Blau«)

Der Archetyp dieses Profils war auch Bundeskanzlerin, Angela Merkel (vgl. Zeit-Online, 2015). Sie steht für Sicherheit, Stabilität, Konstanz und Ordnung. Als promovierte Physikerin kokettiert sie nicht nur mit Berechenbarkeit. Sie liebt das Bekannte und Bewährte. Innovationen sieht sie eher misstrauisch-kritisch. Wenn Häusel (2015: S. 52) dazu bemerkt, dass Individualität und Status keine Rolle spielen und er/sie dafür kein Geld ausgeben dürfte – denken Sie daran, dass Angela Merkel noch nie bei Chanel/Luis Vuitton/Versace oder Brioni gesehen wurde. Damit würden Sie bei ihr in Verhandlungen auch vermutlich kaum punkten können.

- **Frame:** »Wir wollen Ihnen nur etwa ganz sicheres und zuverlässiges anbieten. Es ist risikolos – ja sogar alternativlos vernünftig. Wir können den Erfolg damit garantieren.«
- **Produkt:** »Mit Nordstream 2 (es handelt sich um eine umstrittene deutsch-russische Gaspipeline durch die Ostsee) haben wir eine vernünftige Entscheidung getroffen. Wir stehen zu unseren Verpflichtungen und Partnern.«
- **Bild:** »Die Versorgungssicherheit Deutschlands mit Energie hat oberste Priorität« oder aktuell auch zur Corona-Pandemie: »Wir müssen auf Wege setzen, sicher und nachhaltig die Ausbreitung des Virus mit nachweislich wirksamen Methoden einzudämmen.«
- **Verbale Attribute:** nachprüfbar, präzise, bewährt, sicher, ordentlich, funktional, fachmännisch, keine Risiken, »darauf können Sie sich verlassen (vgl. Häusel, 2015: S. 53).

3. Kundenbegeisterer/Spontaner/Sanguiniker/Veränderungsoffener/Kreative als Verhandlungspartner (»Gelb«)

Eine Ikone dieses Genre ist Thomas Gottschalk. Seine Funktion als »Kundenbegeisterer« hat er als Showmaster sicher schon bewiesen. Dieser Typus ist offen für neuere und ungewohnte Produkte, er ist bereit, Risiken einzugehen und als Trendsetter zu fungieren. Produkte mit Individualismusversprechen üben eine große Anziehungskraft auf ihn aus. In der Verkaufssituation ist Lockerheit und Freude am Leben angesagt. Den Verkäufer betrachtet er als Mitspieler – nach dem Motto: »Was gibt es Neues in der Stadt, welche Themen beherrschen die Branche«.

- **Frame:** »Das Projekt ist völlig neu und noch von niemand anderem angedacht worden. Es ist neueste und innovative Technik.«
- **Produkt:** »Das Produkt verkörpert Kreativität, es ist aufregend, außergewöhnlich, liegt voll im Trend.«
- **Bild:** »Sie wollen Trendsetter sein, mit dem Produkt auffallen und extravagant sein – wir garantieren das.«
- **Verbale Attribute:** kreativ, eigenwillig, neuartig, spannend, ausgefallen, außergewöhnlich, innovativ und neu.

4. Harmonizer/Melancholiker, Partnerversteher, Gewissenhafter, Vertrauensorientierter (»Grün«)

Im Verhandlungsgespräch haben sie es durchaus häufig mit Verhandlungspartnern zu tun, denen das Vertrauen in den Partner und seine Integrität durchaus sehr wichtig ist. Man sieht auch über kleinere Mängel auf Seiten des Verhandlungspartners hinweg – wenn nur »die Chemie« stimmt. Der Mikrokosmos von Familie, Haus, Garten und Alltag spielt eine große Rolle – und wenn man als Verhandler darauf eingeht und Werte teilt, wird das vertrauensbildend geschätzt (vgl. Häusel, 2015: S. 47 f.).

- **Frame:** »Wichtig ist, dass wir unsere vertragliche Beziehung wie eine Familie verstehen – unser Service kann geradezu Teil ihrer betrieblichen Familie sein. Wir legen Wert auf das Annehmen unserer Kunden – und nicht nur reine betriebwirschaftliche Kalkulation.«
- **Produkt:** »Der Umgang mit dem Produkt ist einfach und bequem.«
- **Bild:** »Gemeinschaftlich schaffen wir mehr als jeder für sich.« Eine fürsorgliche Wartung und Gewährleistung sind allemal besser als kalkuliertes Ausnutzen.
- **Verbale Attribute:** abgestimmt, freundschaftlich-harmonisch, fürsorglich, schützende Atmosphäre – muss ich betonen, dass man so etwa durchaus gut Versicherungen verkaufen kann? Mein Versicherungsmakler ist jedenfalls genau dieser Typ.

Damit dürfte sich gezeigt haben, dass der Ansatz mit 4 Typen der Kommunikation ein sehr gutes Konzept bildet, um in Verhandlungen gezielt die »sprachlichen Erwartungen« des Verhandlungspartners durch die eigene Kommunikation zu beeinflussen. Im Endergebnis werden hier sprachlich übereinstimmende Frames und Anker gesetzt, um gezielt emotionale Entsprechungen zu erzielen und das Verhandlungsgeschehen so in die gewünschte Richtung zu bringen. Dieses Konzept ähnelt auch dem »Spiegeln« bei der körpersprachlichen Kommunikation (vgl. Häusel, 2015: S. 99; Bühring-Uhle u. a., 2017: S. 129). Bedenken Sie aber bitte, dass die Grenze der kommunikativen Entsprechung der eigene, authentisch wahrgenommene Auftritt ist und bleibt. Nur dann werden Sie auch vom Verhandlungspartner selbst unbewusst als glaubwürdig eingestuft und behandelt. Vermeiden Sie damit ein Verhalten, mit dem Sie dem Verhandlungspartner geradezu sklavisch in der Kommunikation entsprechen wollen. Die prinzipielle Empfehlung lautet: Soviel Ähnlichkeit wie möglich und soviel Unterschiedlichkeit wie nötig, um auch selbst authentisch und damit glaubwürdig zu bleiben.

7 Rhetorik, Argumentationslehre und Dialektik in der Verhandlungswissenschaft

In der Abfolge der Themen, mit denen sich die Verhandlungswissenschaft beschäftigt, sind wir nun in einem Bereich angelangt, der einen durchaus zwiespältigen Ruf genießt. Sollten für eine gute Verhandlung nicht die soliden Fakten genügen, mit denen man den eigenen Standpunkt untermauert, um im Disput mit den Argumenten des Verhandlungspartners letztlich zu einem akzeptablen Verhandlungsergebnis zu kommen? Und ist es nicht geradezu das »Antibild« einer seriösen Verhandlung, wenn rhetorische Stilmittel dazu verwendet werden müssen, dem Verhandlungspartner durch »hirngerechte Sprache« (vgl. Häusel, 2015: S. 144) ein Verhandlungsergebnis abzuringen? Es ist eine unumstößliche Grunderkenntnis der Verhandlungswissenschaft, dass die Beherrschung grundlegender rhetorischer Instrumente und der Argumentationslehre (einschließlich der Dialektik) elementar ist, um erfolgreich zu den angestrebten Verhandlungsergebnissen zu gelangen. Es gibt zudem eine Fülle von belegten Verhandlungsverläufen, in denen gerade ihr gezielter Einsatz zu einer enormen Verbesserung von Verhandlungspositionen geführt hat, ohne die Anwendung ein Verhandlungserfolg sogar undenkbar gewesen wäre.

Die Aufgabe des Verhandlers ist es, durch eine effiziente Argumentation und die durchdachte sprachliche Gestaltung seinen Verhandlungspart so zu gestalten, dass der Verhandlungspartner den Standpunkt des Verhandlers rational und vor allem emotional nachvollziehen kann. Die Argumentation sollte beim Verhandlungsgegner in das kognitive Verstehen und Denken des unbewussten Systems 1 und des bewussten Systems 2 so einsickern, dass sie sich dort buchstäblich »verankert«. Häusel (2015: S. 137ff.) beschreibt diesen Vorgang sinngemäß so: »Schaffen Sie Werte im Gehirn des Verhandlungspartners«. Es geht letztlich darum, die bewusste Willensentscheidung und ihre Äußerung in der Verhandlung nach Möglichkeit vorab für die Position des Verhandlers einzunehmen. Auch hier werden wir sehen, dass im Mittelpunkt der Überzeugungsbildung weniger ein vollständig rational verstehender, denkender und entscheidender Homo oeconomicus steht. Es gilt, den Verhandlungsgegner als Mensch mit seiner unbewussten emotionalen Kognitionsheuristik neurolingual anzusprechen und ihn vor allem durch Plausibilität und rhetorische Instrumente für den Standpunkt des Verhandlers einzunehmen.

7.1 Verhandeln, um zu überzeugen

Eine Verhandlung ist kein wissenschaftliches Seminar – das Ziel ist es, die Überzeugung des Verhandlungspartners so nah wie möglich an die eigene Auffassung heranzuführen, damit eine Vereinbarung so weit wie möglich den eigenen Vorstellungen entspricht. Um diese »Überzeugungsannäherung« zu erreichen, ist es erforderlich, die Rhetorik und ihr von der modernen Psychologie maßgeblich beeinflusstes Instrumentarium einzusetzen zu lernen. Rhetorik und ihre Instrumente sind ein sehr effizientes Mittel, um in Verhandlungen bestimmte Ziele und Interessen des Verhandlers durchzusetzen, falls unbedingt nötig auch mit dem Einsatz von Halbwahrheiten – so provokativ das auch klingen mag. Es gilt der Grundsatz: »Was ich mit rhetorischen Mitteln in einer Rede erreichen kann, um Menschen zu beeinflussen, das muss ich auch in Verhandlungen schaffen«.

Die Frage, wie es die Rhetorik mit Wahrheit, Halbwahrheit und Unwahrheit hält, wird kontrovers diskutiert (vgl. Nagler, 2018: S. 103ff.). Die Rhetorik ordnet grundsätzlich alles der Überzeugung unter – selbst um den Preis der Arbeit mit Halbwahrheiten und bloßen Plausibilitäten. Es gibt genügend Beispiele in der Menschheitsgeschichte, an denen man sieht, wie Rhetorik selbst mit Lügen arbeitete, um erfolgreich Ziele zu erreichen. Dabei ist – wie noch darzustellen sein wird – natürlich die Grenze des rechtlich zulässigen zu beachten: Sie ergibt sich aus den zivilrechtlichen Schranken der Vertragsfreiheit infolge einer arglistigen

Täuschung (§ 138 BGB) oder eines Verstoßes gegen den Grundsatz von Treu und Glauben (§ 242 BGB). Auch das Strafrecht hat mit dem Straftatbestand des Betruges (§ 263 StGB) absolute Grenzen für die wahrheitswidrige Veranlassung eines Verhandlungspartners zu einer rechtlich relevanten Entscheidung fixiert.

Doch wie funktioniert dieser zentrale neurolinguale Mechanismus in Verhandlungen, mit dem (zumindest) mit Halbwahrheiten operiert wird? Wir müssen uns dazu noch einmal mit der Arbeitsweise von System 1 und System 2 befassen. (▶ Kap. II.5.1; Häusel, 2015: S. 138ff.): Um mit Halbwahrheiten und reinen plausiblen Aussagen oder auch mit schieren Emotionen zu überzeugen, nutzen erfolgreiche Verhandler eine zentrale Arbeitsweise unseres unbewussten »schnellen« Systems 1. Aus wahrgenommenen Sachverhalten – etwa dem Vortrag des Verhandlungsgegners – bietet dieses in Sekundenschnelle Schlussfolgerungen zur Bewertung an, die das Unterbewusstsein für wahrscheinlich zutreffend hält und deren Fehlerquote es als akzeptabel bewertet. System 1 wettet auf eine bestimmte Antwort und die Wetten werden von unseren bisherigen Erfahrungen bestimmt. Die Wettregeln sind intelligent: Jüngste Ereignisse und der gegenwärtige Kontext haben das größte Gewicht bei der Interpretation. In vielen Fällen präsentiert so das unbewusste System 1 eine Entscheidung, aber man hat von der Entscheidungsfindung nichts mitbekommen – auch nicht von den sofort unbewusst verworfenen Alternativen (vgl. Kahneman, 2014: S. 106).

In uns arbeitet also eine schnell operierende Assoziationsmaschine, die permanent eine subjektive Wirklichkeit schafft, die eine plausible Kohärenz hat. Die Kombination aus einem nach Kohärenz strebenden System 1 und einem trägen (bewusst arbeitenden) System 2 hat zur Folge, dass System 2 viele intuitive Überzeugungen unterstützt, in denen sich die von System 1 erzeugten Eindrücke recht genau widerspiegeln. Natürlich kann System 2 Daten auch systematischer und sorgfältiger verarbeiten. Doch wird System 1 auch die sorgfältigeren Entscheidungen beeinflussen. Sein Input hört nie auf (vgl. Kahneman, 2014, S. 113). Das menschliche Denken basiert grundsätzlich auf voreiligen Schlussfolgerungen (»Urteilssprüngen«) mit beschränkter Datenbasis. Dies ist auch die Grundlage für das Verständnis des intuitiven Denkens. System 1 als seine Grundlage sei dabei völlig unempfindlich für die Qualität und Quantität der Informationen, aus denen Eindrücke und Intuitionen hervorgehen. Die wesentlichen Fehler, die System 1 dabei unterlaufen, haben wir daher in den Kapiteln zu Denkfehlern und Biasses bereits beschrieben (▶ Kap. II.3 und II.4.3). Ein erfahrener Verhandler kennt dieses subtil wirkende Instrumentarium und weiß es auch in geeigneten Situationen erfolgreich einzusetzen.

Die Erkenntnisgewinnung (Heuristik) des Verhandlungsgegners kann gezielt beeinflusst werden. Das träge arbeitende bewusste System 2 des Verhandlungsgegners folgt durchaus den formulierten Denkmustern des Verhandlers, die das unbewusste System 1 des Verhandlungsgegners in seiner Assoziationstätigkeit als akzeptabel bewertet, ohne genauer oder bewusst nachzuprüfen, ob dieses mentale Arbeitsresultat von System 1 wirklich angemessen ist. Insoweit kann der Verhandler durchaus wirkungsvolle mentale Anker setzen und das weitere Verhandlungsgespräch »primen«, also vorbeeinflussen. Solange das System 1 des Verhandlungsgegners in seiner kognitiv-heuristischen Arbeit keinen Anlass hat, misstrauisch zu sein, wird es auch nicht Alarm schlagen. Im Gegenteil: Auch das System 2 des Verhandlungsgegners wird nicht ohne Anlass von der Vorbewertung des Systems 1 abweichen. Ist kein Anlass zu übermäßiger Wachsamkeit und »Kritikalität« gegeben, so fühlt es sich sogar durchaus mental bestätigt. Es fühlt sich nicht überfragt, es musste sich bei der Antwort nicht allzu stark anstrengen, und es bemerkt nicht einmal, dass ggf. nicht die Frage beantwortet wurde, die eigentlich gestellt worden ist (vgl. Kahneman, 2014: S. 127ff.).

Für das Argumentationsverhalten in Verhandlungen bedeutet dies: Letztlich sind alle in der Argumentationslehre und der rhetorischen Stillehre vorhandenen Instrumente zur Meinungsbeeinflussung und Überzeugungsbildung auf psychologisch erklärbare Denkmuster und Erkenntnismechanismen des unbewusst denkenden Systems 1 und seiner permanenten Assoziations- und Heuristikautomatismen zurückzuführen. Sie erklären, wie das Gehirn eines Verhandlungspartners im Zusammenspiel von beiden Systemen eine Aussage des Verhandlers kognitiv versteht, wertet und zum Bestandteil des eigenen Denkens macht. Abgekürzt darf man Folgendes feststellen: Aus der klassischen Rhetorik ist bekannt, dass es rhetorische Instrumente und Argumente gibt, die zur Überzeugung des Hörers führen können, ohne Wahrheit zu vermitteln – aber erst die moderne, neurolingual basierte Rhetorik und die Verhaltenspsychologie können die eigentlichen Wirkmechanismen erklären (vgl. Häusel, 2015: S. 96ff., 183ff.). Dies ist der eigentlich entscheidende Fortschritt für das neurolingual basierte Rhetorik- und verhandlungswissenschaftliche Konzept. Dieses Wissen über die Arbeits- und Denkweise von System 1 und System 2 gilt es stets zu berücksichtigen, um mit rhetorischen Mitteln auch und gerade in Verhandlungen erfolgreich auf Menschen einzuwirken. Auf diese Weise können wir selbst dann überzeugen, wenn wir die rein logische, mathematisch-exakte Gedanken- und Beweisführung nicht praktizieren, was in der knappen Zeit einer Verhandlung ohnehin fast nie möglich wäre (vgl. Thaler/Sunstein, 2016: S. 16ff.).

7.2 Verhandeln mit Gefühl

Lassen Sie sich bei Verhandlungen von Gefühlen leiten, die ihr Verhandlungspartner, z. B. ein Manager, in seine Verhandlungstaktik einbaut, um ein bestimmtes Ziel zu erreichen – oder treffen Sie Ihre Entscheidung im Endergebnis rein aufgrund der präsentierten rationalen Fakten? Diese Frage konfrontiert uns mit dem zentralen Dilemma der manipulativen Argumentation in Verhandlungen: Natürlich glauben viele Kunden und Verhandler, ihre Entscheidung auf der Grundlage der Verhandlung überwiegend rational zu treffen. Die aktuellen Untersuchungen der Neurowissenschaften erbringen jedoch einen gegenteiligen Befund: Für die endgültige Entscheidung für oder gegen ein Verhandlungsergebnis spielt die »emotionale Bewertung« der gewählten Begriffe und Bilder eine sehr wichtige Rolle (vgl. Kahneman, 2014: S. 447ff.; Thaler/Sunstein, 2016: S. 57ff., 99ff.). Häusel

(2015: S. 118ff.) adressiert ausdrücklich für Verkaufsverhandlungen dazu den entscheidenden Schritt, die Ansprache des sog. Motiv- und Werteraumes des Verhandlungspartners. Der Wortrahmen oder das Rahmenbild eines gewählten Beispiels oder einer präsentierten Entscheidungssituation kann massiv Emotionen beim Verhandlungspartner evozieren und dadurch zwangsläufig auch das eigene Denken und Entscheiden beeinflussen. Dieser Effekt wird »emotionales Framing« genannt (vgl. Nasher, 2015: S. 244ff.). Dies verdeutlicht ein klassisches Experiment an der Harvard Medical School: Zwei Gruppen von Ärzten erhielten statistische Daten über die Ergebnisse von zwei unterschiedlichen Behandlungsmethoden für Lungenkrebs: entweder Operation oder Bestrahlung. Dabei spricht die Fünf-Jahres-Überlebensrate eindeutig positiv für die Operation, aber auf kurze Sicht ist eine Operation riskanter als die Bestrahlung. Am Ende der Bewertung sollte die Entscheidung stehen, für welche Behandlungsform in der anschließenden Besprechung dem Patienten eine Empfehlung gegeben werden sollte. Bedenken Sie: Hier handelt es sich um eine zentrale Beratung, die in eine Einwilligung, also eine medizinrechtliche Vereinbarung zum Behandlungsvertrag, münden soll. Die beiden Gruppen erhielten nun unterschiedliche statistische Angaben: Gruppe A erhielt statistische Angaben zur Überlebensrate bei der Operation, Gruppe B die gleichen Informationen zur Sterblichkeitsrate bei der Operation:

- Gruppe A: Die Überlebensrate im ersten Monat nach der Operation liegt bei 90 Prozent.
- Gruppe B: Die Sterblichkeitsrate im ersten Monat nach der Operation liegt bei 10 Prozent.

Eigentlich sind die beiden Aussagen identisch. Aber System 1 bewertet den Begriff »Überleben« nachweislich emotional positiver, während »Sterblichkeit« eine negative Assoziation hervorruft. Kurz gefasst emotional: »Überleben ist gut – Sterblichkeit ist schlecht«. Folglich ist »90 Prozent Überleben« für das unterbewusste System 1 emotional ermutigend, während »10 Prozent Sterblichkeitsrate« erschreckend und negativ klingt. Und dieser Effekt wirkt selbst auf medizinische Profis, denen man eine vollständig nüchterne Bewertung hätte zutrauen können: Beim Frame A »Überleben« entschieden sich 84 Prozent der Ärzte für Operieren, bei Frame B »Sterblichkeit« waren 50 Prozent der Ärzte für die Bestrahlung! Bei medizinisch ungebildeten Laien fiel das Ergebnis ebenso deutlich aus. Selbst ein Medizinstudium kann also die »Tiefenwirkung« der Emotionen, die das unbewusste System 1 beeinflussen und für das bewusste System 2 die Verhandlungsvorlage liefern, nur schwer oder überhaupt nicht verändern. Wenn es dem Verhandler also gelingt, ein emotionales Frame-Muster zu formulieren, das für System 1 fast zwangsläufig positive oder negative Emotionen für das gewünschte Denkergebnis anstößt, dann hat er sein rhetorisches Wirkungsziel für die Verhandlung schon fast erreicht (vgl. Shapiro, 2018: S. 26; Nasher, 2015: S. 98ff.).

Ein interessantes Beispiel für die Nutzung solcher Mechanismen belegt ebenfalls die Wirkmächtigkeit dieser sog. »Affektheuristik«: Es ist die bemerkenswerte

Neigung eines Verbrauchers, sich unnötige und teure Garantieverlängerungen für bestimmte Produkte aufdrängen zu lassen: Vermutlich durch die unbewusste Verlustaversion motiviert kann dem Verbraucher suggeriert werden, dass er durch eine Garantieverlängerung ein subjektiv werthaltiges Produkt länger risikolos benutzen kann, etwa bei Mobilfunkverträgen (vgl. Thaler, 2018: S. 115). Gehen wir von einem Handy aus, das 350 Euro kostet. Die Garantie beträgt ein Jahr, doch der Hersteller bietet an, diese für 20 Euro auf zwei Jahre und für 30 Euro auf drei Jahre zu verlängern. Nun muss man wissen, dass Funktionsausfälle, die zu einer Garantiehaftung führen, wohl bei ca. 2 Prozent im zweiten Jahr und 4 Prozent im dritten Jahr liegen (wohlgemerkt nicht zerbrochene Displays oder kaputte Batterien, das ist als Haftungsfall ausdrücklich ausgeschlossen). Noch dazu werden viele Handys aufgrund von Rabattangeboten zur Laufzeitverlängerung des Handyvertrages nach zwei Jahren ausgetauscht: Das kalkulatorische Risiko beträgt damit für den Versicherer 6 Euro im zweiten Jahr und maximal 14 Euro im dritten Jahr – eher weniger, da das Handy dann häufig schon außer Betrieb ist. Der sofortige Nutzen eines »langfristig gesicherten« Betriebs ist aber zum Zeitpunkt des Abschlusses dem unbewussten System 1 plausibel. Eine faire Verhandlung mit fairem Ergebnis? Für den Verkäufer und die Versicherung auf jeden Fall!

Emotionale Bedürfnisse des Verhandlungspartners – der Schlüssel zu System 1

Ein wesentliches Element des Appells an die Emotionen im unterbewussten System 1 sind also die Wünsche und Bedürfnisse des Verhandlungspartners. Diese muss der Verhandler bei seiner Vorbereitung daher unbedingt analysieren. Dabei gilt der Grundsatz: Was die Werbung richtig macht, kann bei Verhandlungen generell nicht falsch sein (vgl. Dutton, 2012, S. 11f.). Der zentrale Schlüssel für das Marketing sind die Bedürfnisse des Menschen als Kunden. »Ein Mensch wird ausschließlich dann etwas tun, wenn dem ein unbefriedigtes Bedürfnis zugrunde liegt. Ohne unbefriedigtes Bedürfnis, ohne Motiv kein menschliches Verhalten. Das ist ein Grundgesetz menschlichen Handelns – damit beschreibt Jeske (1998: S. 47ff.) prägnant die zentrale Bedeutung der Bedürfnisbefriedigung als Kern der menschlichen Handlungsmotivation. Pionier dieser Untersuchungen war der amerikanische Psychologe Abraham Maslow. Das von ihm erarbeitete System der Bedürfnisse findet sich in der berühmten Bedürfnispyramide wieder (▶ Dar. 7). Abweichend vom älteren Standardmodell mit 5 Ebenen verwenden wir hier das differenzierte Modell, das Maslow am Ende seiner Forschungen entwickelte und das 8 Ebenen enthält (▶ Dar. 8).

Diese Bedürfnisse sind vorrangig evolutionsbiologisch und auch durch das sozialisierende Lernen des Menschen tief in unserem Unterbewusstsein verankert. Die Kontrollfrage dazu an den Leser ist einfach: Welches der nachstehend dargestellten Bedürfnisse haben Sie eigentlich nicht bzw. ist Ihnen völlig fremd? Vor diesem Hintergrund ist offensichtlich, dass ein Verhandler mindestens eines dieser in jedem Menschen verankerten, unbewussten, aber wirkmächtigen Bedürfnisse adressieren muss und damit das System 1 des Verhandlungspartners schlicht-

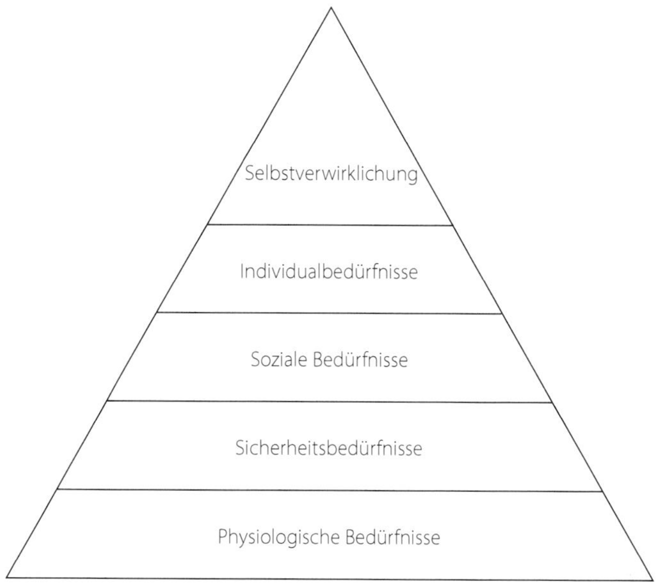

Dar. 7: Bedürfnispyramide nach Maslow

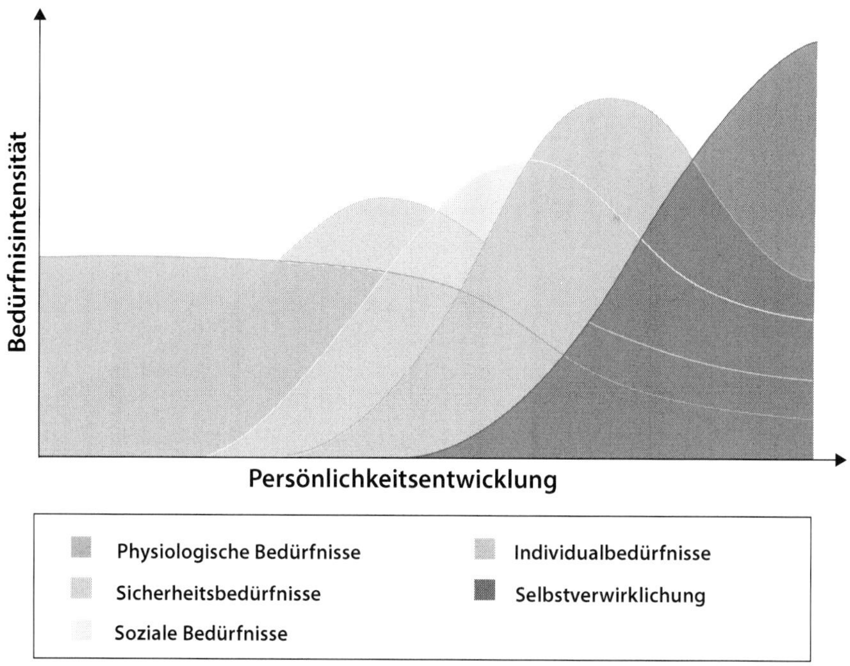

Dar. 8: Mehrebenenmodell der Bedürfnisse nach Maslow

weg an den emotionalen Haken genommen hat (vgl. Schott/Troczynski, 2020: S. 37). Es wird diesem schwerfallen, diesen Einfluss auf das bewusste System 2 auszublenden.

Bekannte Beispiele für die erfolgreiche, geradezu schleichende emotionale Unterwanderung des Denkens liefert die Werbung. Wenn Sie an Schokolade denken und dieses mit Weihnachten, Ostern, Geburtstag oder dem Valentinstag assoziieren, wird es Ihnen wie der Mehrzahl der Menschen gehen. Viele summen das Lied »Merci, dass es dich gibt« dazu. Dieser Slogan ist mittlerweile im deutschen Sprachraum fast sprichwörtlich – und er adressiert das zentrale emotionale Element der Bindung, Dankbarkeit, Zuneigung, Freundschaft, Verlässlichkeit. Aus der Sicht der Bedürfnispyramide nach Maslow handelt es sich um zwei wichtige Bedürfnisstufen der Basis: Sicherheits- und soziale Bedürfnisse. Es handelt sich um eine Ikone der emotionalen Bindung! Haben Sie möglicherweise bei Verhandlungen – etwa nach der Pause – schon einmal ein Merci auf ihrem Verhandlungsplatz gefunden? Jetzt wissen Sie warum!

Emotionale Ängste/negative Emotionen in Verhandlungen

Die Kehrseite der emotionalen Medaille sind die Ängste und Sorgen des Verhandlungspartners, die ebenfalls vom Verhandler adressiert werden können. Hierfür gibt es zwar bereits Darstellungen einer »Angstpyramide«. Es liegt auf der Hand, dass jeder normale Mensch versucht, solche negativen Zustände zu vermeiden, die jeweils im Gegensatz zu seinen Bedürfnissen stehen. Man wird in diesem Zusammenhang sogar noch weitergehen müssen: Unterbewusste negative Emotionen und Ängste sind zweifellos als wichtige Bewertungskriterien für System 1 und folglich auch für System 2 bedeutend. Dazu hat die Verhaltensökonomik ein weiteres wichtiges heuristisches Phänomen des menschlichen Denkens herausgearbeitet, die Verlustaversion in Form der Vermeidung von Negativität und die Bereitschaft zur Flucht (vgl. Kahneman, 2014: S. 369ff.; Thaler/Sunstein, 2016: S. 53ff.). Entsprechend wirksam scheinen unterbewusste Ängste für das kognitive Entscheidungsverhalten eines Menschen zu sein. Kahneman begründet diese sichtbare Asymmetrie zwischen der Macht positiver (Wünsche) und negativer Erwartungen (Ängste) als evolutionsgeschichtlich bedingt. »Lebewesen, die Bedrohungen vordringlicher behandeln als Chancen, haben höhere Überlebens- und Fortpflanzungschancen« (Kahneman, 2014: S. 347). Typische Ausprägungen sind:

- Angst vor Verlust, Unsicherheit und Verletzung,
- Angst vor Krankheit, Entstellung und Bedeutungslosigkeit,
- Angst vor Einsamkeit, Kontrolle, Einöde, Langeweile,
- Angst vor Fremdsteuerung, Ohnmacht; Angst vor Unbekanntem und »Überfremdung«,
- Angst vor Ablehnung und Hass,
- Angst vor Hunger, Siechtum und dauerhaftem Leid.

Wenn es dem Verhandler gelingt, einen dieser Faktoren der menschlichen Verlustaversion zu stimulieren und sein eigenes Verhandlungsziel als geeignetes Mittel zur Bekämpfung der Ängste dem Verhandlungspartner zu präsentieren, kann er mit dieser Strategie große Überzeugungskraft entfalten. Er sollte sich allerdings genau überlegen, wie weit er gehen möchte bzw. kann: Ein übertriebener Angstappell kann Mißtrauen und eine negative Stimmung beim Verhandlungspartner erzeugen, die den beabsichtigten Überzeugungseffekt ins Gegenteil verkehrt. Der Verhandlungspartner kann dann sogar seine Abwehrhaltung auf den Verhandler übertragen. Es käme dann zur »unmittelbare Projektion« und zu einem negativen Priming. Beides lässt den Verhandler als Überbringer schlechter Botschaften erscheinen. Die immanente Verlustaversion würde zu Abwehreffekten führen oder zu der klaren Reaktion: »Das will ich aber wirklich nicht hören« oder »das geht aber jetzt wirklich zu weit«.

7.3 Wahrscheinlichkeit und Plausibilität schlagen Wahrheit

Fast jede Verhandlung hat mit Inhalten, Schlussfolgerungen und Appellen zu tun, die sich nicht vollständig logisch erklären lassen. Der bekannte Verhandlungsexperte Matthias Schranner (2016: S. 19) bringt es auf den Punkt: »Die Wahrheit können wir somit in einer Verhandlung ohnehin niemals finden«! Es muss daher zwangsläufig mit Wahrscheinlichkeiten, statistischen Annahmen oder Vergleichen gearbeitet werden, um den Verhandlungsgegner von den Zielen des Verhandlers zu überzeugen und ihn in diese Richtung zu lenken. Die Wirkung und Funktion der einschlägigen argumentativen Instrumente zu kennen, gehört daher zum elementaren Handwerkszeug des Verhandlers. Eine »gegnerzentrierte« Argumentation bedarf dabei einer sorgfältigen Vorbereitung und darf auf keinen Fall stiefmütterlich behandelt werden. Das wesentliche Rüstzeug hierfür hat historisch die Rechtswissenschaft interdisziplinär beigesteuert: Gerade die Gerichtsverhandlung als Instrument dafür, einem unparteiischen Richter zur vollen Überzeugung zu verhelfen, war viele Jahrhunderte lang das praktische Übungsfeld.

Die wissenschaftliche Theorie unterscheidet bei Argumenten und Beweisinstrumenten i. d. R. drei Kategorien:

a) Argumente und Beweisinstrumente, die einen vollen Beweis für eine Annahme erbringen.
b) Argumente und Beweisinstrumente, die eine mehr oder weniger große Wahrscheinlichkeit für das Vorliegen einer Annahme erbringen.
c) Argumente, die für eine gewisse Plausibilität einer Annahme sprechen.

Der Aufbau eines Argumentes folgt der klassischen Definition: Auf eine zentrale Behauptung (Konklusion) folgt ihre Begründung bzw. ihre Rechtfertigung und der Versuch eines Beweises (Darlegung der Prämissen). Wer seine Verhandlung taktisch vorbereitet und sich dazu die geeigneten Argumente zurechtlegt, sollte daher genau wissen, wie weit die von ihm geplanten Argumente tragen. Viel häufiger als gedacht sind Beweisführungen nämlich nicht logisch zwingend. Im Gegenteil: Eine Fülle von Verhandlungen »lebt« geradezu davon, dass logisch zwingende oder wirklich »alternativlose« Gedankenführungen nicht vorkommen. Klassische Fallgruppen sind etwa:

- Scheidungsverhandlungen,
- Nachlass-/Erbstreitigkeiten,
- Sorgerechtsverhandlungen,
- Schuldenverhandlungen/Umschuldungen,
- Verhandlungen im Familienkreis,
- Verhandlungen bei Gesellschaftsversammlungen,
- Verhandlungen zur Auflösung von Arbeitsverhältnissen.

In den meisten Fällen stellen wir fest, dass die Mehrheit der Argumente eigentlich der schwächsten Wirkungskategorie, der Plausibilität, zugeordnet werden muss. Und wir beginnen einzusehen, dass nicht selten von Verhandlern trickreich versucht wird, Überzeugungen auf eine Weise zu beeinflussen, die wir manipulativ nennen müssen. Die Literatur zu solchen »satanischen Instrumenten« (vgl. Ruede-Wissmann, 1993) oder zur »Manipulation durch Rhetorik« ist jedenfalls beachtlich.

Wer bis hierher genau aufgepasst hat, weiß vermutlich bereits, worin der Zusammenhang zwischen Plausibilität und neurolingualer Intervention besteht: Jedes Plausibilitätsargument lässt sich auf ein sog. »heuristisches Entscheidungsmuster« unseres unbewusst arbeitenden System 1 zurückführen, das wieder einmal nicht von unserem kritisch bewusst arbeitenden System 2 beanstandet wurde (vgl. Dobelli 2014 und 2015). Zur modernen Verhandlungswissenschaft gehört deshalb unbedingt die gründliche Kenntnis der Argumentationslehre. Gerade damit gelingt es etwa einem Verhandler, zu erwartende unzulängliche Gedankenführungen eines Verhandlungsgegners aufzuspüren, sie zu widerlegen und dann durch ein gut gewähltes Argument zu punkten. Davon profitieren Sie letztlich als Verhandler selbst, denn so schulen Sie Ihr analytisches Denken und verbessern Ihre eigene Methode der Entscheidungsfindung, weil Sie derartige Gedankenfallen vermeiden. Auf diese Weise kann diese Methodik universell auch bei vielen anderen gesellschaftlichen Diskussionen und Verhandlungen durch den einzelnen vorteilhaft eingesetzt werden.

7.4 Argumentationsformen und ihre Wirkungsniveaus

Wie dargestellt wird ein Verhandlungspartner nur dann bereit sein, den Standpunkte der anderen Partei zu akzeptieren und als Überzeugung zu übernehmen, wenn die Begründung dazu dem unbewussten System 1 aber auch dem System 2 einleuchtend-plausibel oder sogar zwingend erscheinen und er auch emotional motiviert wird, seinen eigenen Standpunkt in Richtung dieser Argumentation anzupassen. Lassen Sie uns daher bei der Untersuchung der unterschiedlichsten bekannten Argumentationsvarianten, die seit über 2.500 Jahren gerade im Hinblick auf Verhandlungen erkannt und entwickelt wurden, mit der »Königsklasse« beginnen, also bei Argumentationsformen, die zumindest für das logische Denken unwiderlegbar sind. Aber auch hier werden wir die eine und andere Überraschung erleben.

7.4.1 Zwingende/logische Argumente

Die Domäne des zwingenden Beweises durch logische Argumentation ist die Verhandlung vor Gericht. Nur dann, wenn es einer Partei gelingt, mit ihrer Argumentation den vollen Beweis zur Überzeugung des Richters zu erbringen, kann sie erfolgreich sein. Dies gilt insbesondere dann, wenn eine Partei die spezifische Beweislast hat. Ansonsten würde es genügen, den Beweisvortrag der Gegenseite zu erschüttern. Die nachfolgenden Ausführungen zum logischen Beweis bei Verhandlungen verdanken wir daher im Wesentlichen den Erkenntnissen der Rechtsphilosophie und der Jurisprudenz. Diese Schule ist auch faktisch für die Verhandlungswissenschaften enorm nützlich: Eine Vielzahl von Verhandlungen des modernen Wirtschafts- und Gesellschaftslebens werden entweder von studierten Juristen vorbereitet oder sogar geleitet. Und diese sind seit dem Studium darauf getrimmt, nach den Grundsätzen der sog. juristischen Argumentationslehre vorzugehen, die schulmäßig eine Fülle der auch verhandlungswissenschaftlich relevanten Argumente behandelt (vgl. Christamante/Dahlmann, 2016; Adomeit/Hähnchen, 2018). Wer als Verhandler in der glücklichen Lage ist, ein zwingendes Argument vorbringen zu können, hat es leicht, denn damit wird durch den Tatsachenvortrag (Prämissen) der volle Beweis für die Gültigkeit seiner Behauptung (Konklusion) an sich logisch erbracht. Dies gilt auch und gerade für viele sachbezogene Verhandlungen. Ein aktuelles Beispiel ist im sog. Dieselskandal der deutschen Autoindustrie der gelungene Nachweis, dass eine unzulässige Abschalteinrichtung zu gesetzlich verbotenen Emissionswerten führte.

Vor diesem Hintergrund kann nur dringend davon abgeraten werden, sich – wie von namhaften Verhandlungsautoren tatsächlich empfohlen – weniger eingehend mit Fragen der »Wahrheit« in Verhandlungen zu befassen. Der Begriff »Wahrheit« ist selbstverständlich auch verhandlungswissenschaftlich so ernstzunehmen, wie er auch von der Logik und der Dialektik als zentraler Ausgangspunkt des Denkens entwickelt wurde (vgl. Lay, 2001: S. 83ff.). Als juristisch erfahrener Verhandlungswissenschaftler muss ich allerdings darauf hinweisen, dass in der Verhandlungspraxis dennoch weniger die Wahrheit einer Behauptung im Mittelpunkt steht als vielmehr die Frage des Beweises als der stichhaltigen Begründung für eine Behauptung, um die es bei einer Verhandlung geht. Für die Beweisführung gibt es einige wesentliche Kategorien, die auf der Grundlage der Logik entwickelt wurden.

Der Syllogismus

Dieser zentrale logische Schluss lässt sich leicht beschreiben:

- Wenn A, dann B (Prämisse)
- A ist gegeben, also ist B die Folge (Konklusion)

Dazu ein klassisches Beispiel aus einer familienrechtlichen Verhandlung: Das deutsche Familienrecht gilt auch für nichtdeutsche Ehepaare mit ständigem Aufenthalt in der Bundesrepublik (Prämisse). Die türkische Staatsbürgerin Fatima hat mit ihrem türkischen Ehemann Tarek ihren ständigen Aufenthalt in Deutschland (A). Also gilt für beide, vor allem für die verlassene Ehefrau Fatima, das deutsche Familienrecht, insbesondere das Unterhaltsrecht (B – Konklusion).

Damit verbunden sind in Verhandlungen häufig sog. Wenn-dann-Aussagen, die sehr einleuchtend klingen und auch unbewusst-flüssig im System 1 durchgewunken werden, ohne dass das System 2 sich damit groß Arbeit machen muss (vgl. Haft, 1978: S. 75ff.; Edmüller/Wilhelm, 2011: S. 50). Derartige Bedingungsbestätigungen haben daher auch verhandlungstechnisch eine sehr hohe Wirkungskraft. Wir gehen darauf weiter unten noch einmal bei den sog. »Kettenschlüssen« ein.

Hinreichende und notwendige Bedingungen

Diese Wenn-dann-Sätze haben auch bei kausalen Ereignissen (also »angestoßenen Verläufen« und nicht nur in der statischen Beschreibung wie oben) eine enorme Bedeutung. Beispiele für Kausalbedingungen:

(1) Nur wenn neue Erdölvorkommen gefunden werden, können die Erdölvorräte nicht zur Neige gehen.
(2) Wenn das Ölangebot auf dem Weltmarkt knapper wird, dann steigen die Ölpreise.
(3) Wenn ich den Elektromotor laufen lasse, wird die Batterie leer.

Das Beispiel 1 illustriert deutlich die Wirkweise einer notwendigen Bedingung. Die Beispiele 2 und 3 legen allgemein einleuchtende Kausalitäten dar, die eine hinreichende Bedingung für die Folge darstellen. Beachten Sie nun aber, was bei der Umkehrung dieser beiden Kausalitäten passiert:

- Wenn die Ölpreise steigen, dann ist das Ölangebot auf dem Weltmarkt knapper. Diese Aussage klingt passabel – aber sie ist nicht richtig; es kann auch andere Ursachen, z. B. Spekulationen, gegeben haben, die zu einem Preisanstieg geführt haben.
- Wenn die Batterie leer ist, dann haben wir den Elektromotor laufen lassen. Diese Behauptung ist ebenfalls plausibel; sie stimmt aber nur, wenn an der Batterie keine anderen Stromfresser angeklemmt waren.

Hier zeigt sich auch klar, dass im zweiten Fallbeispiel eine sog. notwendige Bedingung am Werk war, im ersten Fall eine sog. hinreichende Bedingung. Die hinreichende Bedingung muss nicht allein kausal die Konsequenz auslösen, es gibt auch andere Ursachen. Die notwendige Bedingung wirkt exklusiv und direkt. Dazu der Umkehrschluss zur notwendigen Bedingung am Beispiel des Erdöls:

- Wenn die Erdölvorräte zur Neige gehen, dann sind keine neuen Erdölvorkommen gefunden worden.

Und jetzt die Manipulation zu den hinreichenden Bedingungen: »Die Ölpreise sind erneut gestiegen, weil das Ölangebot auf dem Weltmarkt durch die OPEC verknappt wurde. Wir müssen endlich von diesem OPEC-Kartell unabhängig werden«. Der so argumentierende Verhandler hat hier das Thema Spekulation bewusst übergangen. Die zugrunde liegende Kausalität (Wenn-dann-Beziehung) ist daher der Ausgangpunkt für eine Forderung, die zwar sehr plausibel klingt, aber möglicherweise auf völlig falschen Tatsachen beruht. Und dennoch war zumindest unser unbewusstes System 1 bereit, diese plausible Feststellung zu glauben, was zur Folge hatte, dass System 2 bewusst keine Einwände dagegen erhoben hat – oder ist Ihnen sofort die argumentative Unstimmigkeit aufgefallen?

Der Beweis der Konsequenzverneinung

Die nächste Fallgruppe zeigt, wie in Verhandlungen scheinbar mit logischen Schlüssen hantiert wird und man geneigt ist, das auch zu glauben. Es stellt sich aber dann heraus, dass man glatt getäuscht wurde: Hierzu ein nicht unumstrittenes juristisches Beispiel, mit dem man bei der Bewertung von Konkurrenten hantiert: Der Staatsanwalt erklärt, man warte die Erkenntnisse der Kriminalpolizei ab, ob in der Firma X die Vorschriften gegen den Insiderhandel (alternativ: unzulässige Wettbewerbsabsprachen) verletzt worden seien. Wenn der begründete Verdacht eines Insiderhandels nicht bestehe, wird die Kriminalpolizei auch gegen die Firma nicht weiter ermitteln. In Fällen wie diesem haben wir es mit folgender komplizierter Konstellation für den logischen Schluss zu tun, der allerdings auch logisch auf die falsche Fährte führen kann:

- Obersatz: Wenn A, dann B: Wenn Verdacht, dann Ermittlungen.
- Konkreter Sachverhalt: Nicht B, dann Nicht A: Wenn keine Ermittlungen, dann kein Verdacht.
- Schlussfolgerung 1: Keine Ermittlungen, also kein Verdacht (Nicht B, also Nicht A).

Ein Konkurrent kann nun versucht sein, eine »alternative« Schlussfolgerung 2 zu ziehen: Ermittlungen, also Verdacht (B, also A) – und das wird auch gezielt angesprochen, um sich eine bessere Wettbewerbsposition zu verschaffen. Mit Recht? An sich wird in der Grundkonstellation implizit ein Syllogismus zugrunde gelegt.

Aus dem Nichtvorliegen der Konsequenz wird dann das Nichtvorliegen der Ausgangsprämisse gefolgert. Dies ist ein logisch anerkannter Schluss:

- Wenn A, dann B: Wenn Waffen von der Firma W geliefert werden, werden die Kampfmaßnahmen fortgeführt.
- Nicht B → Nicht A: Die Kampfmaßnahmen haben aufgehört, also wurden keine Waffen geliefert.

Kann man aber nun soweit gehen und hier sogar sagen: B → A? Also: Die Kampfmaßnahmen werden weitergeführt, also wurden Waffen von der Firma W geliefert? Oder: Die Ermittlungen wurden geführt, also hat die Firma X die Gesetze verletzt? Diese Finte gibt es seit 2.000 Jahren und sie hat deswegen auch einen lateinischen Namen: »Semper aliquid haeret« (»Es bleibt immer etwas hängen«). Das geht zu weit, da es ja noch Waffenvorräte gegeben haben kann oder andere Waffen eingesetzt wurden bzw. die Firma X aufgrund der Ermittlungen ja auch völlig entlastet werden kann. Dieser Fehlschluss ist aber nur schwer bemerkbar. Und das macht die Gefährlichkeit dieser Argumentation aus. Dem Verhandlungspartner als Zuhörer, insbesondere seinem unbewussten System 1, wird ohne Protest des bewussten System 2 ein logischer Schluss vorgegaukelt, der letztlich nicht stimmt. Und damit ist er schon konsequent auf einen Holzweg geführt!

Derartige Fehlschlüsse werden z. B. im Management und bei Gewerkschaften bei Verhandlungen zur Vermeidung von notwendigen und überfälligen Restrukturierungen von Betrieben angeführt (vgl. Edmüller/Wilhelm, 2011: S. 65ff.): Wenn wir diese neuen Produktionsverfahren einführen, dann werden Tausende vom sozialen Abstieg bedroht werden (A → B). Wir sollten auf diese neuen Technologien verzichten, dann bleiben auch diese Tausende vom sozialen Abstieg verschont! (Nicht A → Nicht B). Dieser Schluss ist verfehlt, da möglicherweise ohne die Einführung neuer Produktionsformen die Konkurrenzfähigkeit vieler Betriebe der deutschen Wirtschaft vollends gefährdet wäre und dann erst recht für vermutlich noch mehr Arbeitnehmer der soziale Abstieg drohen würde. Mitarbeiter folgen aber bei Tarifverhandlungen und Betriebsvereinbarungen zur Rationalisierung und der Einführung neuer Produktionstechnologien exakt dieser Argumentation. Das fehlerhafte Angebot eines logischen Schlusses mit einer gezielten Abwandlung läuft also unbemerkt von System 1 und nicht aufgehalten vom bewussten System 2 glatt durch. Aus neurolingualer Sicht handelt es sich um den sog. »Endowment-Effekt« (vgl. Kahneman, 2014: S.356ff.). Dies zeigt eindrucksvoll, dass der Unterschied zwischen richtigen Rückschlüssen und manipulativen Fehlgriffen nicht groß ist. Das Gefährliche dabei ist, dass solche Fehlschlüsse selbst erfahrenen Verhandlern fahrlässig unterlaufen können, ohne dass sie in der Diskussion kritisiert werden, weil dies überhaupt nicht bewusst wird.

Der indirekte Beweis

Gerade bei arbeitsrechtlichen bzw. betrieblichen Verhandlungen wird dieser Beweis als elegant eingestuft, weil er von der Richtigkeit des Gegenteils als Annahme ausgeht und diese als unmöglich nachweist. Auf diese Weise kann die eigentliche Behauptung verifiziert werden. Der indirekte Beweis ist somit eine logische Schlusskette: Den Ausgangspunkt bildet die Unterstellung, die Tatsache (1) träfe zu. Es folgt nunmehr eine zwingende Schlussfolgerung, die mit dieser Ausgangsannahme völlig unvereinbar ist (2). Daraus resultiert die weitere Schlussfolgerung, dass die Ausgangsannahme unmöglich zutreffen könne (3).

Auch hierzu ein Beispiel: Toni wird beschuldigt, die bei ihm gefundene goldene Cartier-Uhr einem Vorgesetzten gestohlen zu haben.

(1) Bei der Anhörung zur Auflösung des Arbeitsverhältnisses weist sein Anwalt darauf hin, dass Toni sicher dann der Dieb sein könnte, wenn er sich zum angegebenen Zeitpunkt des Diebstahls im Betrieb befunden hätte.
(2) Dazu legt der Anwalt eine klar erkennbare Fotografie mit automatischer Datumsaufnahme vor: Demnach war Toni zum angegebenen Zeitpunkt etwa 100 km entfernt auf einer Dienstreise wegen Geschwindigkeitsübertretung »geblitzt« worden.
(3) Also könne er die Tat unmöglich begangen haben.

Die kognitive Wirksamkeit dieses indirekten Beweises beruht regelmäßig darauf, dass sowohl dem unbewussten System 1 als auch dem bewussten System 2 des Zuhörers ein Sachverhalt dargelegt wird, der völlig widersprüchlich ist. Dies löst eine Reaktion der Überraschung aus, die von außerordentlicher kognitiver Prägnanz ist: Womit ich nicht gerechnet habe, das muss ich lernen, um es beim nächsten Mal zu wissen – dies ist ein zentraler Satz der Lernpsychologie. Diese Information verankert sich daher massiv und trägt so – über den eigenen logischen Wert hinaus – zur Überzeugungsbildung bei (vgl. Kahneman, 2014: S. 96f.).

Der logische Alternativschluss: entweder – oder

Diese logische Figur beruht auf der Annahme, dass in einer bestimmten Situation entweder die Alternative a oder ihre Alternative b zur Anwendung kommen könnte. Ein klassischer Fall dieses Alternativschlusses ist die sog. Sunk Cost Fallacy – ein klassischer Managementfehler. Dazu mag die »teuerste Fehlinvestion der deutschen Wirtschaftsgeschichte« zählen, das Vorhaben des Stahlkonzerns ThyssenKrupp einen riesigen Stahlwerkskomplex in Brasilien zu bauen. Ab 2005 wurden für insgesamt 12 Milliarden Euro zwei Stahlwerke in Süd- und Nordamerika errichtet. Planungs- und Managementfehler, der Rückgang der Stahlpreise nach der weltweiten Finanzkrise 2008 und infolge der Überproduktion chinesischer Konkurrenten sowie massive Anlaufverluste führten zum Desaster. Es hätte nach Überzeugung der meisten Experten nicht erst 2017, sondern schon 9 Jahre früher in der Weltwirtschaftskrise beendet werden müssen. Zwar wären auch dann noch mindestens 4 Milliarden Euro verbrannt worden. Man scheute aber die Konfrontation mit dem klassischen Alternativschluss: Entweder ein Ende mit Schrecken (a) oder ein Schrecken ohne Ende und das Setzen auf das Prinzip Hoffnung (b). Das investierte Geld wurde zur Begründung der Fortführung des Projektes, selbst wenn es objektiv betrachtet keinen Sinn ergab. Und je mehr investiert wurde, also je größer die »sunk costs« gerieten, desto stärker war der Drang, das Projekt fortzuführen und die finale Blamage abzuwenden (vgl. Dobelli, 2015: S. 22; Thaler, 2018: S. 98f.; Beck, 2014: S. 182f.). Aus diesem Grund wurde der spätere CEO von ThyssenKrupp, Heinrich Hiesinger, ausdrücklich für die »alternativlose« Entscheidung gerühmt, endlich die Notbremse gezogen zu haben.

Ein mit einer solchen Situation konfrontierter Verhandler sollte daher sorgfältig die zentrale Prämisse des logischen Alternativschlusses prüfen – und zwar, ob nicht zumindest ein dritter Weg denkbar ist. Dies wäre in der Dialektik fast immer in Form der Synthese denkbar (vgl. Lay, 2001: S. 243f.). Ansonsten ist der Ausweg aus dem Alternativschluss klar: Wähle das geringere Übel (und bezeichne es als »alternativlos«).

Die »Indizienkette« oder der Kettenschluss

In einer Vielzahl von juristischen Fällen und auch in vielen anderen Verhandlungen ist es nicht möglich, die Lösung aus einfachen Wenn-dann-Beziehungen zu präsentieren. Häufig müssen mehrere dieser Wenn-dann-Beziehungen in einer Kette hintereinandergeschaltet werden, um die Lösung oder den Beweis zu finden.

Ein klassisches Beispiel dazu ist eine bekannte Argumentationssequenz aus der Akquise einer Immobilienfinanzierung: »Wenn sie frühzeitig Wohneigentum erwerben, dann zahlen Sie faktisch mit ihrer monatlichen Miete die Bausparfinanzierung ab. Wenn sie so vorgehen, dann wird mit jedem Monat die Schuldenbelastung niedriger und ihr Eigentum wächst. Wenn Sie dieses Modell nach 25 Jahren abbezahlt haben, dann haben Sie die wichtigste Ergänzung zu Ihrer Rente quasi automatisch geleistet: Sie müssen keine Miete im Alter zahlen. Wenn Sie aber dann keine Miete zahlen müssen, dann legen Sie heute schon die Grundlagen für einen sorgenfreien Ruhestand.« Dies alles belegt auch, dass logische Kettenschlüsse eine sehr wirksame Form der Überzeugungsbildung sein können. Es zeigt aber auch, wie der Kettenschluss letztlich logisch angegriffen werden kann: Es genügt, dass nur einer der dargelegten logischen Schlüsse als unzureichend oder falsch entlarvt wird, dann können ganze Beweisgebäude zum Einsturz gebracht werden. Was passiert etwa im Fall einer Ehescheidung (Risiko > 40 Prozent), von Arbeitslosigkeit (Risiko > 10 Prozent), Krankheit oder beruflich bedingtem Umzug (Risiko > 10 Prozent)?

Dennoch sind derartige Kettenschlüsse wegen ihrer Anschaulichkeit in vielen Verhandlungsszenarios beliebt. Ein logischer Schluss erzeugt den Eindruck kognitiver Leichtigkeit im unbewussten System 1 des Verhandlungspartners. Dies setzt sich bei einer Kette solcher Schlussfolgerungen dann fort, sofern sie sich in der ersten Analyse als plausibel darstellen. Solange sich die Schlussfolgerungen verständlich und kausal aneinanderreihen, besteht auch für das bewusste System 2 kein Anlass, die Ausführungen des Verhandlers kritisch zu analysieren: Beide Systeme schenken den Schlussfolgerungen Glauben – und der Verhandler hat den Verlauf im Griff. Der Clou der Indizienkette liegt also für Verhandler aber auch Verhandlungsgegner in der Tatsache, dass die einzelnen Schlussfolgerungen bei weitem nicht so logisch bzw. kausal sind wie angenommen. Ein eindringliches Beispiel dazu sind in der Investmentberatung die Verweise auf die bisherigen Erfolge eines Anlageberaters, die – als Indizienkette – geradezu zwangsläufig den künftigen Erfolg seiner Anlagestrategie nahelegen (vgl. Dobelli, 2015: S. 129ff.). Damit wird aber statt einer logischen Schlusskette eine manipulative Zukunftsspekulation zur Überzeugung des Verhandlungspartners als krönender Schluss einer Indizienkette angeboten – und häufig auch akzeptiert (vgl. Edmüller u. a., 2011, S. 73f.). Die Abwehrstrategie besteht also in einer nüchternen Analyse der Indizienkette: Was plausibel klingt muss noch lange nicht logisch überzeugend sein.

7.4.2 Argumente mit hohem Überzeugungswert

Die Argumente, die im Folgenden behandelt werden, erbringen – wie schon die Überschrift sagt – keinen vollen oder logisch gültigen Beweis für die damit vertretene These. Gleichwohl sind die meisten Menschen bereit, sie als Teil einer schlüssigen Gedankenführung zu akzeptieren und zwar ohne viel weiteres Nachdenken. Die Frage, ob das Argument mit einer mehr oder weniger großen Wahrscheinlichkeit zutrifft, wird allenfalls kurz gestreift. Ansonsten sind die Zuhörer bereit, das Argument als stichhaltig zu akzeptieren. System 1 und System 2 des Denkens im Verhandlungspartner akzeptieren also ein Argument als überzeugend, obwohl es dies bei nüchterner Betrachtung eindeutig nicht ist. Die Begründung hierfür liefert Kahneman (2014: S. 521ff.), indem er klassische – fehlerhafte – Denkmuster des unbewussten Systems 1 herausarbeitet. Am Beispiel des sog. »Rückschaufehlers« kann exemplarisch belegt werden, wie aus einem derartigen (unzulänglichen) Denkmuster ein wirksames – wenn auch fehlerhaftes und nur plausibles – Argumentationsmuster wird, das hohen Überzeugungswert besitzt (vgl. Kahneman, 2014: S. 247ff.; Dobelli, 2015: S. 57ff.): Das menschliche Unterbewusstsein konstruiert mit den beschränkten Informationen, die es besitzt, eine bestmögliche Geschichte und suggeriert, das wäre alles, was man über das Thema wissen müsste. Kahneman betont, dass es paradoxerweise leichter ist, eine kohärente Geschichte zu entwerfen, wenn man wenig weiß, weil man weniger Mosaiksteinchen zusammenfügen muss.

Das aktuelle Beispiel bildet die Weltfinanzkrise 2008. Man prognostizierte eine Zukunft mit strahlenden Aussichten – und 12 Monate später befand sich das weltweite Finanzsystem in einer Krise, die sämtliche Fachleute mit der Großen Depression der 1930er Jahre verglichen. Nur das Fluten der Märkte mit Kapital in einer zuvor nie gekannten Weise rettete das Weltwirtschaftssystem vor dem Kollaps. Viele behaupteten danach, dass sie schon vorher gewusst hätten, dass die Finanzkrise unvermeidlich kommen würde. Hunderttausende Ökonomen versuchten engagiert, die Zukunft der Wirtschaft zu analysieren – um daraus natürlich für sich Gewinn zu erzielen. Aber sie glaubten definitiv nicht, dass der Zusammenbruch der Weltfinanzwirtschaft (so bald) kommen würde. Die Krise war nicht vorhersehbar, denn eine große Expertengruppe ist dem sog. Rückschaufehler erlegen: Und wenn sich genau dieser Denkfehler des subjektiven Narrativs als Begründung in unzähligen Verhandlungen wiederfindet, dann zeigt dies eindrücklich, wie solche oberflächlichen Unzulänglichkeiten des unbewussten Denkens massenhaft nachwirken (vgl. Beck, 2014: S. 69ff.).

Der Verhandler argumentiert also so unzulänglich, wie er selbst denkt und da die Verhandlungspartner unbewusst die gleichen unzulänglichen Erkenntnisinstrumente im System 1 verwenden, stimmen sie mit den Argumenten des Verhandlers überein. Die Plausibilität und Akzeptanz einer Argumentation ist damit die Folge der Übereinstimmung der Denkmuster und Erkenntnisinstrumente von Verhandler und Verhandlungspartner. Ein Verhandler, der aber weiß, wie das unbewusste Denkmuster eines Verhandlungspartners typischerweise funktioniert, kann also gezielt die Eigenheiten, ja Schwächen dieser Denkmuster für seine Argumentation einsetzen – und die Verhandlungspartner werden ihm tendenziell Glauben schenken, weil sie genauso denken und genauso zu den vom Verhandler vertretenen Ergebnissen kommen. Es wird spannend sein, dies nun Argument für Argument in der Bedeutung für Verhandlungen zu analysieren.

Die Verwendung von Statistiken

Der Einsatz von statistischen Werten verschafft jedem Verhandler i. d. R. eine gewisse Glaubwürdigkeit beim Zuhörer. Gibt er noch dazu die Quelle an, so steigert dies die Wirkung seines Argumentes zusätzlich. Nun muss man nicht unbedingt ein Politiker sein, um den Satz zu kennen, den man Churchill zuschreibt: »Ich verwende nur Statistiken, die ich zuvor selbst gefälscht habe«. Gleichwohl akzeptiert ein Verhandlungspartner zumindest Statistiken mit Quellenangaben. Dem scheint ein Mechanismus im unbewussten System 1 zugrunde zu liegen, der intuitiv vorgibt: Zahlen sind Fakten, der Verhandlungsgegner hat sie noch dazu schwarz auf weiß. Wenn die Zahl – überschlägig geschätzt – plausibel scheint, dann wurde sie von Menschen erarbeitet, die zumindest rechnen können und sich damit befasst haben. Die Notwendigkeit, selbst rechnen zu müssen, wird damit in der Problemlösung unbewusst durch die Vorarbeit eines anderen ersetzt und vom eher trägen System 2 unbeanstandet »durchgewunken«.

Hinzu tritt ein weiteres Phänomen unseres unbewussten Systems 1 bei der Bewertung von Statistiken: Wie schon dargestellt beherrscht unser Unterbewusstsein statistische Berechnungen nicht (▶ Kap. II.3; vgl. Kahneman, 2014: S. 208ff.). Daher neigt das unbewusste System 1 dazu, die schwierige Frage nach der Wahrscheinlichkeit durch die Frage nach der Ähnlichkeit von zwei Sachverhalten zu ersetzen. Diese »heuristische Ersetzungsmethode« hat enorme Auswirkungen: Letztlich glaubt das Gehirn damit die Präsentation von glaubwürdig erscheinenden Zahlen, die es erst selbst analysieren müsste, um sie glauben zu dürfen. Es generiert damit nach Gigerenzer (2013: S. 47ff.) »einfache Lösungen für komplexe Probleme«. Dabei ist allgemein bekannt, dass Statistiken typische Fehlerquellen haben können, die ihren Wert erheblich vermindern oder sogar völlig beseitigen. Und wir wissen auch, dass die Bezugsfaktoren, auf die sich eine Statistik bezieht, einen Aussagewert massiv verändern können. Das unbewusste System 1 kann daher Statistiken völlig unterschiedlich bewerten – je nach dem Kontext, in dem diese präsentiert werden.

Ein Klassiker in Verhandlungstrainings ist die Verwendung von Statistiken im Pharmabereich. So kann bei einer Umfrage zu einem Vitaminprodukt festgestellt werden, dass die Zahl der Befragten, die erkältet sind, bei den Nutzern niedriger als bei den Nichtnutzern ist. Das arglose System 1 schließt daraus unmittelbar auf die gesundheitsfördernde Wirkung des Vitaminproduktes – und das System 2 hat nichts dagegen einzuwenden. Eine statistisch geschulte Person wüsste sofort, dass bei dieser sog. Beobachtungsstudie andere Faktoren überhaupt nicht berücksichtigt wurden. Dies kann etwa das Gesundheits- und Hygienebewusstsein bei den Vitaminkonsumenten allgemein sein. Mit drei einfachen Prüffragen kann daher in vielen Fällen bereits die Verhandlungswirkung solcher Statistiken deutlich relativiert werden (vgl. Gigerenzer, 2013: S. 30ff.; Rumsey, 2015: S. 40: Kahneman, 2014: S. 208ff.):

a) Sind die Begriffe/Sachverhalte, die statistisch gemessen werden, genau definiert?
b) Wurden hinreichend große Datenmengen für die Bewertung der Sachverhalte gesammelt?
c) Ist das Erhebungsverfahren für die Daten korrekt?

Der Einsatz von Autorität

Können Sie sich vorstellen, dass viele Millionen Menschen täglich fast bedenkenlos Autoritäten glauben? Obwohl gerade dies in der Schule von (antiautoritär geprägten) Lehrern als unzulässig eingepaukt wird. Tatsächlich haben wir aber Autoritäten für Sport, Politik, Gesundheit, Sicherheit, Internationales u. v. m. Der gezielte Einsatz von Autoritäten in Kommunikationssituationen ist also auch für die Verhandlungswissenschaft eine Selbstverständlichkeit. Der Verhandler, der sich auf Autoritäten zur Untermauerung der Plausibiltät seiner Argumente beruft, nutzt dabei – wie dargestellt – bereits ein Denkmuster des unbewussten Systems 1 gezielt aus, das zu verzerrenden Einschätzungen führt, den sog. Authority-Bias (▶ Kap. II.3). Dies gilt vor allem für Experten aus Wirtschaft und Wissenschaft sowie populäre Personen. Der Einsatz einer Autorität bzw. eines Experten für eine These wird dann dem bewussten System 2 wie folgt angeboten: Die Persönlichkeit N. N. ist ein Experte in einem der genannten Bereiche, seine Äußerungen sind also mit hoher Wahrscheinlichkeit zutreffend. Die Persönlichkeit N. N. erklärt, dass eine Aussage »A« in diesem Bereich zutrifft. Die Aussage »A« gehört zu dem Bereich, in dem N. N. Experte ist. Also (= Schlussfolgerung): Die Aussage »A« ist mit Sicherheit oder hoher Wahrscheinlichkeit zutreffend (vgl. Edmüller/Wilhelm, 2011: S. 123).

Eine weitere wissenschaftliche Begründung für das enorme, unbewusst wirkende Gewicht von Experten und Spezialisten liefert der Halo-Effekt (▶ Kap. II.3; vgl. Dobelli, 2015, S. 158ff.; Kahneman, 2014: S. 108ff.): Unser System 1 erliegt einer kognitiven Verzerrung im Hinblick auf den Eindruck von Menschen, Tatsachen und Kausalitäten. Es überträgt bestimmte – vor allem positive – Tatsachen, die es zu Personen kennengelernt hat, auf den Gesamteindruck dieser Personen. Die Assoziationsmaschine erzeugt so ein einfacheres und kohärenteres Bild der Wirklichkeit. Aus einer positiven Wahrnehmung wird so ein positives Gesamturteil zu allem, was diese Person sagt und tut: Sie ist ja eine Autorität (Cialdini, 2017: S. 277ff.).

Der Halo-Effekt ist eine der am besten untersuchten und vom Marketing auch gezielt eingesetzten »Affektheuristiken« überhaupt: Wer schön oder erfolgreich ist, muss immer schön oder erfolgreich sein und hat auf jeden Fall immer recht. Dies bringt den positiven Imageträgern Millionen an Werbeeinnahmen ein, die wir als Verbraucher messbar durch unseren Konsum finanzieren. Die Wirkung einer »Teil-Autorität« wird verallgemeinert und kann bewusst eingesetzt werden und das gilt natürlich auch in der Verhandlungswissenschaft – etwa beim Aushändigen von Prospekten mit Bildern entsprechender »Autoritäten«. Ein anderes Beispiel ist im Bereich der Erziehung, auch an der Hochschule, die Erkenntnis, dass aufgrund einer positiven (aber auch negativen) Voreinstellung des Prüfers zu einem Schüler oder Studierenden auch die künftigen Benotungen beeinflusst werden. Dies ist auch der eigentliche Grund für die Anonymisierung von Prüfungen.

Verwendung von Analogie

In vielen Fällen der Praxis schlägt der Verhandler für ein konkretes Problem vor, eine Lösung zu praktizieren, die in vergleichbaren Fällen erfolgreich war oder ist (vgl. Lutter, 2016: S. 150ff.). Gerade Vertriebsverhandlungen können so deutlich prägnenter geführt werden. So konnte etwa Teflon, das aufgrund seiner besonderen Eigenschaften bei Weltraumkapseln eingesetzt wurde, einprägsam auch für hitzebeständige Bratpfannen Verwendung finden. Sachlich-logisch gesehen wird folgendes Argumentationsschema angewendet:

- Die zu lösende Fallkonstellation (kein Anbrennen und kein »Festbrennen«) ist ähnlich der bekannten Fallkonstellation (Reaktionsträge, schwer brennbar, Einsatz im Weltraum).
- Fallkonstellation A wurde durch eine bestimmte Methode gelöst (Teflonbeschichtung). Die Methode ist also auch in Fallkonstellation B wirksam (Teflonpfanne).

Neben der abstrakt-logischen Analyse liefert auch hier erst die Wirtschaftspsychologie den eigentlichen Grund für die Attraktivität von Analogien im menschlichen Denken: Das unbewusste System 1 arbeitet permanent mit dem Denkmechanismus einer Verfügbarkeitsheuristik. Unbewusst werden gegebene Sachverhalte binnen Millisekunden daraufhin geprüft, ob sie bereits einmal gelöst worden sind. Ist dies nicht unmittelbar der Fall, ersetzt die Verfügbarkeitsheuristik diese durch eine andere, leichtere bzw. bereits gelöste Frage. Dabei wirken die erlebten oder aktuell gefühlten Emotionen unmittelbar auf den Entscheidungsprozess ein. So wird uns eine Welt subjektiv als aktuell erlebt präsentiert, die »viel geordneter ist als die Wirklichkeit« (vgl. Kahneman, 2014: S. 165ff.). Hier bieten Analogieschlüsse zu bereits bekannten, ähnlichen Sachverhalten eine bekannte Lösung zu einem ähnlichen Problem.

Die Verhandlungswissenschaft kann sich daher diesen Mechanismus zunutze machen, der seit Jahrtausenden praktiziert wird. Analogien sind gerade für kreative Berufe von hoher Bedeutung, weil sie zu Perspektivwechseln führen. Daher kann auch die Verhandlungswissenschaft von dieser Technik profitieren, da sie möglicherweise Perspektivwechsel auslösen kann, die – vom Verhandlungspartner akzeptiert – den Erfolg des Verhandlers signifikant steigern, wenn es ihm gelingt, sein Verhandlungsziel über eine Analogie als plausiblen Lösungsweg einer Verhandlung darzustellen. Dazu sollte er Analogien suchen, die drei Anforderungen erfüllen:

1. Je ähnlicher die Analogie der zu ersetzenden Lebens-/Problemfrage in der Verhandlung ist, umso besser, auch für die Akzeptanz unserer unbewussten »Analogiesuchmaschine« System 1.
2. Ist die Lösung der Analogie geeignet, die Argumentationsziele des Verhandlers zu unterstützen?
3. Ist die gesuchte Analogie nicht so schwach, dass ein Verhandlungsgegner möglicherweise mit einer sog. Gegenanalogie die eigene Verhandlungsstrategie entkräften kann?

Generell wird in der Verhandlungwissenschaft einer durch Analogie gefundenen Lösung hohe Bedeutung zugewiesen und dabei sogar als »kreative Heuristik« empfohlen (vgl. Pfetsch, 2000: S. 147). Ein bekanntes Beispiel aus politischen Verhandlungen ist dabei der analoge Einsatz von Lösungsformeln für Konflikte. So wurde als Basis der Friedensverhandlungen zwischen Israel und Ägypten 1979 die Formel »Land für Frieden« (unter Preisgabe der Sinai-Halbinsel) verwendet und darauf aufbauend 1994 zwischen Israel und Jordanien als analoge Lösung eingesetzt (vgl. Pfetsch, 2000: S. 146).

7.4.3 Plausible Argumente: Klassiker der Argumentationslehre und Dialektik

Die wohl eleganteste Form der Interessendurchsetzung ist die Argumentation. Sie kommt ohne physische Gewalt aus, führt nicht zu neuen Aggressionen oder Ressentiments und basiert nicht auf der Aufgabe eigener Vorteile – und sie dient einer optimierten Ergebnisfindung (vgl. Herrmann et al., 2012: S. 20). Die Vorbereitung einer gelungenen Verhandlung ohne die Beherrschung der wesentlichen Instrumente der klassischen Argumentationslehre muss daher defizitär bleiben. Daran mangelt es aber bei vielen »herkömmlichen« Leitfäden und Büchern zur »Verhandlungskunst« (vgl. Jeske, 1998 S. 149ff.; Schranner, 2016: S. 155ff.; Shapiro, 2018: S. 254ff.; Voeth/Herbst, 2015: S. 214). Nur wer die Argumentation beherrscht, wird überhaupt prüfen können, wie es gelingt, die Verhandlungspartner mit Argumenten emotional und auch rational zueinander zu bringen. Wer nicht fundiert argumentieren kann, nimmt sich daher den Verhandlungserfolg mit hoher Wahrscheinlichkeit selbst aus der Hand. Daher werden im Folgenden die wichtigsten typisierten Argumente eingehend behandelt.

Argumentum a priori

Begriff: Beweis mittels rein logischer, von der Erfahrung unabhängiger Gründe. Es handelt sich hierbei um das sog. »Kausalitätsargument«.

Anwendung in Verhandlungen: »Bei überhöhten Stickoxidwerten werden messbar die Atmungsorgane geschädigt – denken Sie nur an Bildung von Salpetersäure in der Luft, wenn sich Stickstoffdioxid mit Wassermolekülen verbindet. Die weitere Wirkung ist, dass gerade unzählige Lungenbläschen geschädigt werden können. Dies zeigt klar, dass manipulierte Dieselfahrzeuge schädlich sind.«

Funktionsweise des Arguments: Bei dieser Argumentation stellt der Verhandler eine Kausalbeziehung zwischen den durch die Wissenschaft festgestellten Tatsachen und seinem eigenen Verhandlungsziel her. Das Argument ist daher als ziemlich stark einzustufen.

Neurolinguale Bewertung: Auch aus Sicht der Psychologie spielt die Frage der Herstellung von Kausalitätsbeziehungen zwischen wahrgenommenen Phänomenen durch das unbewusste System 1 eine überragende Rolle in den Denkprozessen. Kahneman (2014: S. 100f.) weist allerdings darauf hin, dass das Unterbewusstsein dabei häufig voreilig kausales Denken einsetzt, obwohl statistische oder wirklich kausale Verknüpfungen tatsächlich so nicht existieren. Der Verhandler sollte daher zur Vermeidung logischer oder psychischer Trugschlüsse Vorsicht walten lassen: In der Praxis ist immer zu prüfen, ob die vorgetragene Kausalbeziehung tatsächlich gegeben ist. So ist die Geschichte der menschlichen Erkenntnis – gespickt mit Kausalitätsannahmen, die sich zwar als plausibel, im Endergebnis aber doch als falsch erwiesen haben.

Ein bekanntes Beispiel für falsche Kausalitätsannahmen ist eine Untersuchung zur Diskriminierung von Frauen an der Universität Berkeley. Diese Geschichte hat sogar als wissenschaftliches Beispiel für ein statistisches Fehlurteil Bedeutung (Simpson-Paradoxon, vgl. Edmüller/Wilhelm, 2011: S. 150f.). Eine Studie behauptete, dass 1973 an der Universität Berkeley weibliche Bewerber viel öfter abgelehnt worden seien als Männer und zwar in einem Volumen, das statistisch nicht mehr erklärt werden konnte (Ablehnungsfaktor bei Männern 56 Prozent, bei Frauen 65 Prozent). Die genaue Nachprüfung ergab aber keine Diskriminierung. Man hatte schlicht übersehen, dass es zwischen den Geschlechtern große Unterschiede in der Vorliebe für bestimmte Fakultäten gab – der Erfolg einer Bewerbung hing tatsächlich nicht mit dem Geschlecht, sondern mit den unterschiedlichen Zulassungsquoten der jeweiligen Fakultäten zusammen. Verhandlungen für einen modifizierten Gleichstellungsplan hatten sich damit erledigt.

Praxisempfehlung für die Verhandlungswissenschaft: Sie sehen also, dass es in vielen Disziplinen – von der Medizin bis hin zur Volkswirtschaftslehre – sehr schwierig sein kann, die richtigen Kausalketten oder Erklärungen zu finden. Der Verhandlungsgegner kann gerade bei guter Vorbereitung hier einhaken und den Vortrag buchstäblich ruinieren. Sorgfältige Recherche reduziert in jedem Fall entsprechende Risiken – und kann mit der richtigen Kausalitätsargumentation eine Verhandlung enorm positiv beeinflussen.

Argumentum e fortiori

Begriff: Beweis, dass die in Frage stehende Behauptung noch sicherer ist als eine bereits mit hinlänglicher Sicherheit bewiesene bzw. dass die Behauptung schon bewiesen ist.

Anwendung in Verhandlungen: »Jetzt gibt es schon unzählige Untersuchungsreihen in langen Jahren an vielen wissenschaftlichen, die beweisen, dass das Einatmen von Stickoxiden – etwa im Smog – schädlich ist. Müssen wir uns damit wirklich noch näher auseinandersetzen?«

Funktionsweise des Arguments: An sich klingt dieses Argument ganz plausibel. Aber Vorsicht: Nicht immer muss die angegebene Quelle auch auf den vorliegenden Verhandlungsgegenstand zutreffen.

Bei Dobelli (2015: S. 9ff.) findet sich ein einprägsames Beispiel: Um einen schönen, athletischen Körper zu bekommen, begann ein Börsenhändler regelmäßig zu schwimmen. Er hatte nämlich herausgefunden, dass alle Schwimmer im Fernsehen gut geformte Körper hatten, da Schwimmen ein Sport ist, der den gesamten Körper und seine Muskulatur bewegt. Nachdem er nach langem Schwimmen sein Spiegelbild überprüfte, musste er feststellen, dass aus ihm kein Athlet geworden war. Da bemerkte er seinen Fehler. Seine Annahme war gewesen: Es ist erwiesen, dass Schwimmen den ganzen Körper trainiert. Dies führt zu einem ansehnlichen

Körperbau, wie man ihn sonst vielleicht nur durch qualvolles Bodybuilding erreichen kann. Er musste allerdings feststellen, dass die Kausalität völlig anders war: Sportler, die athletisch gebaut sind – also eine entsprechende Veranlagung besitzen –, können gute Schwimmer werden. Sie sind also nicht athletisch, weil sie viel schwimmen – nein, weil sie athletisch sind, sind sie exzellente Schwimmer.

Neurolinguale Bewertung: Der Börsenhändler hat also – wie viele Konsumenten – statt von einer Ursache auf die Wirkung fehlerhaft von der Wirkung auf die Ursache geschlossen – und das unbewusste System 1 hat ihm (unbeanstandet von System 2) einen Streich gespielt, der erneut damit zu tun hat, wie das unbewusst arbeitende System 1 Kausalitäten konstruiert. Dabei können Ursache und Wirkung allerdings verwechselt werden, dann kann man einer sog. »Kausalitätsillusion« erliegen und das in einem Ausmaß, dass der Proband völlig davon überzeugt ist, das Richtige wahrgenommen und die richtigen Schlüsse gezogen zu haben. Psychologen haben diesen Effekt auch nachgewiesen und festgestellt, dass die Probanden diese fehlerhafte Kausalität sogar buchstäblich sehen konnten – so stark war das Unterbewusstsein vom Erlebten und daraus Gefolgerten überzeugt.

Praxisempfehlung für die Verhandlungswissenschaft: Als Verhandler sollten Sie sich bewusst sein, dass Kausalitätsillusionen manipulativ sind. Wir neigen dazu, kausales Denken unsachgemäß anzuwenden. Augenscheinlich muss man zugestehen, dass Kausalitätsillusionen bedenkenlos in der modernen Kommunikation eingesetzt werden, etwa in der täglichen Werbung. Was Dax- und Dow-Jones-Konzerne im Marketing und in Verhandlungen tun, kann nicht falsch sein – oder? Ich bin daher Realist und prophezeie, dass wohl viele Verhandler der Versuchung erliegen werden, hieraus süßen – wenn auch zweifelhaften – Honig zu saugen. Seien sie sich aber bewusst: Ihr Gegenspieler kann Sie durchschauen und Ihre Argumentation zerpflücken.

Argumentum e contrario

Begriff: Beweis durch den Nachweis der Falschheit des Gegenteils.

Anwendung in Verhandlungen: »Stickoxide schädigen nicht die Gesundheit? Warum gibt es dann seit Jahrzehnten nachweislich unzählige Fälle von Atemwegserkrankungen aufgrund von Smog und Stickoxid-Ausstoß?«

Funktionsweise des Arguments: Der Beweis des Gegenteils bzw. der Falschheit des Gegenteils ist eine wichtige Argumentationsform, die gerade bei Justizverhandlungen eine Rolle spielen kann. An sich wählt man dabei einen Kunstgriff: Man versetzt sich in die Position des Gegners und stellt gerade dessen Behauptung auf. Damit steht fest, dass der Verhandler in dieser Situation gar nichts beweisen müsste. Er wechselt ja geradezu die Seite. Die Wirksamkeit der Beweisführung zeigt sich aber dann, wenn nun gerade die Tatsachen angegriffen werden, die diese Gegenbehauptung stützen sollen: »Ist es gesund, wenn Exponierte von Stickoxiden bzw. am Smog sterben oder unheilbare Schäden davontragen?« Auf diese Weise kann die Überzeugungskraft der Gegenbehauptung massiv erschüttert, wenn nicht sogar beseitigt werden. Damit umfasst das Argumentum e contrario zwei Alternativen:

a) den Beweis des Gegenteils durch eine sog. indirekte Beweisführung (reductio ad absurdum). Hier wird die zu beweisende Tatsache dadurch bestätigt, dass man belegt, dass ihr genaues Gegenteil nicht existieren kann. Dies setzt voraus, dass ein Sachverhalt besteht, in dem eine Tatsache entweder gegeben ist oder nicht gegeben sein kann. Ist also das Gegenteil der Tatsache definitiv nicht gegeben – muss die Tatsache vorliegen. Ein Beispiel dazu bietet das Plädoyer eines Verteidigers (vgl. Edmüller/Wilhelm, 2011: S. 92): »Nach den Feststellungen des kriminaltechnischen Instituts steht fest: Entweder das Opfer wurde vergiftet oder es ist mangels äußerer Einwirkungserscheinung eines natürlichen Todes gestorben. Man hat bei der sorgfältigen Obduktion keinerlei Giftrückstände im Leichnam gefunden. Also kann das Opfer nur eines natürlichen Todes gestorben sein.«
b) die Erschütterung der Gegenbehauptung durch ein Gegenbeispiel. Der Verhandler gewinnt hier die Argumentationshoheit, indem er das Gegenargument erschüttert: »Es gibt aber eine Unzahl von Menschen, die in modernen Städten uralt werden und sich dort auch wohlfühlen. Der Luftzustand kann also auf keinen Fall für Gesundheitsschäden herhalten, so wie sie behaupten!« Die Methode ist an sich sehr wirkungsvoll. Der Verhandler kann zwar keinen exakten Gegenbeweis führen, aber er kann mit einem treffenden Gegenargument operieren. Damit hat die Methode aber auch ihre Tücken. So können bei ihrer Anwendung im Hinblick auf die Hauptbehauptung des Verhandlers mindestens zwei Fehlschlüsse unterlaufen:
   1. Der eine Fehlschluss kann dann passieren, wenn man für eine bestimmte Tatsache (Gesundheitsschäden durch Luftverschmutzung über Stickoxide) nur eine einzige Ursache identifiziert – konkret »Stickoxide über dem Grenzwert«. Dabei wird übersehen, dass – obwohl die These »Man kann durch Luftverschmutzung bleibende Gesundheitsschäden davontragen« richtig ist – diese Kausalität nicht unbedingt eintreten muss. Wenn es stimmt, dass vermutlich 90 Prozent der Menschen, die »verschmutzte Stadtluft konsumieren«, keine bleibenden Schäden erleiden, dann stimmt der direkte Beweis des Gegenteils jedenfalls nicht. Es muss dann andere notwendige zusätzliche Bedingungen geben, die zu Gesundheitsschäden führen (was ja auch stimmt, etwa die subjektive Veranlagung zu Atemwegserkrankungen). Dieser Fehlschluss der »Konsequenzbestätigung« (Edmüller/Wilhelm, 2011: S. 65) ist allerdings oft hervorragend »versteckt« und nur mit einiger Mühe zu finden. Wir müssen uns daher nicht wundern, wenn eine unvorbereitete Gegenseite ihn nicht bemerkt; ihr unbewusstes System 1 hat ja eine Kausalität präsentiert bekommen, die so plausibel ist, dass es gar nicht auf die Idee kommt, hier könnte etwas nicht richtig sein.

2. Der zweite Fehlschluss kann ebenfalls an diesem Beispiel demonstriert werden. Er wird der »Fehlschluss der Bedingungsverneinung« genannt (Edmüller/Wilhelm, 2011: S. 62ff.). Demnach ist es gefährlich zu glauben, dass eine angesprochene Folge (Atemwegserkrankung) dann nicht eintritt, wenn man die im Argument angesprochene Ursache (Stickoxidemissionen über Grenzwert) vermeidet. Man sollte nicht vergessen, dass es auch andere Ursachen geben kann, die zur angesprochenen Folge (Atemwegserkrankungen) führen. Auch solche Fehlschlüsse können in einem an sich plausiblen Argument so versteckt werden, dass der Verhandlungsgegner diesen Fehlschluss nicht bemerken muss.

Neurolinguale Bewertung: Die dargestellten Mechanismen belegen, dass wir das Argumentum e contrario ebenfalls zu den potenziellen Kausalitätsillusionen zählen müssen. Eine Tatsache oder eine Erfahrung als Folge eines Ursache-Wirkungs-Szenarios zu sehen, ist unserem unbewussten System 1 wohl schon evolutionär in unsere Denkmechanismen eingebaut worden. Kahneman (2014: S. 102) berichtet von Untersuchungen, die zeigen, dass schon sechs Monate alte Säuglinge solche Ursache-Wirkungs-Mechanismen praktizieren. Bereits in diesem Alter zeigen also Menschen die Veranlagung, »Eindrücke« von Kausalität zu haben und diese sind bei einem Kind auf keinen Fall davon abhängig, ob es über das Kausalitätsmuster nachdenkt. Das unbewusste System 1 arbeitet von Anfang an so! Man kann davon ausgehen, dass dieser Mechanismus auch deshalb eine so große Rolle für unser Denken spielt, weil er das Lernen als einen der wichtigsten Denkprozesse überhaupt erst ermöglicht.

Praxisempfehlung für die Verhandlungswissenschaft: Für die Verhandlung und die Frage, ob ein Verhandler das Argumentum e contrario verwenden sollte, ergibt sich ein klares Ja! Es ist das aus Verhandlungen in der Gerichtspraxis nicht wegzudenken, weil es ein legitimes Instrument einer Partei ist, durch die Erschütterung von Tatsachen des gegnerischen Vortrages die eigene Position zu stärken. Dadurch kann auch ggf. der entscheidende Gegenbeweis argumentativ vorbereitet werden, der dann endgültig sticht. Noch dazu sind in vielen Fallkonstellationen die damit angesprochenen Kausalitätsbeziehungen tatsächlich formulierbar.

Argumentum a posteriori

Begriff: Hierbei handelt es sich um einen auf Erfahrung gestützten Beweis.

Anwendung in Verhandlungen: »Jeder, der schon einmal einige Minuten in einer Abgaswolke eines stinkenden Dieselfahrzeugs gestanden hat, merkt, wie sich das auf die Lunge schlägt, man einen Hustenreiz bekommt, ja sogar Erstickungsanfälle drohen und man schnellstmöglichweg weg will. Das passiert aber vielen Anwohnern stundenlang jeden Tag!«

Funktionsweise des Arguments: Der Beweis dadurch, dass konkrete, auf der Erfahrung basierende Beispiele in die Diskussion eingebracht werden, zählt zu den beliebten Instrumenten der Argumentation in Verhandlungen. Dies geht zumindest in der deutschen (und wohl auch europäischen) Schultradition im Wesentlichen darauf zurück, dass die Präsentation von Beispielen für eine These zwingend die Textform der Erörterung bzw. des Besinnungsaufsatzes prägt. Millionen von Abiturienten kannten und kennen daher im Schlaf die Aufbautrias: These – Argument – Beispiel (vgl. Shapiro, 2018: S. 254f.). Für eine These kein Beispiel, insbesondere keines aus der Erfahrung anführen zu können, war gleichbedeutend mit einem schweren inhaltlichen Fehler des Schulaufsatzes – die Bedeutung des Beispiels hat sich daher in das Erfahrungsgedächtnis fast jedes Verhandlers eingeprägt. Entscheidend für die Bewertung eines Beispiels (aus Erfahrung) ist die Prüfung, ob das Beispiel tatsächlich die in der These aufgestellte Behauptung repräsentiert und unterstützt. Ist das Beispiel in der Wahrnehmung des »objektiven Verhandlers« »typisch« und repräsentativ, so kommt ihm eine erhebliche Wirkung bei der Überzeugungsbildung zu (vgl. Edmüller/Wilhelm, 2011: S. 178f.). Durch ein Beispiel wird induktiv die allgemeine Richtigkeit einer Annahme bzw. These belegt. Daraus ergeben sich wichtige Kriterien dafür, ob ein Beispiel tatsächlich als wirksam eingestuft werden kann:

a) Gibt es ein Gegenbeispiel? Dann ist das Beispiel in seiner Wirkung erheblich erschüttert bzw. völlig untauglich (es würde dann nämlich das Argumentum e contrario vom Gegner verwendet werden).
b) Ist das Beispiel allgemein genug; kann es daher (auch statistisch gesehen) als repräsentativ eingestuft werden? Hier bestehen enge Beziehungen zum statistischen Beweis als solchem.
c) Ist die gezogene Schlussfolgerung präzise genug, um einen induktiven plausiblen Zusammenhang herstellen zu können? Der Verhandler sollte sich vor allzu weiten Schlussfolgerungen hüten, für die er sein Beispiel verwendet. So kann etwa das obige Beispiel nicht dazu verwendet werden, das Verbot von Dieselmotoren zu fordern. Hier könnte sofort mit dem Gegenbeispiel gekontert werden, dass ein »Clean-Tec-Diesel« im Hinblick auf CO2-Emissionen und sonstige Luftverschmutzung bei einer Gesamtrechnung eine ernste Konkurrenz für Hybrid-Motoren darstellt.

Neurolinguale Bewertung: Die rhetorische Wirkung von Erfahrungsbeispielen hängt eng mit der Bedeutung von Erinnerungen für das assoziative Denken zusammen. Es ist eine gesicherte Tatsache, dass das unbewusste System 1 solche Geschichten oder in Geschichten verpackte Erfahrungen bei weitem besser erinnert als die Aufzählung abstrakter, nackter Tatsachen und Formeln. Die »Abrufleichtigkeit von Erinnerungen, ihre Anschaulichkeit und die Leichtigkeit der Imagination« tragen wesentlich dazu bei, welches Entscheidungsgewicht einem Sachverhalt zur unbewussten Entscheidungsfindung durch das System 1 beigemessen wird (vgl. Kahneman, 2014: S. 404). Hinzu kommt, dass das angesprochene unbewusste System 1 mit der abgerufenen Erinnerung vergleichbare Emotionen verbindet, die vom Verhandler ebenfalls gezielt adressiert werden können. Der schon dargestellte Mechanismus der sog. »Affektheuristik« wirkt für solche Beispiele geradezu wie ein »Wirkungsbeschleuniger« in Richtung unbewusstes System 1 des Verhandlungsgegners im Hinblick auf die These, die der Verhandler mit diesem Erfahrungsbeispiel untermauern will.

Praxisempfehlung für die Verhandlungswissenschaft: Sollte der Verhandler für seine Hauptthesen und -anliegen kein Beispiel anführen, wäre dies ein Alarmzeichen für einen äußerst schwachen Argumentationsaufbau. Das Einbringen von erlebten bzw. erfahrbaren Beispielen ist in Verhandlungen ein unabdingbares argumentatives Instrument, um das Anliegen des Verhandlers deutlich zu unterstützen. Häusel (2015: S. 152) fordert: »Nutzen Sie Geschichten, um Ihre Argumente im Kundengehirn zu verankern.« Gerade ein Beispiel, das der Verhandler kennt (weil es etwa populär ist), kann das unbewusste System 1 des Verhandlungspartners gezielt in eine vom Verhandler gewünschte Richtung bringen. Dies gilt sowohl für eine positive als auch für die negative Unterstützung seiner Thesen.

Argumentum ad oculos

Begriff: Beweis durch Berufung auf den Augenschein.

Anwendung in Verhandlungen: »Man muss sich nur die Fallzahlen bei den Spezialkliniken für Atemwegserkrankungen und der Krankenkasssen anschauen, um zu der Überzeugung zu gelangen: Stickoxide in der Atemluft sind schädlich!« oder »Dieser Vorstandschef hat 10 Jahre nur positive Quartalsergebnisse verkündet – er muss daher ein exzellenter Wirtschaftsfachmann sein.«

Funktionsweise des Arguments: Der Hinweis auf ein augenscheinliches Verhalten stellt eine sehr beliebte Argumentationsform der täglichen Praxis dar, auch und gerade bei Verhandlungen aller Art. Gerade die angeführten Beispiele zeigen ihre Relevanz: Selbst in seriösen Fernsehsendungen können Sie Kommentare hören, in denen der Kauf oder Verkauf von Aktien aufgrund der Tatsache empfohlen wird, dass das Management eines Unternehmens »erfahrungsgemäß« oder »offensichtlich« richtige Entscheidungen treffen würde. Damit ist die Struktur der Argumentation folgende: Was man an belegbaren Beispielen in der Vergangenheit augenscheinlich erlebt hat, das gilt auch in der Zukunft bzw. allgemein. Letztlich leitet man (= induziert) so die Zukunft aus Beobachtungen der Vergangenheit ab. Dieser Induktion liegt damit die bekannte Kausalität der Erfahrung zugrunde: Was einmal passiert ist, das wird sich auch in Zukunft ereignen und daher ist es richtig, bestimmte daraus resultierende Konsequenzen zu unterstellen oder zu ziehen.

Es gibt allerdings eine Reihe von Fehlschlüssen, die »aus Erfahrung oder dem Augenschein« gemacht wurden und geradezu legendär sind für ihre paradoxen Konsequenzen. Es gibt einen ganzen Kriminalitätszweig, der diese induktiven Mechanismen des Augenscheins gezielt ausnutzt und mit den entsprechenden Verhandlungen Kunden um ihr Vermögen bringt, das sog. Schneeballsystem. Wirtschaftskriminelle gaukeln dabei Anlegern vor, dass sie ein vollkommen sicheres und profitables Anlagesystem hätten. Dabei wird auf bisherige Investoren verwiesen, die hohe Dividenden erhalten haben (Augenschein des Erfolges); durch erste Dividendenzahlungen an neue Anleger wird auch diesen »augenscheinlich« die Profitabilität gezeigt, wobei diese Dividenden aus deren eigenem Kapital zurückbezahlt wurden! Das macht aber nichts, wenn man weitere neue Investoren über Empfehlungen und angebliche Erfolgsstorys gewinnen kann. Auf diese Weise kann man über Jahre immer mehr Kapital einsammeln – von dem durchschnittlich zwei Drittel für private Zwecke des Verbrechers abgezweigt werden. Der bislang größte Fall war der sog. »Madoff-Skandal« in den USA (vgl. Kilian, 2009: S 285 ff.).

Die Verwendung des induktiven Anscheins kann also fehlschlagen – und ein erfahrener Verhandlungspartner wird hier mit den eigentlichen Einwendungen ansetzen und damit punkten. Für Verhandler und Verhandlungspartner bedeutet dies: Die Zulässigkeit des induktiven Schlusses muss sorgfältig vorab geprüft werden. Gerade die Frage nach einer ausreichenden Zahl von beobachteten Fällen ist sehr wichtig, um voreilige Schlüsse zu vermeiden. Man sollte also anhand der möglichen Konsequenzen einer solchen Entscheidung festlegen, wie umfangreich die dafür erforderlichen Informationen sind und der eigenen intuitiven Induktion gründlich misstrauen. Man spricht hier auch vom Risiko der voreingenommenen Statistik (vgl. Edmüller/Wilhelm, 2011: S. 104ff., 110ff.). Dem kann nur durch sorgfältige Recherche und breites Hintergrundwissen entgegengewirkt werden.

Neurolinguale Bewertung: Die rhetorische Wirkung von augenscheinlichen Beweisen ist enorm. Das hier aktivierte Denkschema repräsentiert nämliche eine der zentralen Lernregeln unseres unbewussten System 1: Was ich persönlich gesehen und erlebt habe, das gilt auch für künftige Situationen. Denken Sie dabei nur an folgende Regeln: »Heiße Herdplatte ...«, »Wo ein Ball rollt, ...«, »Aus Schaden ...«. Ich kenne kaum jemanden, dem nicht beim Lesen des ersten Halbsatzes durch das unbewusste System 1 auch der vollständige Satz kognitiv eingespielt wurde. Unser unwillkürliches Verhalten beruht zu einem großen Teil gerade auf diesem Lernschema – und das mit Recht! »Aus Erfahrung wird man klug«, dieser Grundsatz prägt unser erlerntes Denkverhalten und damit auch die unbewussten neuronalen »Entscheidungsverknüpfungen«. Die Verwendung eines Sachverhaltes mit »augenscheinlicher Wirkung« löst damit einen Lernautomatismus aus, der unmittelbar aus dem konditionierten, unbewussten Denken aktiviert wird. Der Verhandlungspartner als Zuhörer lernt den Sachverhalt und erinnert sich – und gerade das führt bereits tendenziell zu einer »höheren Bewertung« des Erinnerten für das aktuelle Denken und aktuelle Entscheidungen (vgl. Kahneman, 2014: S. 477ff.). Hinzu kommt die bereits erwähnte »Abrufleichtigkeit von Erinnerungen« (vgl. Kahneman, 2014: S. 404ff.), die das Entscheidungsgewicht von Augenscheinlichem verstärkt. Dabei kann man davon ausgehen, dass die Präsentation eines einprägsamen, geradezu kollektiven Augenscheines bei der Mehrheit der Geschäftspartner als Gesamtheit zu einer kollektiven Erinnerung führt – was eine deutliche Affektsteigerung zugunsten der Aussagen des Verhandlers auslöst.

Praxisempfehlung für die Verhandlungswissenschaft: Das Argumentum ad oculos ist für jeden Verhandler ein wichtiges Instrument. Die Bedeutung des »Beweises des ersten Anscheins« für die gerichtliche Verhandlungspraxis belegt seine hohe Effektivität. Diese Wertschätzung gilt daher für alle denkbaren Formen der Verhandlung. Insbesondere eine augenscheinliche Darlegung, die der Mehrheit bekannt ist, kann gerade darauf basierend einzelne Verhandlungspartner gezielt beeinflussen.

Argumentum ad traditionem/antiquitatem

Begriff: Beweis durch Althergebrachtes.

Anwendung in Verhandlungen: »Es ist doch nicht erst seit heute bekannt, dass Stickoxide schädlich sind. Seit langem kennt man ja auch die Salpetersäure, die sich in feuchter Luft aus Stickoxiden bilden kann und sauren Regen verursacht«.

Funktionsweise des Arguments: Wir tun etwas, weil wir es schon immer so gemacht haben. Wer kennt nicht dieses Argument, nicht nur in der Auseinandersetzung mit den Eltern oder wenn es um Arbeitsabläufe geht: Man wird mit einer Regel konfrontiert und hält diese für falsch oder zumindest diskussionswürdig, gleichwohl erhält man die Antwort: Die Regel gilt, weil sie schon immer galt. Vielen mag sich bei so viel Traditionalismus Widerwillen zeigen. Dabei wird allerdings etwas i. d. R. unausgesprochen mitformuliert: Die Regel gilt nicht nur, weil sie schon immer galt – sondern weil sie auch schon immer funktionierte! Damit ist der eigentliche Kern des Argumentes angesprochen. Ein Beispiel dazu: Weil wir bei gefährlichen Vorgängen keinen Alkohol trinken, trinken wir ihn auch nicht im Straßenverkehr. Das Arbeiten mit einem Mähdrescher auf dem Feld ist dem Straßenverkehr vergleichbar. Also gilt auch hier die Regel: Kein Alkohol, damit auch mit dem Mähdrescher keine Unfälle passieren. Der Verhandler versucht so, seine eigene Glaubwürdigkeit zu verstärken, weil er auf die Gültigkeit einer bestimmten Regel verweisen kann. Damit wird die Beweis- und Argumentationslast auf den Verhandlungsgegner verschoben. Es liegt nun bei diesem, zu belegen, dass

a) die Situation eine völlige andere ist als die, für die die Regel aufgestellt wurde oder
b) die Regel falsch ist, weil dem Vorgang eine andere Regelphilosophie zugrunde liegt. So etwas ist durchaus denkbar. Das berühmteste Beispiel für eine neue Regel, die vieles Vorherige komplett über den Haufen warf, ist die Entdeckung des heliozentrischen Weltbildes durch Nikolaus Kopernikus – die kopernikanische Wende.

Neurolinguale Bewertung: Die allgemein große Wirkung des »Traditionsargumentes« lässt sich vor allem aus drei Faktoren der unbewussten Denkmechanismen erklären:

a) Mere-Exposure Effekt: Bereits mehrfach wurde darauf eingegangen, dass das menschliche Denken auf gelungene Wiederholung positiv reagiert und dieser Effekt das weitere Denken positiv beeinflusst (vgl. Kahneman, 2014: S. 90ff.) Zajonc (2001, S. 226) weist zu Recht darauf hin, dass der positive mentale Effekt der Wiederholung evolutionär begründet sei. In einer oftmals gefährlichen Welt zu überleben, bedeutet Vorsicht vor neuen Reizen und nachlassende Vorsicht, wenn der neue Reiz keine Bedrohung darstellt. Reize ohne negative Erfahrung würden dann als Sicherheitssignal eingestuft und Sicherheit sei mental im Unterbewusstsein definitiv positiv bewertet. Damit ist die positive Bewertung einer traditionell geltenden Regel erklärt: Sie schafft schlicht aus Erfahrung Sicherheit, die das Unbewusste grundsätzlich als positiv bewertet und für das weitere Denken zugrunde legt.
b) Wie bereits erläutert wird die positive Wirkung einer Information dann unbewusst in unserem System 1 verstärkt, wenn sie ohne größere kognitive Beanspruchung registriert werden kann. Je besser also die kognitive Leichtigkeit im Hinblick auf eine Mitteilung des Verhandlers funktioniert, umso weniger wird sie vom Verhandlungspartner misstrauisch aufgenommen.
c) Die Wirkmächtigkeit des »Traditionsargumentes« wird durch folgenden Mechanismus zusätzlich unterstützt: Wie wir ebenfalls bereits wissen, arbeitet das unbewusste System 1 bei der Konfrontation mit neuen Informationen und Fragestellungen gerne mit dem sog. heuristischen Mechanismus der Ersetzung von Fragen durch eine leichtere Frage oder einen leichteren Erkenntnismechanismus. Das kognitive Prinzip der Ersetzung mit folgender Lösung lautet: »Wenn du ein Problem nicht lösen kannst, dann gibt es ein einfacheres Problem, das du lösen kannst: Finde es« (vgl. Kahneman, 2014: S.128). Der gedankliche Mechanismus der Problemlösung zieht also auch bekannte Problemstellungen und ihre traditionellen Lösungen in Erwägung, weil sie als bekannt und bewährt dem Unterbewusstsein und seinen Denkmechanismen vorliegen.

Praxisempfehlung für die Verhandlungswissenschaft: Auch hier kommen wir also zu dem Ergebnis, dass eine Argumentationsform, die von der Philosophie oder dem rationalen Geist überwiegend abgelehnt wird, aus verhandlungswissenschaftlicher Sicht ein wirksames Instrument sein kann. Denn das unbewusste System 1 verwendet bei der intrinsischen Sachverhaltslösung mindestens drei Denkregeln, die gezielt den Einsatz bekannter »traditioneller« Lösungswege bevorzugen und sogar signifikant emotional verstärken. Was Econs (also abstrakten Denker) bezweifeln, spielt gerade für die Masse der Humans und damit den Verhandlungspartner eine ganz andere und enorm wichtige neurolinguale und damit psychische Rolle.

Argumentum e consensu gentium/ad populum

Begriff: Beweis unter Berufung auf einen allgemeinen Konsens über die Wahrheit der Behauptung.

Anwendung in Verhandlungen: »Jedes Kind lernt es bereits in der Schule, jeder Erwachsene lernt es in der Fahrschule, dass Stickoxide schädlich sind.«

Funktionsweise des Arguments: Diese Argumentationsform stellt an sich eine Steigerung der Argumentation mit Erfahrungen (Argumentum a posteriori) dar. Hier beruft sich der Verhandler nicht nur auf eigene Erfahrungen oder solche des Zuhörers – der Redner bedient sich der kollektiven Erfahrungen ganzer Gruppen, ja sogar Völker! Diese Argumentationsführung ist mindestens genauso anfechtbar wie diejenige des Argumentum a posteriori: Wenn 50 Millionen Menschen glauben, dass die Erde eine Scheibe ist, bleibt sie dennoch eine Kugel. Die Sache wird jedoch kompliziert, wenn die Argumentation etwa in einem Kontext stattfindet, bei dem das Phänomen des Herdentriebs die Wirksamkeit bestimmter Schlussfolgerungen beeinflusst. Wir sind dann bei einem der wichtigsten soziopsychologischen Phänomene: Wovon die Mehrheit einer – wirtschaftlich relevanten – Gruppe überzeugt ist, das ist letztlich gültig oder auch für die Überzeugungsbildung in der Verhandlung als relevant zugrunde zu legen. Es ist das Prinzip der sozialen Bewährtheit (Social Proof). Cialdini (2017: S. 163ff.) beschreibt dies eingehend. Das Argumentum ad populum darf daher in seiner modernen Ausprägung auf keinen Fall unterschätzt werden, da seine praktische Wirkung enorm ist: Auch Häusel (2015: S. 113) weist ihm in der Verkaufspsychologie eine enorme Wirkung zu, etwa bei der messbaren Attraktivität von benachbarten Restaurants – sich an der Mehrheit der Kunden auszurichten, spart Energie beim Denken, macht Entscheidungen schneller und auch sicherer. Dieser Entscheidungs- und Vertrauensmechanismus ist deshalb tief in unserem Gehirn verankert. Entscheidend für die Verwendung eines solchen Argumentes ist daher die konkrete Verhandlungssituation: Ist ein solches Argument in der Wahrnehmung des angesprochenen Verhandlungspartners repräsentativ, so kommt ihm eine erhebliche Wirkung zu – vergleichbar der Akzeptanz eines gemeinsamen Beispieles (vgl. Edmüller/Wilhelm, 2011: S. 178f.).

Neurolinguale Bewertung: Zur Erklärung der Wirkung des »Volksarguments« sind wieder die Denkstruktur sowie die unbewussten Assoziationsmechanismen des Systems 1 heranzuziehen. Dabei spielen mehrere Faktoren der unbewussten Denkmechanismen eine erhebliche Rolle. Die moderne Verhaltenswissenschaft hat dazu mindestens zwei wichtige Phänomene beschrieben: Es handelt sich um die verwandten Phänomene des Social Proof und des Groupthinking (vgl. Dobelli, 2015: S. 17ff., 101ff.; Cialdini, 2017: S. 193f.). Die Idee des Social Proof ist wesentlich verbunden mit dem sog. Solomon-Asch-Experiment (vgl. Kahneman, 2014: S. 117ff.): Unter dem gezielt falschen Meinungseinfluss dritter Personen beginnt eine Versuchsperson ihre eigentliche Meinung zu Tatsachen, etwa der Länge von gezeigten Strichen, messbar zu verändern. In 30 Prozent der Fälle wird selbst bei einfachen Beispielen die (falsche) Auffassung der Gruppe übernommen.

Praxismpfehlung für die Verhandlungswissenschaft: Das verhandlungswissenschaftliche Urteil zum Argumentum e consensu gentium/ad populum ist provokant. Es handelt sich um eine Argumentationsform, die zwar von der Argumentationslehre oder dem rationalen Geist überwiegend abgelehnt oder als schwach wirkend verworfen wird. Gleichwohl muss sie aus verhandlungswissenschaftlicher Sicht als ein potenziell sehr wirksames Instrument eingestuft werden. Das Ergebnis der neurolingualen Bewertung ist eindeutig: Der Mustertyp des rational-vernunftbetonten Menschen (Econ) würde solche Beispiele der »Geltung wegen Masse« klar angreifen oder ablehnen. Aber gerade das geht an der tatsächlichen Bedeutung dieser Argumente für die Humans, also den Standardverhandler, völlig vorbei. Die Verhandlungswissenschaft wird daher die Verwendung des Argumentum e consensu gentium/ad populum gutheißen. Seine Wirkung in Verhandlungen kann dann enorm sein.

Argumentum a tuto

Begriff: Beweis, der sich auf die Unschädlichkeit der Annahme stützt.

Anwendung in Verhandlungen: »Es kann auf jeden Fall nicht schaden, den Stickoxidausstoß zu begrenzen: Die Luft wird besser, man lebt gesünder und leistet einen Beitrag zum Klimaschutz.«

Funktionsweise: Das Argumentum a tuto hat einen besonderen Stellenwert unter den möglichen Formen von Argumentation. Es gesteht der Gegenseite von vornherein zu, dass es zwar nicht völlig überzeugend sein kann, aber es unterstützt die eigene Hauptargumentation mit dem wichtigen Hinweis, dass es auf jeden Fall erhebliche Sekundärvorteile bringen dürfte, wenn man diese Argumentation übernehmen würde. Es verwundert allerdings nicht, dass viele der Vertreter einer eher »theoretisierenden Argumentationslehre« über diese Argumentationsform ziemlich die Nase rümpfen (vgl. Nagler, 2018: S.173ff.).

Neurolinguale Bewertung: Das Argumentum a tuto greift im Wesentlichen auf zwei Bewertungs- und Erkenntnismechanismen zu, die das unbewusste System 1 in seinem Denken zur Lösung von Problemstellungen verwendet und dem bewussten System 2 vorgibt. System 1 ersetzt eine schwierige Fragestellung durch eine ähnliche Frage, die leichter ist und auch leichter beantwortet werden kann. Dieser Wirkungsmechanismus liegt dem Argumentum a tuto geradezu mustergültig zugrunde. Der zweite Wirkungsmechanismus, der durch das Argumentum a tuto ausgelöst wird, ist der ebenfalls bekannte Effekt des Ankerns: Wie wir bereits wissen, arbeitet unser bewusstes System 2 mit den Daten, die im Rahmen der unbewussten Operation von System 1 aus dem Gedächtnis blitzschnell abgerufen werden. Stellt nun der Verhandler dem unbewussten System 1 des Hörers eine Information zur Verfügung, die nicht als Lüge verworfen wird (und ein Argumentum a tuto ist ja keine Lüge, da es sich mit bekannten Eigenschaften des Hauptthemas beschäftigt), so beeinflusst diese Nachricht automatisch und messbar die Einstellung des Systems 2 des Verhandlungsgegners im Hinblick zum Verhandlungsgegenstand.

Praktische Empfehlung für die Verhandlungswissenschaft: Aus Sicht der Logik mag die Geltung des Argumentum a tuto sehr eingeschränkt sein. Aus Sicht der neurolingualen Analyse müssen wir aber etwas anderes attestieren: Das Argument kann in Verhandlungen, gerade bei sehr komplexen und schwierigen bzw. abstrakten Fragestellungen, außerordentlich wirksam verwendet werden!

Argumentum ad rem

Begriff: Ein Beweis, der sich nicht auf Meinungen, Gefühle o. Ä. stützt, sondern auf die Sache selbst.

Anwendung in Verhandlungen: »Sehen Sie doch nur die unzähligen Smog-Lagen auf der ganzen Welt an, die Schicksale von Menschen mit Atemwegserkrankungen und von Kindern, die etwa mit Pseudo-Krupp-Diagnose eindrücklich über Schmerzen und chronische Leiden berichtet haben.«

Funktionsweise des Argumentes: Die Argumentation, die sich mit der Sache selbst beschäftigt, wird einhellig als eine der seriösesten Formen der Behandlung eines Problems angesehen. Dies ist nicht weiter verwunderlich, schließlich unterstellt der Verhandlungsgegner, aber auch ein analytischer Betrachter des Diskurses, dass hier – vordergründig – Emotionen und andere »relativierende« Elemente aus der Problembehandlung herausgehalten werden und man sich buchstäblich auf die Sache konzentriert. Es handelt sich damit auch weniger um den Typ eines Arguments, der bislang dargestellt wurde. Mit der Bezeichnung »Argumentum ad rem« will man eher generalisierend das Argumentieren ohne Bezugnahme auf rhetorische Instrumente umschreiben, die nicht völlig stichhaltig nur mit rein sachlogischen Erwägungen operieren. Diese werden in Gegensatz zu den Argumenten gestellt, die lediglich mehr oder weniger wahrscheinliche oder plausible Überzeugungen einbringen oder schlichtweg manipulativ sind (vgl. Edmüller/Wilhelm, 2011: S. 38). Damit könnte man meinen, dass die reine Beschäftigung mit der Sache auch keinen sog. »heuristischen Verzerrungen« unterliegt, dass also keine unbewusst induzierten Fehlurteile oder Fehlbewertungen des Systems 1 die rein rationale Abhandlung des Sachverhaltes beeinträchtigen oder sogar entstellen.

Neurolinguale Bewertung: Gerade das macht die Bewertung aber so tückisch. Wie die moderne Psychologie nachgewiesen hat, gibt es eine Fülle von unbewusst eingesetzten Faktoren, die eine rein sachbezogene Diskussion in der Verhandlung dennoch beeinflussen können. Diese Faktoren sind daher besonders hinterhältig. Daher müssen wir gerade bei den angeblichen »sachlichen Argumenten« ebenfalls die neurolinguale Komponente von gezielten rhetorischen Interventionen in der Verhandlung beachten. Ein klassisches Beispiel ist die Verwendung einer Statistik als »argumentum ad rem«.

Praktische Empfehlung für die Verhandlungswissenschaft: Aus der Sicht der neurolingualen Analyse birgt somit die an sich unverdächtige Argumentation ad rem erhebliche Möglichkeiten, mit rhetorischen Mitteln, etwa Neuformulierungen zentraler Fragestellungen oder der bewussten Präsentation von Statistiken, auf den Verhandlungsverlauf gezielt Einfluss zu nehmen. Damit kann der Verhandler den Eindruck völliger Objektivität erwecken und vorgeben, sich allein für die Sache einzusetzen, während er durch den Einsatz von »Trugschluss-Instrumenten« und sog. »Bias-Systemen« sowie durch statistische Konstruktionen gezielte Veränderungen zugunsten seiner Position vornimmt, die das unbewusste System 1 des Verhandlungsgegners häufig unkritisch aufnimmt. Damit kann bewusst und messbar die unbewusste Voreinstellung auch der Verhandlungsgegenseite zu Problemstellungen beeinflusst werden.

Argumentum ad veritatem

Begriff: Auf objektiven Gründen beruhender Beweis.

Anwendung in der Verhandlungswissenschaft: Der Verhandler präsentiert dem Verhandlungsgegner in epischer Breite umfassende Informationen. Als – leicht übertriebenes – Beispiel mag etwa das Vorlesen des Artikels zu Stickoxiden aus der inzwischen leidlich akzeptierten Onlineenzylopädie Wikipedia dienen.

Funktionsweise des Arguments: Das Argumentum ad veritatem entspricht im Wesentlichen den logischen Beweisen. Diese Argumente sind an sich sehr wirksam und legen die Vermutung nahe, rein sachbezogen zu sein. Das Beispiel zeigt aber das klassische, damit verbundene Dilemma, dem volle Beweise im Rahmen einer Verhandlung ausgesetzt sein können. Voltaire hat es auf den Punkt gebracht: »Die Kunst zu langweilen besteht darin, alles zu sagen« – es sprengt damit den Charakter der Verhandlung durch einen Monolog.

Neurolinguale Bewertung: Damit sind wir beim zentralen Problem des Verhandlers bei Sachvortrag und objektivierten Präsentation angelangt. Fundierte Sachkenntnisse sind zweifellos die Voraussetzung für die Anerkennung von Kompetenz und Autorität, doch ein Verhandler ist nicht erfolgreicher, je länger er objektiv richtige Statements herunterbetet. Im Gegenteil, die Wirkung seiner mühsam aufbereiteten Inhalte wird verpuffen. Häusel (2015: S. 26) bringt es knallhart auf den Punkt: Ein Vortrag, der keine Emotionen auslöst, ist für das Gehirn wertlos. Erforderlich ist das »Tuning« der Sachargumentation. Dazu zählt in erster Linie die Konzentration auch der Beweisführung auf das Wesentliche. Die schlimmsten Fehlschläge eines Verhandlers sind die, bei denen er zwar recht hat oder recht bekommt, letztlich aber ein anderer mit dem Projekt betraut wird.

Praktische Empfehlung in der Verhandlungswissenschaft: Der Verhandler ist bei der Präsentation des wirklich Wahren und Überzeugenden voll auf das gesamte Spektrum der argumentativen Optionen angewiesen, die auch die Instrumente der neurolingualen Interventionen umfassen. Ist er in der Lage, die Wahrheit zu präsentieren, so hat er eine notwendige, aber keine ausreichende Bedingung für den Verhandlungserfolg geschaffen. Hierfür muss er dann das ganze Instrumentarium an Argumentationen einsetzen – dann ist die argumentative Beschränkung auf das Notwendige und Effiziente gefragt.

7.5 Verhandeln als Beziehungsgestaltung

Die bisherigen Elemente der Verhandlungswissenschaft haben sich schwerpunktmäßig mit den verhaltensökonomischen und verhaltenspsychologischen Grundlagen des Verhandelns beschäftigt sowie mit der Frage der Überzeugungsbildung durch eine gelungene Argumentation. Nun gilt es, sich ganzheitlich mit der Verhandlung als einer besonderen Form einer Beziehungsgestaltung zu beschäftigen: Eine Verhandlung ist Beziehungsgestaltung mit dem grundsätzlichen Ziel einer konstruktiven (zwischenmenschlichen) Dynamik hin zum Ergebnis (vgl. Schulz v. Thun, 2001: S. 59f.; Jeske, 1998: S. 67ff.). Je besser es gelingt, die Beziehungsebene herzustellen und zu gestalten – umso positiver verläuft der Verhandlungsprozess. Diesem Ziel wollen wir uns im Folgenden schwerpunktmäßig zuwenden.

Zentral ist also verhandlungswissenschaftlich der Aufbau und der Erhalt einer guten Beziehung zwischen den Verhandelnden (vgl. Watzlawick et al., 2017). Den Ausgangspunkt bildet die Analyse der Beziehung der verhandelnden Personen: Kann Sie als komplementär oder symmetrisch eingestuft werden, da sich daraus für die Verhandlungsführung relevante Konsequenzen ergeben:

- Als komplementäre Beziehung wird ein Verhältnis der strukturellen Ungleichheit der Partner in der Verhandlung verstanden (vgl. Jeske, 1998: S. 94ff.). Eine Partei ist der anderen fachlich, persönlich-kompetenziell, sachlich oder technologisch überlegen. Es versteht sich von selbst, dass hier beide Seiten besondere Regeln beachten sollten: Schulz von Thun (2001: S. 53) fordert Authentizität der jeweiligen Partei mit den Elementen Ehrlichkeit, Echtheit und Offenheit verbunden mit dem Wirkungsbewusstsein bezogen auf Taktik, Kalkül und Diplomatie. So ist es für den Überlegenen wichtig, den Status des Unterlegenen zu respektieren, aber sich auf der anderen Seite auch nicht einer »übertriebenen Selbstentwertung« hinzugeben (vgl. Jeske, 1968: S. 94). Der Unterlegene sollte ebenso den Status des Überlegenen respektieren, um nicht dessen Autonomiebewusstsein zu provozieren. Statuskämpfe und übertriebene Selbstdarstellung sind typische

Problemphänomene in derartigen Verhandlungen, die das Verhandlungsergebnis nachhaltig beeinflussen können. Ein wichtiges Beispiel bilden Lohnverhandlungen, die ein Mitarbeiter mit seinem Chef führt. Eine interessenorientierte Verhandlungsstrategie, die das Positionsdenken im Wesentlichen ausklammert, ist nach allgemeiner Auffassung der beste Weg, um gute und von beiden Seiten akzeptierte Ergebnisse zu erzielen (vgl. Fisher/Ury, 2015: S. 76 ff.).
- Die Basis einer symmetrischen Beziehung ist eine rangbezogene Gleichstellung der Partner. Es ist nach dem oben Dargestellten klar, dass diese Gleichstellung während des gesamten Verlaufs der Verhandlungen zu wahren ist. Sie ist Grundlage für die Authentizität des Auftritts (bezogen auf Offenheit, Echtheit und Ehrlichkeit im Hinblick auf diese Funktion der Gleichstellung) und das Wirkungsbewusstsein (bezogen auf taktischen Auftritt, Kalkül des Verhandlungsziels und den diplomatischen Umgang) und sollte das eigene Auftreten immer bestimmen: Probleme entstehen, wenn genau dies von einer oder beiden Verhandlungsseiten angezweifelt wird. Auch die gegenseitige Abhängigkeit/Angewiesenheit kann hier relevant sein. Häusel (2015: S. 35f.) beschreibt beispielhaft eine solche symmetrische Ausgangslage, die ein dominanter Verkäufer selbst durch schwach ausgeprägtes Einfühlungsvermögen und Arroganz verursacht: Würde hier ein Kunde im Verkaufsgespräch von seinen persönlichen Nöten und Problemen erzählen und der Verkäufer dies als unnötige »Zeitfresserei« in Worten und Körperausdruck bewerten, würde ihm dieses gezeigte soziale Desinteresse negativ ausgelegt werden mit der potenziellen Konsequenz, dass der Kunde das Verkaufsgespräch abbricht.

Die Grundlage für das Gespräch ist es also, eine positive Beziehungsebene auf Augenhöhe zu schaffen. Hier gibt es eine wichtige Empfehlung für ein gelungenes Verhandlungsgespräch: Verhandeln Sie auch dann, wenn Sie es vordergründig nicht müssten. Sie sind ohnehin in der Position der Überlegenheit. Dies ist Ausdruck von Souveränität und Status, wenn man gerade dann einen partnerschaftlichen Umfang praktiziert, wenn man es nicht nötig hat (Jeske, 1998: S. 96). Schulz von Thun (2001: S. 54f.) betont daher die Bedeutung, die ein wertschätzendes, authentisches und angemessen charismatisches Verhandlungsverhalten generell mit sich bringt.

Ein weiteres Element kompetenter Verhandlungsarbeit ist es, die Grundlagen für ein vertrauensvolles Verhältnis der Verhandlungspartner zu schaffen. Der zentrale verhaltenspsychologische Grund dafür liegt auf der Hand: Das Verhandlungsszenario ist ein kommunikationspsychologisches Geschehen, das sowohl vom Unterbewusstsein (System 1) und dem Bewusstsein (System 2) kognitiv aufgenommen, bewertet und beeinflusst wird. Dabei kommt der unbewussten, emotionalen Komponente eine maßgebliche Bedeutung zu, die gemeinhin unterschätzt wird. In der Regel arbeitet jede Seite unbewusst mit der Plausibilitätsheuristik auf der Grundlage folgender Fragestellung: Gibt es einen Grund, der Gegenseite zu misstrauen? Kann ich ihr vertrauen? Die Verhandlungswissenschaft kennt dazu drei wesentliche Elemente des Vertrauens: Wohlwollen, Integrität und Kompetenz (vgl. Häusel, 2015: S. 106ff.; Jeske, 1998: S. 21f.; Gates, 2019: S. 146f., 162f.).

Wohlwollen

Dies umfasst alles, das unbewusst kein Misstrauen auslöst. Häusel (2015: S. 105) benennt dazu die zentrale Schaltstelle im limbischen System, die Amygdala, und er zeigt, wie etwa das zentrale reaktive Hormon Oxytocin zuarbeitet: Das Lächeln im Gesicht des fremden Gegenübers führt hormonell nicht nur zu einer Abschwächung der Angst vor dem Fremden, es verstärkt auch die Merkmale im Gesicht, die mit dem Ausdruck von Nähe und Freude gekoppelt sind. Wohlwollende Mimik und Gestik wirkt so wie ein Dopplereffekt. Schon die alten Römer hatten dies entdeckt – ohne die genaue neurophysiologische Begründung zu kennen: Sie nannten dies die »captatio benevolentiae«, Lächeln oder kleine Geschenke schaffen und erhalten das Wohlwollen (vgl. Cialdini, 2017: S. 43ff., 227ff.). Dies setzt voraus, das Wohlwollen authentisch zu zeigen, sich also auch um eine innere positive Einstellung zum Verhandlungspartner situativ zu bemühen.

Der Klassiker unter den Tipps für das Gewinnen von Wohlwollen ist das gemeinsame Geschäftsessen. Essen entspannt und ist mit Genuss verbunden. Damit werden auch im unbewussten System 1 Genuss- und Belohnungserrinnerungen aufgebaut (vgl. Häusel, 2015: S. 111f.). Dobelli (2015: S. 25ff.) weist daneben auf die evolutionsbedingt positive Funktion des Teilens als Ausdruck der Gastfreundschaft hin und das kleine, auch in der Compliance noch akzeptierte Geschenk aktiviert zusätzlich kognitiv im Unterbewusstsein die Reziprozitätsregel (vgl. Cialdini, 2017: S. 44ff.): Es resultiert im Gefühl, etwas wiedergutmachen zu müssen und ist damit ebenfalls ein Trigger des Wohlwollens (vgl. Nasher, 2015: S. 89). Und nicht zu vergessen: auch die Gesprächsatmosphäre löst die Zunge und baut soziale Distanz ab und Vertrauen auf (vgl. Cialdini, 2017: S. 228). Ein Tipp, um das Wohlwollen des Verhandlungspartners zu stimulieren ist ebenfalls einfach aber wirkungsvoll: Der Verhandlungspartner schätzt es unbewusst, mit seinem Namen angesprochen zu werden (vgl. Häusel 2015: S. 111). Damit verbindet Cialdini (2017: S. 241) die Empfehlung: Machen Sie Komplimente – das unbewusste System 1 scheint eine kognitive Schwäche für Schmeicheleien und Komplimente zu haben. Dies geht sicherlich nicht grenzenlos, aber durchaus weit genug, um diese Empfehlung zu beherzigen!

Glaubwürdigkeit/Integrität

Die zweite Säule des Vertrauens basiert auf der Prüfung, ob die andere Person glaubwürdig ist. Dazu dürften wesentlich die weiteren persönlichen Eigenschaften wie Aufrichtigkeit, Ehrlichkeit, Korrektheit und Zuverlässigkeit zählen (vgl. Jeske, 1998: S. 21f.; Häusel, 2015: S. 106). Diese Tugenden sind bekanntermaßen schwer zu erarbeiten, aber blitzschnell zu verlieren. Dabei scheinen sowohl das Unterbewusstsein als auch das Bewusstsein kognitiv fast digital zu bewerten, ob die Eigenschaft der Integrität beim Verhandlungspartner gegeben ist oder nicht. Diese Tugenden sind auch sog. »Langfrist-Attribute«, deren Bewertung auf einer Analyse der bisherigen Erfahrungen beruht. Die Informationssuche nach Belegen für die Integrität kann komplex und kaum exakt zu beschreiben sein. Der Ausgangspunkt ist sicher die Frage: Ist das aktuelle Verhalten des Verhandlungspartners fair, transparent, korrekt? Erfahrungsgemäß schließen sich weitere Fragen an wie etwa: »Was hört man aus dem Umfeld?« oder »was weiß man aus der Vergangenheit?« Als nutzbare Quellen dient mittlerweile als Standardformat die Internetrecherche. Jeder professionelle Verhandler sollte daher in seinem Internetverhalten bedenken, was von ihm im Internet gefunden werden kann. Bedenken Sie dabei auch die banale Wahrheit, dass das Internet nichts vergisst.

Als Beleg seiner Integrität kann ein Verhandler insbesondere drei Faktoren bei Bedarf unterstützend einsetzen:

- Testimonials, also glaubwürdige Drittpersonen, die die Integrität belegen können, z. B. Berater oder Angehörige von eigenen sozialen Netzwerken mit hohem Ansehen (vgl. Cialdini, 2017: S. 6f.; Häusel, 2015: S. 113).
- Soft facts im eigenen Verhalten, insbesondere Pünktlichkeit und Fristentreue (vgl. Häusel, 2015: S. 114).
- Belege für den eigenen Social Proof wie etwa das Label »meistverkauftes Produkt« oder »bester Verkäufer bzw. Händler« etc. (vgl. Dobelli, 2015: S. 17 ff, Häusel, 2015: S. 113).

Kompetenz

Der dritte wesentliche Faktor für ein Vertrauensverhältnis ist der Beleg des fachlichen Hintergrunds und der Qualifikation einer Verhandlungsseite. Viele Verhandlungen beziehen sich auf fachspezifische Themen und Produkte. Es ist offenkundig, dass sich kein Verhandler ernsthaft auf eine Verhandlung mit einem Verhandlungspartner einlassen würde, der keine ausreichende Kompetenz bzw. Fähigkeit zur Erfüllung seiner anstehenden Verpflichtungen aus einer Verhandlung vorweisen könnte. Dieser Nachweis unterliegt i. d. R. einer bewussten Prüfung durch System 2. Dabei können unterschiedliche Instrumente und Belege verwendet werden:

- Zertifikate, Zeugnisse und Titel: Vom Einstellungsgespräch bis hin zur Qualitätsdiskussion nach ISO9001 – der Nachweis persönlicher beruflicher Fähigkeiten, Kenntnisse und Kompetenzen ist unerlässlich, um in Verhandlungen überhaupt ernst genommen zu werden. Ein Träger eines hoch angesehenen Titels – wie etwa Professor – macht sein Gegenüber nicht nur unbewusst fachlich gefügiger. Es kommt noch besser: Untersuchungen haben gezeigt, dass solche Menschen auch unbewusst größer geschätzt werden als sie sind (vgl. Cialdini, 2017: S. 292f.).
- Sehr wirksam ist auch der sog. Track record (Referenzliste) erfolgreicher Projekte oder Kunden- und Mandantenbeziehungen. Auf diese Weise wird ein wichtiger unbewusster Trigger der Überzeugungsbildung aktiviert: die Verwendung von Autoritäten und der Halo-Effekt (vgl. Cialdini, 2017: S. 280, Dobelli,

2015: S. 157f.). Eine bekannte Person als Testimonial für die eigene Qualität oder das eigene Produkt ist eines der überragend effizienten Instrumente des Kompetenznachweises. In diese Kategorie fallen auch spezifische Infomationsveranstaltungen und Messeauftritte. Durch Fachveranstaltungen, Symposien und – bezogen auf den einzelnen Verhandlungspartner – Fachvorträge kann für Kompetenz und Vertrauen geworben werden. Dies wirkt sowohl für die kognitive Beurteilung im unbewussten System 1 als auch für die Bewertung im bewussten System 2 (vgl. Häusel, 2015: S. 107).
- Kompetenz zeigt sich gerade dann, wenn Sie sich eingehend auf die Verhandlungen vorbereitet haben.

7.6 Verhandlungsblockaden und -hemmer

Eine der wichtigsten Fragen, mit denen sich die Verhandlungswissenschaft beschäftigen muss, beruht auf folgender Wahrnehmung: Viele Verhandlungen sind dadurch charakterisiert, dass Sie im Gegensatz zu den ursprünglichen Planungen nicht harmonisch verlaufen, sich als außerordentlich schwierig erweisen und häufig am Schluss sogar ein Scheitern der Verhandlung festgestellt werden muss. Die Verhandlungswissenschaft muss sich vor diesem Hintergrund nicht nur mit den Faktoren beschäftigen, die positive Verhandlungsverläufe bedingen. Genauso ist eine Diagnose der »pathologischen« Faktoren erforderlich, um das ganze Spektrum der Verhandlungsszenarien adäquat zu behandeln. Dem werden wir uns daher nun zuwenden. Dabei werden eine Reihe von »Verhandlungshemmern« nur angeschnitten, da sie schon in vorgehenden Abschnitten behandelt wurden; dies gilt etwa für die verhaltensökonomischen Biases und Fallacies als Bestandteil der jeweiligen Argumentation und Verhandlungstaktik (▶ Kap. II.3).

Verhandlungs- und Beziehungskiller

Verhandlungen können mitunter von vergleichsweise banalen Faktoren behindert, ja sogar zum Scheitern gebracht werden. Selbst wenn es ermüdend sein mag, diese Umstände zu erwähnen, die Methodik der Verhandlungswissenschaft erfordert ihre Darstellung.

a) **Unpünktlichkeit**:
Pünktlichkeit bei Verhandlungen ist ein Ausdruck von Wertschätzung des Verhandlungspartners, die auch reziprok wirkt: Ein pünktliches Auftreten beeinflusst nachhaltig den ersten Eindruck. Genauso kann ein unpünkliches Verhalten ein wichtiges Angriffsargument für den Verhandlungsgegner sein, um so mangelnde Wertschätzung aus gegebenem Anlass zurückzugeben – man hat ja selbst die Steilvorlage geliefert (vgl. Häusel, 2015: S. 67). Wer sich – unpünktlich auftretend – dann auch noch ungerecht behandelt fühlt und das beklagt, kann jedenfalls nicht auf das Recht zählen: Juristen, vor allem Richter hassen Un-

pünktlichkeit derart, dass sie schon seit Jahrhunderten dafür eine rigorose Ahndung praktizieren: das sog. Versäumnisurteil, das für beide Verhandlungsseiten bittere Konsequenzen hat. Der Kläger wird im Fall der Säumnis rigoros mit der Klageabweisung bestraft (§ 330 ZPO), der geladene säumige Beklagte wird so behandelt, als ob er alles, was der Kläger vorgebracht hat, zugesteht (§ 331 ZPO). In beiden Fällen droht damit bei Unpünktlichkeit der vollständige Prozessverlust.

b) **Unangemessenes Erscheinungsbild:**
»Man empfängt den Mann nach dem Kleide und entlässt ihn nach dem Verstande« (Sprichwort). »Unser Inneres soll von der großen Menge verschieden sein. Unser Äußeres passe sich ihr an.« (nach Seneca). Diese Zitate aus unterschiedlichen Zeiten und Kulturkreisen zeigen, dass die Bedeutung des Äußeren für die Kommunikation schon seit den Anfängen diskutiert wird. Diese Frage hat bis heute nichts an Aktualität verloren. Die Kleidung und die dazugehörigen Accessoires können als Statement jeden Auftritt einer Person verstärken, begleiten oder auch ins Lächerliche ziehen (vgl. Schott/Troczynski, 2020 S. 70f.; Navarro, 2020: S. 111ff.). Der passende Kleidungsstil kann sich auch auf den Verhandlungsstil positiv auswirken. Sicher bleiben wir hier zuallerst bei Äußerlichkeiten getreu der Weisheit: Kleider machen Leute. Ein seriöses, dem Verhandlungssetting angepasstes Äußeres setzt aber einen »Rahmen« (Frame) für den eigenen Auftritt und wird die Performance sicherlich unterstützen. Dabei spielen für beide Geschlechter folgende Details eine große Rolle:
(1) **Accessoires**: Der Schal, die Halskette, die Krawatte, das Einstecktuch, der Gürtel und bei Frauen die Handtasche (vgl. Navarro, 2020: S. 111), seien Sie auf jeden Fall (ein wenig) eitel, kontrollieren Sie die Wirkung jedoch unbedingt im Spiegel. Vermeiden Sie Teile, die zu grell sind, auffallend wirken, die also einfach im wahrsten Sinn des Wortes unpassend sind, denn dies erzeugt den schon beschriebenen negativen Eindruck, es lenkt ab und reduziert den kommunikativen Effekt.
(2) **Brille**: Sie ist auch nach einschlägigen verhaltenspsychologischen Untersuchungen ein Hilfsmittel, um glaubwürdig, seriös und kundig-intelligent zu wirken (Kuhnke, 2017: S. 209): Der Brillenträger bemüht sich um Durchblick und den richtigen Blickkontakt auch zum Verhandlungsgegenüber und das kommt grundsätzlich gut an. Natürlich gibt es bei Brillen auch Don'ts: Sie müssen nicht glauben, mit schrillen Brillen wie Elton John in seinen Anfangsjahren punkten zu können. Noch wichtiger ist aber der Hinweis: Keine Sonnenbrillen oder getönte Gläser, die den Blickkontakt mit dem Verhandlungspartner nachhaltig einschränken oder unmöglich machen – der Blick in die Augen des Gegenübers ist elementar für eine gute Kommunikation.
(3) **Tattoos, Piercings und Nasenringe** sind – ohne jede Spießigkeit geschrieben – in den meisten Fällen ein No-Go für erfolgreiche Verhandler. Einzige denkbare Ausnahme: Sie verhandeln mit Personen, bei denen solcher Körperschmuck grundsätzlich erwartet oder akzeptiert wird. Sichtbare Tattoos und Piercings sind Statements einer Gruppenzugehörigkeit, die eine andere

Person überwiegend als Zeichen geringerer Glaubwürdigkeit und Kompetenz wahrnimmt (vgl. Kuhnke, 2017: S. 211).

(4) **Schuhe**: Denken Sie daran – auch die untersten 10 Zentimeter Ihres persönlichen Auftritts sind nicht unsichtbar – ob bei der Anfangsvorstellung, in Pausen oder beim Geschäftsessen. Man sollte es mit der Vorgabe von Samy Molcho (1998: S. 250) halten: »Oben signalisieren wir: So möchte ich sein – unten zeigen wir: Das bin ich.« Auch hier haben wir es mit einer kognitiven Vorgabe des unterbewussten System 1 zu tun: Bevorzugen Sie buchstäblich »alte ausgetretene Pfade« oder wagen Sie auch manchmal den neuen Weg, der auch drücken kann, aber in die Zukunft führt (in Form entsprechender Schuhe)?

Es sollte nicht vergessen werden, wie ein Versehen in diesen Bereichen jeden kommunikativ-ansprechenden Eindruck in einer Verhandlung massiv beschädigen kann. Der legendäre Sketch »Die Nudel« von Loriot und mit Evelyn Hamann spielt meisterhaft mit diesem Effekt: Das unbewusste System 1 ist bei seiner Suche nach kognitiven Neuigkeiten (»Nudel«) dann in seinem Element und das bewusste System 2 weidet sich in der subjektiv gefühlten, überlegenen Stellung des wissenden Verhandlungspartners an den äußeren Unzulänglichkeiten des Verhandlers. Das ist gerade für das System 2 viel bequemer als seinem Verhandlungsbeitrag bewusst zu folgen (vgl. Kahneman, 2014: S. 170f.). Die Konsequenz ist daher zuerst: Vermeiden Sie einen Kleidungsfehler und kontrollieren Sie sich unmittelbar vor dem Auftritt im Spiegel (vgl. Schott/Troczynski, 2020: S. 71).

c) **Nichtbeachtung von Ritualen, Regeln und Höflichkeit**:
Die Kommunikation – gerade auch in Verhandlungen – ist undenkbar ohne die Erkenntnis, dass jede Person untrennbar mit ihrer kulturellen Identität verbunden ist. Auch hier spielen unbewusste kognitive und emotionale Vorprägungen im Denken des Systems 1 und die bewusste Reflexion kultureller Sachverhalte im System 2 zusammen und bilden gemeinsam das kulturbezogene Denken und Entscheiden. Das Eisbergmodell als eines der gängigen deskriptiven Modelle des kulturellen Denkens vermittelt einen Eindruck davon, wie stark unbewusste Denkvorgänge mit dem bewussten Denken interagieren und es vorprägen (▶ Dar. 9). Daraus lässt sich ableiten, dass jede Person – und damit auch jeder Verhandler – untrennbar mit seiner kulturellen Identität und Kognition verbunden ist. Sie ist damit Teil seiner Identität, ohne die Authentizität in Denken, Fühlen, Verhalten und Kommunikation nicht möglich ist (vgl. Ruch/Zimbardo, 1974: S. 366). Damit steht fest, dass alles, was an kulturell bedingten Regeln, die eine Verhandlungsperson praktiziert und denkt, von der anderen Verhandlungspartei zu achten ist. Ein wichtiges Beispiel in Verhandlungen ist es, bei Verhandlungen mit Partnern mit Migrationshintergrund unbedingt deren kulturellen Mindset zu respektieren und sie nicht mit Kommentaren oder Äußerungen zu brüskieren, die diese augenscheinlich verletzen können. (vgl. Jeske, 1998: S. 89; Voeth/Herbst, 2015: S. 110ff.).

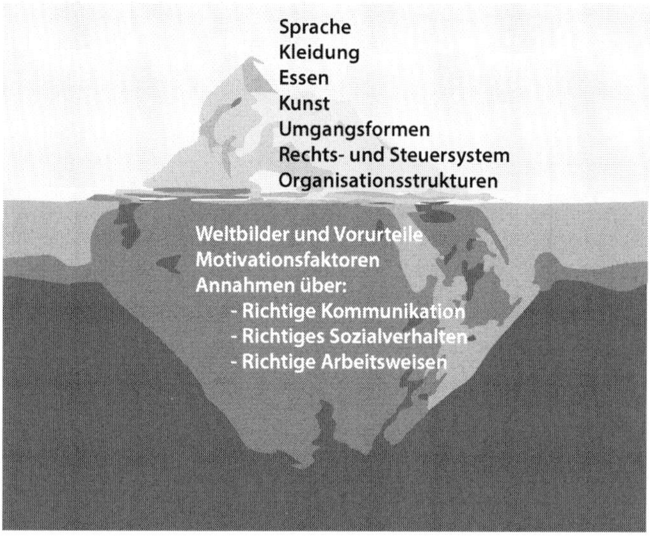

Dar. 9: Eisbergmodell Kultur (Quelle: American Field Service, 1984: S. 14)

d) **Dialekt, Fremdsprache und Fremdwörter:**
Selbst in Deutschland zeigen sich kulturell-sprachliche Herausforderungen dort, wo Verhandlungen mit Partnern stattfinden, die »landsmannschaftliche« Besonderheiten mitbringen. Die deutsche Sprache ist wie das Französische oder Englische eine sog. Dachsprache, die von mehr als 100 Millionen Menschen als Muttersprache gesprochen wird. Eine fast immer angeschnittene Fragestellung ist daher: »Ist die Verhandlung in reinem Schriftdeutsch, also Hochdeutsch, zu führen?« Die weit überwiegende Mehrheit der Entscheider in Deutschland akzeptiert dabei eindeutig eine dialektale oder regionalsprachliche Einfärbung in der Verhandlungsführung. Diese wird als Teil einer authentischen Persönlichkeit mittlerweile nicht nur akzeptiert, sondern sogar gefordert und gepflegt. Die Wertschätzung sprachlicher Eigenheiten ist aus neurolingualer Sicht absolut nachvollziehbar: Das unbewusste System 1 des Verhandlungspartners entwickelt ein sehr feines Gespür für die sprachliche Präsentation eines Verhandlers. Ein mundartlich erzogener Verhandler wird in vielen Fällen diesen Teil seiner Persönlichkeit nicht verleugnen wollen oder gar können. Will er also authentisch wirken, so ist das linguale Bekenntnis zur persönlichen sprachkulturellen Herkunft sogar willkommen. Gewünscht ist eine sprachliche Dialekteinfärbung des Hochdeutschen und keine hochdeutsche Einfärbung eines Dialekts! Dies gilt auch für deutschsprachige Verhandler mit Migrationshintergrund. Ist das Verhandlungssetting lokal-dialektal geprägt und erwartet die Gegenseite auch eine Verhandlungsführung in Dialekt, dann ist Hochdeutsch von Anfang an sogar verpönt. Will der Verhandler seine kultursprachliche Zugehörigkeit positiv nutzen, dann muss (und will!) er im Dialekt sprechen.

Verhandlungs- und Beziehungshemmer

Die »Verhandlungskiller« haben Fallgruppen beschrieben, die aufgrund des Verhandlungsfehlverhaltens mit hoher Wahrscheinlichkeit einen Vertragsschluss ausschließen dürften. Daneben gibt es erfahrungsgemäß Fehlverhalten, das nicht unbedingt einen Vertragsschluss endgültig torpediert, aber auf dem Weg dorthin einigen Flurschaden anrichten kann.

a) **Unangemessenes Auftreten**:
Bereits bei der Beschreibung der Verhandlungscharaktere spielte der individuelle Charakter eines jeden Verhandlers eine wesentliche Rolle. Das Wissen um den eigenen bewussten und unbewussten Auftritt und der Respekt vor dem Verhalten des Verhandlungspartners ist nach diesen Darlegungen elementar für den eigenen Verhandlungsauftritt. Das unbewusste kognitive System 1 jedes Verhandlers überprüft ständig das Verhalten des Gegenübers daraufhin, ob es auf das eigene Persönlichkeitsprofil eingeht, mit ihm übereinstimmt und daraus keine Konfliktpotenziale drohen (vgl. Häusel, 2015: S. 46). Je weniger Gefahrenpotenzial wahrgenommen wird, um so kognitiv leichtgängiger fällt die Kommunikation mit dem Verhandlungsgegenüber. Das Gegenteil passiert, wenn die Gegenseite zu selbstbewusst auftritt oder mit dominanten Verhalten gezielt versucht, den Kleinen bzw. Braven einzuschüchtern (vgl. Navarro, 2020: S. 117f.).

b) **Notorische Kommunikationsdefizite vermeiden**:
Neben dem Charakter des Verhandlers spielt es eine zentrale Rolle, ob er wesentliche Kommunikationstechniken gut beherrscht. Dies haben wir bei Argumentation und Kommunikationsmodellen bereits eingehend dargelegt. Dennoch gibt es einige Fallgruppen von fehlerhaftem Kommunikationsverhalten, die an dieser Stelle der klassischen Verhandlungsblockaden ausdrücklich aufgeführt werden müssen.
Es beginnt mit einer an sich hier verblüffenden Fallgruppe, der Kommunikation durch »Nichtstun« (im weiteren Sinn), dem Zuhören. Die führenden Autoren für Verhandlungstechniken und Kommunikation sind sich einig: Die Grundlage des Verhandelns ist (aktives) Zuhören (vgl. Voss, 2017: S. 28; Schott/Troczynski, 2020: S. 87ff.; Bühring-Uhle, 2017: S. 128ff.). Menschen wollen verstanden und akzeptiert werden, Zuhören ist das einfachste und effektivste Zugeständnis an den Verhandlungspartner. Es signalisiert sowohl dem unbewussten System 1 als auch dem bewussten System 2 des Verhandlungspartners, dass man ihn im wahrsten Sinn des Wortes »wahrnimmt« (vgl. Nasher, 2015: S. 121f.). Es ist damit ein nonverbaler Ausdruck von Wertschätzung und Respekt (vgl. Jeske, 1998: S. 92). Damit verbinden sich weitere wissenschaftlich anerkannte Vorteile (vgl. Rogers, 1983 S. 22ff., 32ff., 211ff.): Ein wesentliches Element, das vielen dabei schwerfällt, aber unbedingt zu beachten ist, heißt schlicht und einfach: Ausreden lassen!
Ein Element des aktiven Zuhörens kann sicher eine Zusammenfassung des Gesprochenen sein: Paraphrasieren und Benennen wesentlicher Inhalte des Ge-

sagten ist eine Zusammenfassung und Wiederholung der Worte des Gegenübers (vgl. Kanitz/Scharlau, 2018: S. 29f.). Damit verbunden sollte eine Anerkennung der Gefühle stattfinden, die der Verhandlungsgegner mit seinen Worten verbindet. Dazu können auch Nachfragen gehören, vor allem nach den Gründen für Bewertungen des Verhandlungsgegners. Auch das zeigt Respekt und bringt ggf. positive Feedbackpunkte und damit kleine »Quick wins« für das eigene Verhalten. So kann es eine Ausgangsbasis für die mentale Beeinflussung sein: Man holt den Verhandlungsgegner buchstäblich bei sich selbst ab, um darauf die weitere Argumentation auszuführen (vgl. Voss, 2017: S. 28).
Zum (aktiven) Zuhören gehört, dass man auch mit dem Körper zuhört: Augenkontakt, eine konfirmative bzw. positive Gestik und Mimik, das alles drückt nonverbal Aufmerksamkeit aus und stellt ein Verhalten dar, das zumindest vom unbewussten System 1 kognitiv positiv bewertet wird (vgl. Kanitz/Scharlau, 2018: S. 28). Für ungeduldige Zeitgenossen gibt es dafür die »Drei-Sekunden-Regel«: Warten – Verarbeiten – Respekt – Setzenlassen und nicht sofort losreden! Dies entschleunigt auch gezielt und wirkt deeskalierend. Sofortiges Losreden würde den subjektiven Eindruck der Gegenseite, »man höre ja doch nicht zu«, nur verstärken.

Damit hat das aktive Zuhören ein weiteres positives Momentum: Es reduziert die Neigung zu vorschnellen Eigenreaktionen, wenn es durch die Emotionalität der Verhandlungssituation im eigenen Inneren zu hoch herginge (vgl. Voss, 2017: S. 41). Man gewinnt auch für das eigene Verhandlungsverhalten und das Nachdenken Zeit. Damit kann manches von dem überdacht werden, das andere von sich preisgeben. Das Kommunikationsgesetz von den 4 Aussageebenen gilt auch und gerade beim aktiven Zuhören: So können sie einiges von der Selbstoffenbarung und der Beziehungsebene des Verhandlungsgegners aufnehmen und wichtige zusätzliche Informationen für die eigene Taktik, Argumentation und das Verhandlungsverhalten gewinnen (vgl. Kanitz/Scharlau, 2018: S. 32).

7.7 Destruktive Argumentation

Die dargestellten Varianten von Argumenten wurden als das taktische Gerüst beschrieben, mit dem positiv für das eigene Verhandlungsziel gearbeitet werden kann. Dabei darf nicht vergessen werden, dass viele Verhandlungen weniger durch konstruktive Argumentation geprägt werden: Wenn die Gegenseite permanente Einwände bringt, wenn offensichtlich Unwahrheiten präsentiert werden, wenn Druck ausgeübt wird, dann gewinnen faktisch Elemente die Oberhand, die mehr oder weniger der psychologischen Kriegsführung entnommen sind. Gerade hier zeigt sich, ob der Verhandler sein Handwerk beherrscht und trotz Widrigkeiten die Verhandlungen zum Erfolg führt – oder ob es zu unbefriedigenden Verhandlungsergebnissen oder sogar zum Verhandlungsabbruch kommt.

Daher widmen sich die meisten Bücher zur Verhandlungskunst dem Thema dieses Kapitels. Sie wollen dabei helfen, »schmutzige Tricks« zu bekämpfen, »teure Fehler zu vermeiden« oder »Probleme« zu lösen (vgl. Fisher/Ury, 2015: S. 186f.; Schranner, 2016: S. 11f.; Jeske, 1998: S. 97ff.). Viele dieser Tipps sind bedenkenswert – und werden daher auch hier behandelt. Was jedoch häufig fehlt ist eine Verortung der destruktiven Argumentation in einem strategischen Verhandlungssetting, das der Analyse dient und aus dem ein taktisches Instrumentarium abgeleitet werden kann. Dies ist ein wichtiges Anliegen, dem sich die Verhandlungswissenschaft stellen muss, um auch hier seinen ganzheitlichen wissenschaftlichen Ansatz zu verwirklichen.

Warum agiert die Gegenseite destruktiv? Erst die Faktenanalyse dann die Emotionen

Wesentlich für die Lösung ist es, die objektiven Tatsachen des blockierenden Verhaltens zu analysieren und damit die kognitive und emotionale Bewertung der Tatsachen durch den Verhandlungsgegner besser verstehen zu können. Aus diesem Grund sollte der objektive Inhalt des Einwandes, der Argumentation und des Verhaltens herausgefunden werden. Es wäre ein massives eigenes Fehlverhalten, auf emotional vorgetragenes Blockadeverhalten selbst emotional reagieren zu wollen. Konzentrieren Sie sich daher zuerst auf die Interessen, Motive, Ziele und Argumente der Gegenseite. Dies kann mitunter zu überraschenden Erkenntnissen führen.

In vielen Verhandlungsfällen projiziert eine Seite ihr eigenes Interesse auf den Verhandlungsgegner, der doch wie man selbst »davon überzeugt sein müsse« – und muss feststellen, dass das überhaupt nicht zutrifft. Diese bemerkenswerte Fehlleistung der Wahrnehmung führt dazu, die unterschiedlichen Wahrnehmungsebenen einer Person in Bezug auf andere zu analysieren. Grundlegend sind hier die Erkenntnisse der Psychologen Joe Luft und Harry Ingham, die sich im sog. Johari-Fenster zusammenfassen lassen (▶ Dar. 10). Die Frage, wie jeder Mensch sich sieht und von den anderen gesehen wird, lässt sich demnach in vier Wahrnehmungsebenen beschreiben (vgl. Luft, 1955; Jeske, 1998: S. 14ff.), die zugleich die Wahrnehmungsintensität von Faktoren aufteilen.

Diese Übersicht über die unterschiedliche Wahrnehmung eigener und fremder Persönlichkeitsfaktoren, Emotionen und Wünsche belegt, wie häufig die Wahrnehmung eigener Wünsche und die der anderen Seite auseinanderklaffen können, so dass daraus auch Verhandlungsblockaden resultieren. Das führt unausweichlich zu einer fundamentalen Einsicht des Kommunikationsprozesses gerade bei Verhandlungen: Andere und damit auch der Verhandlungspartner sehen uns i. d. R. anders als wir uns selbst. Selbst- und Fremdwahrnehmung sind durchweg unterschiedlich. Dies ist als objektiver Befund zu akzeptieren und kann nicht die Grundlage von Schuldvorwürfen sein, die für jedes Verhandlungsverhalten von Anfang an destruktiv wirken. Gerade die Fallgruppe D, der berühmte »blinde Fleck«, kann von Bedeutung sein. Hier spielen die nicht selbst- aber fremdwahrgenommene Macken, Gewohnheiten, Verhaltens- und Kommunikationsmuster eine Rolle. Es ist offensichtlich, dass man sich angreifbar bzw. manipulierbar macht, wenn die Gegenseite dies wahrnimmt.

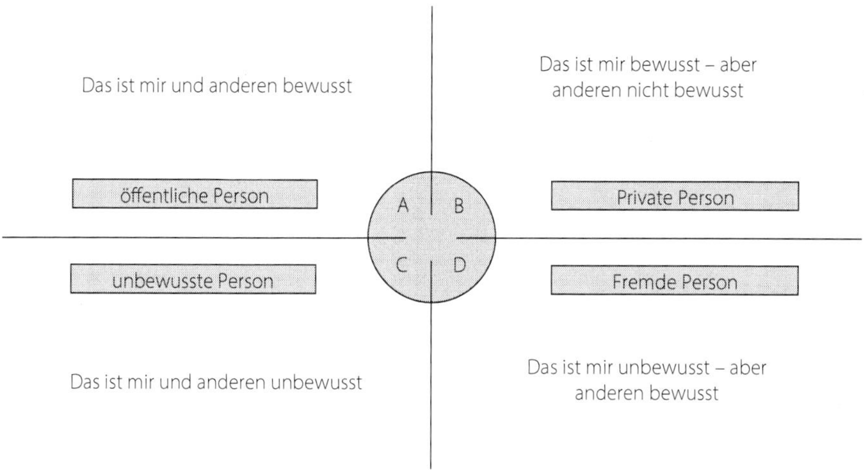

Dar. 10: Johari-Fenster mit 4 Wahrnehmungsebenen

Insgesamt werden nachstehend 9 Fallgruppen destruktiven Verhandelns mit operativ umsetzbaren Lösungen behandelt:

1. Übermäßige Angst davor, übervorteilt zu werden, überhaupt entscheiden zu müssen.
   Lösung: Behutsam »abholen«: Ursachenforschung betreiben, Wertschätzung spiegeln und behutsam »Vertrauenssignale« senden bzw. vertrauensbildend auftreten.
2. Angst davor, klar »nein« zu sagen und vor der negativen Reaktion des Gegners; Scheu, sich mit unangenehmen Dingen auseinanderzusetzen.
   Lösung: Das »Ja« nach Möglichkeit nicht erzwingen, sondern die »Demutsposition« auflösen (und sich aber auch nicht dadurch manipulieren zu lassen), die gegebene innere Abwehrhaltung durch Dialog auflösen.
3. Überhebliche Position eines arroganten Verhandlungspartners, der glaubt wegen seiner überlegenen Person nicht an der Verhandlung teilnehmen zu müssen.
   Lösung: Arroganz ist grundsätzlich eine emotionale Fehlleistung, die wahrnehmungsbasiert ist. Unbedingt das äußere Verhalten von der unbewussten, emotional-kognitiven Wahrnehmung und Absicht trennen. Diese analysieren und durch beharrliche Gegenpositionierung auflösen.
4. Verhandlungspartner lehnt den Verhandler als gleichberechtigtes Pendant ab.
   Lösung: geduldig hinterfragen, ggf. unpersönlichen Disput führen, dabei nicht provozieren lassen. Manchmal hilft es, einen gleichberechtigten Verhandler zu positionieren.
5. Verhandlungspartner hat Vorurteile gegen Verhandler bzw. negative Erfahrungen aus früheren Verhandlungen.
   Lösung: Unterscheide zwischen Vorfestlegungen aufgrund eigenen Fehlverhal-

tens; diese klar adressieren und sich entschuldigen. Bei sonstigen Vorfestlegungen: ohne Emotionen adressieren und nicht diese »weltbildähnliche« Sicht in den Grundfesten angreifen, sondern objektiv die Fehlsicht darlegen und auf Umsteuern abzielen.

6. Der Verhandlungspartner ist schlicht nicht vorbereitet und fürchtet, deswegen ausgenutzt zu werden.
   Lösung: Mit dem Verhandlungspartner analysieren: Ist Vorbereitung notwendig oder ggf. ein unmittelbarer Abschluss trotzdem sinnvoll? Im Zweifel behutsam den Vorbereitungsvorteil nutzen oder anderenfalls (aus der moralischen Überlegenheit heraus) einen definitiven Abschlusstermin fixieren.
7. Verhandlungspartner hat sich übereilt in eine ablehnende Position manövriert; die Diskussion ist in einer Sackgasse.
   Lösung: Auf keinen Fall rechthaberisch triumphieren! Es geht um den interessenzentrierten Abschluss: Freundlich-beharrlich am Wiedereinstieg arbeiten und den anderen wertschätzend abholen, Vorteile des Abschlusses und Nachteile der Verweigerung herausstellen. Daneben zeigt sich als wirksames Mittel in dieser Situation: Atmen Sie taktisch buchstäblich durch und schlagen eine Pause vor.
8. Die Verhandlung kommt für den Verhandlungspartner schlicht zur Unzeit, er hat andere Probleme.
   Lösung: Objektive Faktoren respektieren, aber Dringlichkeit aufrechterhalten. Dann die Chance nutzen und trotzdem die Vereinbarung anstreben – aber die Situation nur angemessen nutzen, nicht ausnutzen; ansonsten das (moralische) Recht auf Nachfolgetermin einfordern (Jeske, 1998: S. 113).
9. Verhandlungspartner blockiert, weil er nicht die Verhandlungsinitiative hatte.
   Lösung: Die Frage der Verhandlungsinitiative wird durchaus als relevant gesehen – man ankert damit ja ein Stück weit den Verhandlungsverlauf (vgl. Schranner, 2016: S. 132ff.). Dies kann auch als eine Statusfrage angesehen werden: »lässt man sich auf der Nase rumtanzen«? Möglicherweise kann dieses Problem durch Zugeständnisse abgewendet werden, im Vordergrund steht die positive Beziehungsebene für den Verhandlungserfolg.

In den meisten der dargelegten Fallgruppen kann festgestellt werden, dass der Verhandlungspartner augenscheinlich kognitiv von einer Situation ausgeht, die sich nicht unbedingt mit der Sicht der anderen Seite deckt. Dies ist die klassische Erkenntnis einer Analyse nach dem Prinzip des Johari-Fensters. Danach gibt es jedenfalls für den Verhandlungspartner subjektiv keinen Anlass, eine Lösung für die jeweilige Verhandlungsblockade zu finden. Er befindet sich in einer kognitiv-emotional basierten Defensivposition. Dies kann mit den neuen verhaltenspsychologischen Methoden durchweg analysiert und aufgelöst werden: Subjektive, emotionale Positionen sind – wie in jeder der Fallgruppen dargestellt – kein Grund eine objektive Diskussion und Verhandlung im Endergebnis zu blockieren. Es erfordert allerdings ein fundiertes Maß an Beharrungsvermögen, Ruhe und Verhandlungsgeschick, um den Verhandlungspartner dort abzuholen, wo er sich befindet und das Verhandlungsgeschehen weiter voranzutreiben.

Emotionen als Teil des Blockadeproblems oder als die zentrale Option für die Lösung?

Erfahrungsgemäß resultiert eine Blockade bzw. der Widerstand der Gegenseite in den Verhandlungen aus einer subjektiven Bewertung der objektiven Sachlage, die für die Gegenseite und ihre Interessenlage negativ ausfällt. Damit steht fest, dass das unbewusste System 1 des Verhandlungsgegners kognitiv und emotional abwehrend reagiert und dies zusammen mit dem skeptisch eingestellten System 2 eine massive Blockade aufzubauen beginnt. Daraus ergeben sich nicht selten interessante Ansätze für eine Lösung durch die Frage: Wie könnte die objektive Sachlage keine Gefahr, sondern eine Chance für den Verhandlungsgegner werden, seine Interessen zu verwirklichen?

Ein typisches Beispiel sind Verhandlungen mit dem Betriebsrat über die Einführung einer neuen Software, die infolge von Rationalisierungseffekten auch Arbeitsplätze in einem Betrieb gefährden kann. Hier spielen nicht nur objektive Interessen eine Rolle, sondern auch persönliche Anliegen und unmittelbare Sorgen um den eigenen Arbeitplatz, die zu einer massiven emotionalen Belastung der Verhandlungen führen können. Dies darf auf keinen Fall in den Verhandlungen bewusst übersehen werden. Die Lösung liegt häufig darin, durch Fortbildungsangebote und mitarbeiterfreundliche Umsetzung die emotionalen Sorgen zu minimieren – die betroffenen Mitarbeiter werden so – auch emotional – vom Teil des Problemes zum Teil der Lösung!

Die Kombination von rationaler Interessenanalyse und »taktischer« Empathie

Vor diesem Hintergrund ist verhandlungswissenschaftlich klar, dass eine Vielzahl von Fallgruppen der Verhandlungsdestruktion positiv gelöst werden können, wenn der entsprechende Wille besteht und die Fähigkeit zur konstruktiven Lösung ausgebildet ist. Es geht in erster Linie darum, emotional basierte Rechthabereien und Schuldzuweisungen zu vermeiden oder zurückzuführen. Wichtigstes Anliegen muss es sein, den Verhandlungsgegner dort abzuholen, wo er gerade kognitiv-emotional ist – »doppelte Brücke anstatt doppelten Grabens« (vgl. Schott/Troczynski, 2020: S. 113).

7.8 Der Verhandlungspartner als Rüpel

Welcher Verhandlungsprofi hat das nicht schon erlebt: In einer sich aufheizenden Stimmung beginnt der Verhandlungspartner zunehmend, sich wie ein Rüpel aufzuführen. Dabei ist man mit folgenden Fallgruppen konfrontiert:

- permanente Einwände und Vorwände,
- Unaufmerksamkeit,
- Unterbrechungen,

- Entrüstung,
- Einschüchterung,
- Provokation,
- Angriffshaltung.

Derartige obstruierende Verhaltensformen gehen durchweg auf eine hohe Emotionalisierung des Verhandlungsgegners zurück. Daher wird folgende Vorgehensweise vorgeschlagen (vgl. Jeske, 1998: S. 125):

- An welcher objektiven Stelle der Diskussion erfolgte die Eskalation?
- Sind die Interessen, die der Verhandlungspartner an diesem Punkt verfolgt, ihm subjektiv besonders wichtig und warum?
- Gibt es eigene Interessen, die damit verhandelt werden können (nach dem Grundsatz, dass nichts verlangt werden kann, ohne dafür etwas zu geben)?
- Vermitteln Sie – ruhig – den Eindruck, dieser Punkt sei der Gegenseite besonders wichtig.
- Ist das Verhalten taktisch hochgeschaukelt oder gibt es sachliche Gründe: Wenn diese nicht erkennbar sind, hilft oft bereits eine – ruhig gestellte – Frage danach, warum der Gegenseite dieser Punkt so wichtig zu sein scheint.

In jedem Fall sollte versucht werden, das rüpelhafte Verhalten abzufangen und zu relativieren (vgl. Nasher, 2015: S. 106f.). Wichtig ist es, die augenscheinliche Emotionalisierung und damit den massiven kognitiven (und auch hormonellen) Einfluss von System 1 (Adrenalinschub) einzudämmen und zur Ruhe zu bringen. Dies setzt die »eindämmend-abfedernde« Einstellung des eigenen unbewussten System 1 voraus. Ich gestehe, dass dies zu trainieren nicht einfach ist, da man selbst allzugern in den schon beschriebenen subjektiv-emotionalen Angriff-Flucht-Mechanismus umschalten will. Damit hätte allerdings zumindest der bewusst provozierende Rüpel sein Ziel erreicht! Wer den Sieg will, darf sich gerade hier nicht provozieren lassen.

Einwände, Vorwände und Teileinigungen

Im System der Verhandlungsblockaden sind wir bei einem weiteren wichtigen Fallbereich angelangt: Die Verhandlungen sind an sich schon erfreulich weit gediehen – aber eine Vereinbarung bzw. ein Ergebnis will und will nicht näher rücken, da dem Verhandlungspartner immer wieder etwas Neues einfällt, das dem Ergebnis nach seiner Auffassung im Wege steht. Dies kann sicher eine Konsequenz des Verhandlungsgrundsatzes sein: »Es ist nichts vereinbart, bevor nicht alles vereinbart ist«.

a) **Option für Teileinigung**
   Darin liegt aber bereits ein möglicher Lösungsansatz, der ins Spiel gebracht werden kann. Man sollte an dieser Stelle für sich prüfen: Liegt möglicherweise

schon ein weitgehendes Teilergebnis auf dem Tisch, mit dem man sich selbst zufriedengeben kann – und bei dem auch der »mauernde« Gegner schon aus der aktuellen Verhandlungsposition nicht mehr »nein« sagen kann, da er bereits »ja« gesagt hat? Cialdini (2017: S. 94ff.) weist hier auf das »Commitment-Prinzip« hin: Wenn es gelingt, dass der Partner seine Zustimmung zum bisher erreichten erklärt – dann wirken in seinem unbewussten System 1 kognitiv-bewertende und emotionale Faktoren darauf hin, sich weiter konsistent zu verhalten, er kann schlichtweg nicht zurück, er hat ja soweit schon zugestimmt. Das Streben nach Konsistenz wird von führenden Psychologen ohnehin als ein zentrales menschliches Handlungsmotiv gesehen.

Generell kennt und schätzt zumindest die Rechtswissenschaft die disziplinierende Wirkung einer Teilentscheidung: § 301 ZPO zwingt sogar ausdrücklich jedes deutsche Gericht zu einem Teilurteil, wenn ein selbständiger Teil eines Prozesses zur Entscheidung reif ist. Nur wenn das Gericht nach Lage der Sache dies nicht für angemessen erachtet, kann (muss aber nicht) eine Entscheidung unterbleiben – der Grund ist klar: Jetzt hat auch der Richter einen Hebel des Commitments in der Hand, um nach eigenem Ermessen die Parteien in einen weitreichenderen Vergleich zu bringen (vgl. Thomas et al., 2020: § 301 Rd. 4). Ein wichtiges praktisches Beispiel ist etwa eine Teilentscheidung in Scheidungsverfahren.

b) **Hartnäckige Verweigerung**

Ist eine Teileinigung konkret nicht sinnvoll, wird als nächstes zu fragen sein, ob ein wirklicher Einwand des Verhandlungspartners vorliegt und er nicht etwas verschleiert, also ein Vorwand genutzt wird, um zu »mauern« (vgl. Jeske, 1998: S. 115f.). Ein klassischer Fall des hartnäckigen Einwandes in Verhandlungen zeigt folgendes Beispiel: Nach einer harten Tarifverhandlungsrunde sind sich die beiden Tarifparteien inhaltlich schon sehr nahegekommen. Und dennoch schiebt der Verhandlungsführer der Arbeitgeber – auch zum Unmut eines Teils seiner Verhandlungskommission – den erreichten Verhandlungsstand mit der Bewertung zur Seite: »Dieser Abschluss kommt uns zu teuer«.

Bei der Behandlung von derartigen Einwänden ist zugrunde zu legen, dass sie von der Verhandlungspartei ernsthaft eingebracht werden und – anders als beim Vorwand – kein Scheinmanöver darstellen. Schließlich weiß diese Partei üblicherweise, welche Probleme sie damit sich selbst bereiten kann. Daher sind sie von der Gegenpartei verbal und auch nonverbal auf jeden Fall taktisch ernst zu nehmen; dies ist auch so zum Ausdruck zu bringen. Damit wird dem unbewussten System 1 der Gegenseite und auch seinem Bewusstsein kognitiv signalisiert, dass das Verhalten bei allen eigenen Vorbehalten gewürdigt und ernst genommen wird. Ein Anlass zur weiteren Emotionalisierung ist damit nicht gegeben, man kann rational-orientiert weiterverhandeln. Hier wird empfohlen, Rückfragen zu stellen. Eine wichtige Option dabei ist die gezielte Frage, ob nach Wegfall des dargelegten Einwandes die Bereitschaft zur Zustimmung gegeben ist (vgl. Jeske, 1998: S. 117). Sollte dies der Fall sein, kann die Verhandlungsblockade durchaus abgearbeitet werden: Jetzt geht es in der Tat um

den finalen Preis, weil das Commitment zur Vereinbarung ja bereits bedingt besteht. Hier kann das gesamte Spektrum der dargestellten Argumente eingebracht werden, um die eigene Verhandlungsposition so weit wie möglich zu bewahren. Ansonsten ist i. d. R. die »letzte Runde« eingeläutet. Zudem ist der Verhandlungspartner – bewusst – in die Lösungsfindung eingebunden.
Im konkreten Beispielsfall konnte (nach informellen Kontakten am Rande) auch eine befriedigende Lösung gefunden werden: Die Tariferhöhung wurde in einer erneuten – finalen – Verhandlungsrunde zeitlich gestaffelt: Damit fiel für das laufende Geschäftsjahr die Lohnerhöhung »gewichtet« kaum finanziell als Belastung auf und im folgenden Geschäftsjahr war die Belastung ohnehin kalkulatorisch weitgehend eingerechnet worden. Das erklärte Commitment des Verhandlungsführers zum Abschluss (wenn es nicht so teuer käme) konnte so letztlich wegdiskutiert werden. Auch die Vertreter der Gewerkschaften waren zufrieden: Sie konnten die geforderte Erhöhung in Prozentzahlen unverändert als Erfolg präsentieren (vgl. zum »Verhandlungsdrama« bei Tarifverhandlungen Voeth/Herbst, 2015: S. 11ff.).

c) **Vorwand**

Anders als bei Einwänden handelt es sich hier um einen Verhandlungsvorbehalt, bei dessen Wahrnehmung die Alarmglocken schrillen sollten: Letztlich äußert der Verhandlungspartner Gründe gegen das Verhandlungsergebnis, die vorgeschoben sind. Die wahren Motive hingegen werden nicht mitgeteilt (vgl. Jeske, 1998: S. 115). Er lässt sich – duchweg spürbar – eher zum Schein auf die Einigung ein. Damit besteht die Gefahr des Scheiterns der Verhandlungen akut. Die Gründe für Vorwände können mannigfaltig und auf beiden Verhandlungsseiten begründet sein (vgl. Jeske, 1998: S. 118). Die wesentlichen Fälle sind dabei:

- Misstrauen gegen den Auftritt und Charakter der anderen Vertragsseite,
- mangelnde Vorbereitung, Präsentation und Kompetenz,
- massive Kommunikationsfehler,
- schlechte Vorerfahrungen,
- anhaltende Zweifel,
- Angst vor Übervorteilung und Fehlern.

Viele Verhandlungspartner nehmen dabei erfahrungsgemäß zwar mit einem gewissen Unbehagen die Verhandlungssituation wahr – setzen aber dennoch unbeirrt ihr Verhandeln fort in der Hoffnung, dass alles gutgehen möge. Damit haben sie aber einen klassischen Fehler im Umgang mit Vorwänden begangen: Vorwände sind i. d. R. bereits kognitiv-emotional im unbewussten System 1 der anderen Seite angelegt. Dort wo sich z. B. keine sog. »kognitive Leichtigkeit« für den einzelnen in der Verhandlungssituation einstellt, wird nach Kahneman das Unterbewusstsein in einem misstrauischen und abwehrenden Zustand sein und bleiben. Fallgruppen sind hierfür oben dargestellt. In diesem Zustand ist man durchweg eher wachsam und argwöhnisch, fühlt sich unbehaglicher, ist weniger intuitiv und kreativ, sondern bewusst aufmerksam und kritisch (Kahneman, 2015: S. 82). Dies beeinflusst unmittelbar auch die Einstellung des bewussten System 2 in Richtung Vorsicht, Misstrauen und Aufmerksamkeit. Damit wird aber ein wichtiges subjektives Abwehrverhalten in vielen Fällen ausgelöst, das sog. Reaktanzverhalten (vgl. Cialdini, 2017: 322ff.; Häusel, 2015: S. 193f.). Wenn eine Verhandlungspartei das Gefühl hat, etwas gegen ihren Willen zu tun oder von der anderen Seite bevormundet zu werden, reagiert sie mit klassischem Abwehrverhalten, das sich in Form des Fluchtverhaltens im Abbruch von Verhandlungen und dem Selbstschutz in Form von Vorwänden ausdrückt.

In diesem Zustand wird eine Verhandlungspartei wohl kaum mehr hoffen können, einen Abschluss zu erzielen. Aus diesem Grund sollte sie – wenn sie die klassischen, oben beschriebenen Merkmale bemerkt – unbedingt aus der Verhandlungssituation heraustreten und die als unangenehm empfundene Situation mit der anderen Seite besprechen (vgl. Nasher, 2015: S. 107f.). Das Aussprechen ihrer eigenen subjektiven Wahrnehmung wird durchweg vom unbewussten System 1 der betroffenen Seite positiv (kognitiv-emotional) wahrgenommen: Sie wollen den Partner eben nicht in die Enge treiben oder übertölpeln, sondern die wahrgenommene negative Einstellung mit dem anderen besprechen. Dabei wird zu Vorsicht und Behutsamkeit geraten (vgl. Jeske, 1998: S. 119f.). Ein Vorwand ist buchstäblich eine kommunikative Barriere, die als »Vor-Wand« den Verhandlungspartner schützen soll. Sie kann nicht einseitig eingerissen, sondern nur gemeinsam abgebaut werden.

In einer stockenden Kaufverhandlung wäre es etwa sinnvoll, das ausgedrückte Unbehagen direkt anzusprechen, etwa im Dialog mit folgenden Kernsätzen: »Ich habe das Gefühl, dass die Entscheidung für sie noch nicht endgültig feststeht. Wenn sie noch Fragen haben oder Zeit brauchen, können sie mir das gerne sagen. Mir geht es darum, dass sie vollständig überzeugt sind. Uns liegt beiden an einer richtigen Entscheidung für ihre Zukunft. Sorgfalt und Information geht gerade an diesem Punkt vor Unsicherheit und Eile.« Mit anderen Worten: Sich aus der konkreten, gefährdeten Verhandlungssituation herausbewegen und die Situation reflektieren ist deutlich effizienter als »Hardselling« um jeden Preis: Dieses würde letztlich mit der Widerrufserklärung in einem wirtschaftlichen Totalverlust enden (vgl. Häusel, 2015: S. 193).

Verhandlungspartner baut Druck auf

Eine klassische Blockade- bzw. Konfliktsituation in Verhandlungen wird dann ausgelöst, wenn eine Verhandlungspartei beginnt, die andere unter massiven Druck zu setzen. Die klassischen Verhaltensweisen sind dabei (vgl. Fisher/Ury 2015: S. 192ff.; Jeske, 1998: S. 125ff.):

- Drohungen,
- Fristsetzungen/Ultimaten,
- extreme Forderungen,
- die Weigerung zu verhandeln,
- Entscheidungszwang (»Take it or leave it«).

Der Umgang mit solchen Verhaltensweisen ist eines der schwierigsten Szenarien überhaupt; dies gilt überraschenderweise für beide Seiten in Verhandlungen.

Drohungen

Sie sind ein nicht ungewöhnliches Druckmittel – mit Risiken für beide Verhandlungspartner. Das erste relevante Risiko ist, dass der Angreifer mit seinem Verhalten möglicherweise rechtswidrig handelt oder sich sogar strafbar macht. Die entsprechenden Schutznormen sind §§ 138, 826 BGB sowie der Straftatbestand der Nötigung § 240 StGB. So ist etwa das Ausnutzen einer Notlage des Verhandlungspartners, der dringend Liquidität benötigt, durch das Angebot eines Darlehens zu Wucherzinsen oder den Ankauf einer Produktionsmaschine weit unter Wert (z. B. weniger als 50 Prozent) sowohl nichtig als auch strafbar, da man durch Drohung mit einem empfindlichen Übel die Gegenseite zu einer Handlung bestimmt – und da es konkret eine Vermögensverfügung wäre, ist es sogar als Erpressung zu werten (§ 253 StGB). Diese Gefahren sind nicht zu unterschätzen: Das strafrechtliche Entdeckungsrisiko ist zum einen häufig durchaus gegeben, da in nicht wenigen Fällen auch eingeweihte Whistleblower auftreten können. Zum anderen läuft der Drohende in diesem Fall in die sog. Steuerfalle: Der rechtswidrige Gewinn wird nämlich in der weit überwiegenden Zahl solcher Beispiele nicht versteuert. Es ist eine alte Weisheit der Kriminologie, dass gerade der »Wuchergewinnler« seine Erträge nicht auch noch mit dem Finanzamt teilen will.

Das zweite Risiko für den Angreifenden liegt in der Voraussetzung, dass der Druck auch wirklich ein- und umgesetzt werden kann und er nicht als »brüllender Tiger« erfolgreich ist, sondern als »Bettvorleger« endet. Dies kann geschehen, wenn der Verhandlungspartner sich mit einer Ausweichstrategie vorbereitet hat.

Der Beispielklassiker ist die Drohung mit dem Abbruch von Verhandlungen oder Beziehungen – von Tarifverhandlungen über Vertragsverhandlungen, Auseinandersetzungen mit dem Betriebsrat, Besprechungen bei Projektkrisen bis hin zu Auseinandersetzungen bei Trennungen im Gesellschafts- oder Familienleben. In den meisten Fällen war die Lösung mit einem altbekannten Sprichwort parat: »Wer durch diese Tür hinausgeht, wird auch durch diese Tür wieder hereinkommen«. Irgendwann muss das Gespräch doch weitergehen. Der ganze damit verbundene emotionale Aufwand verpufft meist erfolglos. Man sollte daher sehr genau prüfen, ob eine Drohung tatsächlich das objektive Potenzial hat oder diese Maßnahme nicht aus einer übereilten kognitiv-emotionalen Befindlichkeit von einem ungeduldigen System 1 produziert und dem System 2 als plausible Handlung vorgegeben wurde (vgl. Nasher, 2015: S. 272f.).

Daraus resultiert eine wichtige Handlungsanleitung in solchen Droh- bzw. Drucksituationen: Einem emotional vorgetragenen Druck darf niemals nachgegeben werden – unterwerfen Sie sich nur vernünftigen Erwägungen (vgl. Fisher/Ury, 2015: S. 134f.; Nasher, 2015: S. 266f.). Dabei ist unbedingt zu beachten, dass die Formulierung nicht selbst eskalierend wirken darf. Empfohlen sind daher Fragetechnik, Erwägungen zur Zweck-Mittel-Relation für den hypothetischen Fall des Ver-

handlungsabbruchs, Ablenkung hin zu sekundären Themenstellungen oder auch das Angebot einer Verhandlungspause (Jeske, 1998: S. 127).
Fisher/Ury (2015: S. 198f.) weisen zurecht darauf hin, dass Druck häufig nur das Gegenteil von dem bewirkt, was man beabsichtigt. Die Gegenseite beginnt buchstäblich »die eigenen Reihen zu schließen«, ein Solidaritätsgefühl entsteht – der Grund liegt wiederum weniger in der objektiven Bewertung der Situation. Auch hier weist die moderne verhaltenspsychologische Forschung den Weg: Druck auf eine Gemeinschaft bewirkt kognitiv-emotional im unbewussten System 1 die Aktivierung des Kampfschemas, das anders als beim einzelnen weniger im Fluchtmechanismus mündet. Cialdini (2017: S. 322f.) beschreibt plastisch, wie instinktiv Gruppen das heuristische Konzept der Reaktanz anwenden, wenn Sie sich unter Druck gesetzt fühlen. Für die eigene Verhandlungsführung sollten Sie es mit einer bekannten Weisheit von Macchiavelli halten, die seit 500 Jahren unverändert gültig ist: »Ich halte es für einen der größten Beweise menschlicher Klugheit, sich in seinen Worten jeder Drohung oder Beleidigung zu enthalten. Weder das eine noch das andere schwächt den Feind, vielmehr machen ihn Drohungen nur vorsichtiger und Beleidigungen steigern seinen Hass gegen dich und beflügeln ihn, nachhaltiger auf dein Verderben zu sinnen«.

Fristsetzungen/Ultimaten

Ein häufiges Druckmittel einer Verhandlungspartei besteht darin, in die Verhandlung eine Frist für die Vereinbarung einzuführen oder sogar mit einem Ultimatum zu drohen. Cialdini (2017: S. 320f.) weist darauf hin, dass damit ein klassischer psychologischer Überzeugungstrigger gesetzt wird. Man führt ein Knappheitsargument ein, die Zeit wird knapp. Es handelt sich um ein psychologisches Überzeugungsinstrument, das durchaus allgemeine Wirksamkeit zeigen kann, etwa auch beim Werbespruch »nur noch heute«. Häusel (2015: S. 192) weist dabei auf den klassischen Haken hin: Die Frist sollte sehr vorsichtig, eher beiläufig eingeführt werden; auf keinen Fall dürfe ein sog. Abschlussdruck aufgebaut werden. Eine ultimative Fristsetzung kann die psychologische Wirkung ins Gegenteil verkehren und eine sog. negative Reaktanz auslösen mit den schon dargestellten Abwehreffekten (vgl. Häusel, 2015: S. 193; Cialdini, 2017: S. 348ff.; Nasher, 2015: S. 41f.).
Daraus lässt sich auch die effizienteste Abwehrstrategie ableiten: Fragen Sie, was wirklich passierte, wenn die Frist verstreichen würde (vgl. Jeske, 1998: S. 126; Gates, 2019: S. 203f.). Damit verbunden ist die Überlegung, was die Gegenseite wirklich will – denn keine Fristsetzung geschieht ohne Grund. Auch Voss (2017: S. 143) belegt in der Verhandlungsextremsituation einer Geiselnahme die Wirkungslosigkeit von Fristsetzungen: Gute Verhandlungsführer widerstehen diesem Drang. Die Überschreitung führt selten zu den Konsequenzen, die wir befürchten oder man uns einreden will. Fristen sind die erklärten Feinde der Verhandlung, fast immer sind sie selbst gemachte Hirngespinste, die uns unnötigerweise in Unruhe versetzen (Voss, 2017: S. 144). Aus Sicht der Verhandlungswissenschaften ist daher i. d. R. geboten, sich nicht auf einseitige Fristsetzungen einzulassen, dies aber mo-

derat dem Verhandlungspartner zu kommunizieren (vgl. Jeske, 1998: S. 127). Auch hier gilt der Grundsatz, eine mögliche Verhandlungsblockade kognitiv-emotional abzuwenden und eine Provokation nicht zuzulassen.

Extreme Forderungen

Klassische Verhandlungen verlaufen häufig in halbwegs geordneten Bahnen und i. d. R. kennen beide Parteien ihr »Zone of possible agreement« (vgl. Voss, 2017: S. 238f.; Schranner, 2016: S. 49f.). Da kann eine plötzlich formulierte extreme Forderung wie eine Bombe einschlagen, etwa wenn bei einer Verhandlung über einen Hauskauf der Verkäufer eine (vernünftige) Preisvorstellung von 600.000 Euro äußert, der Käufer jedoch eine Summe von 250.000 Euro bietet. Die Verhaltenspsychologie kennt durchaus die Wirkung solcher Beiträge: Sie führen – wie dargestellt – zu sog. Ankereffekten im kognitiven Denken der Gegenseite. Dieser Ankereffekt ist allerdings mächtiger als man denken mag. Kahneman (2014: S. 157f.) beschreibt seine Einflusswirkung unter Verweis auf wissenschaftliche Studien auf etwa 40 Prozent. Mit anderen Worten, eine Preisvorstellung von ca. 360.000 Euro wäre im vorliegenden Fall vermutlich als noch akzeptierte Verhandlungsbasis der Gegenseite nicht aufgefallen. Dies belegt, dass bei Verhandlungen der Begriff der »extremen Forderung« vorher durchaus hinterfragt werden sollte. Dies gilt vor allem in Kulturkreisen, in denen das sog. Feilschen eine kulturell übliche Verhandlungsform ist (vgl. Gates, 2019: S. 43; Schott/Troczynski, 2020: S. 30).

Die Angemessenheit der Forderung ist damit ein kognitiv-emotional wichtiger Aspekt für die beiderseitige Verhandlungswahrnehmung. Dabei können Ankereffekte zumindest für die Auftaktangebote zu großen Differenzen führen. Es ist auf jeden Fall zu bedenken, dass auch die Gegenseite von einem potenziellen Ergebnis 40 Prozent nach oben abweichen kann, weil auch sie ihren Anker setzt. Diese »Partnerperspektive« sollte daher immer bedacht werden und ggf. auch im Verhandlungsgespräch angesprochen werden, wenn die Gegenforderung (etwa im vorliegenden Beispiel bei 840.000 Euro liegen würde). Voss (2017: S. 248f.) befürwortet in diesem Zusammenhang eine Ankerreduktion von 35 Prozent bzw. einem Drittel mit vernünftigen Gründen. Die Kernfrage lautet immer: Kann man mit einigem Wohlwollen auf beiden Seiten wahrscheinlich doch zu einer guten Einigung kommen? (vgl. Schott/Troczynski, 2020: S. 29) Die Ergebnisfindung wird am besten mit eingehenden Fragen nach der jeweiligen Preisermittlung unterstützt. Wer seine Preisvorstellung daher nicht begründen kann, wird Probleme bekommen. Das starre Festhalten an überzogenen oder extremen Forderungen ist jedenfalls eine Steilvorlage für die andere Seite, ggf. (natürlich in verbindlichem Ton) die Verhandlung zu beenden – die moralische Legitimation dazu hat man dann auf jeden Fall. (vgl. Fisher/Ury, 2015: S. 195).

Die Weigerung zu verhandeln

Wir haben bereits eine Reihe von Szenarien beschrieben, in denen eine Verhandlungspartei zögert oder Verhandlungen blockiert. Der gravierendste Fall ist die

Weigerung der anderen Seite, überhaupt zu verhandeln. Fisher/Ury (2015: S. 194f.) weisen mit Recht darauf hin, dass ein wesentliches Motiv der anderen Seite darin liegen kann, bereits den Eintritt in Verhandlungen dafür zu nutzen, um Zugeständnisse zu verlangen oder Vorbedingungen zu stellen.
Ein aktuelles Beispiel liefert die Corona-Krise: Im Rahmen einer vorbereitenden Korrespondenz kündigte Italien an, die Verhandlung für ein europäisches Hilfspaket zu boykottieren, wenn nicht die Einführung von sog. Corona-Bonds definitiv vereinbart werde, also die Zeichnung von gemeinschaftlichen Schuldverschreibungen der EU (vgl. tagesschau.de vom 14.4.2020). Letztlich ist die Verhandlungsverweigerung unter einer Bedingung eine Vorverlegung der Verhandlung als solcher: Partei 1 versucht schon vorab, eine (relevante) Frage aus der Verhandlung in eine Zusicherung umzuwandeln, um so ihre Verhandlungsposition zu verbessern. Im konkreten Fall ging es um die Haftungsverlagerung weg von Italien auf die EU. Dieses Manöver ist heikel: Genausogut könnte ja eine andere Partei 2, etwa die Niederlande, sagen, dass eine Verhandlung über diesen Punkt stattfinden kann – aber nur in einer Verhandlung und nicht vorab. Damit wäre der »moralische schwarze Peter« elegant bei der Partei 1 geparkt, die diese Bedingung gestellt hat. Als Verhandlungsschritt empfiehlt sich daher, ohne Provokation den Vorgang kognitiv-emotional mit Bedacht zur Kenntnis zu nehmen und mit der Partei 1 über die Frage der Weigerung direkt zu sprechen: Augenscheinlich ist die Bedingung derart bedeutsam, dass sie zur Geschäftsgrundlage der künftigen Verhandlungsbeziehung zählen soll. Dies ist für die andere Verhandlungspartei eine Information, die für die Strategie von enormem Interesse ist: Wenn die Vorbedingung so wichtig ist – dann hat das Eingehen auf sie ggf. einen Preis, wenn nicht sogar einen hohen! Wer mit dieser Vorbedingung konfrontiert ist, sollte sich daher immer fragen, wie ggf. seine Gegenforderung lautet. Daneben stellt sich hier die Frage, wie weiterverhandelt werden kann, ohne auf die Vorbedingung einzugehen! Es empfiehlt sich hier ggf. die Hinzuziehung eines Schiedsrichters, wenn dennoch verhandelt werden soll (vgl. Fisher/Ury, 2015: S. 195).
Insgesamt zeigt sich jedoch, dass eine derartige fundamentale Verweigerung eine zumeist fragwürdige Form der Verhandlungsblockade darstellt. Man gibt selbst wesentliche Informationen preis und legt sich auf ein Ergebnis fest, das nun gerade deswegen von der Gegenseite als Preis für die eigene Verhandlungsbereitschaft verwendet werden kann. So hat es sich ja letztlich auch im konkreten Beispiel ergeben: Das Verhalten Italiens – Geld ohne jede Sparauflage über EU-Bonds unbedingt erhalten zu wollen – war eine wertvolle Information für die Parteien, die auf ESM-Auflagen bestanden haben. Das nutzten auch die Staaten der sog. »sparsamen Vier« um die Niederlande und Österreich als Steilvorlage aus: Sie konnten nun argumentieren, dass ihr Argwohn richtig war und Italien die Solidarität der anderen EU-Länder ausnutzen wolle, ohne auch nur irgendein Entgegenkommen bei Haushaltsrestriktionen anzubieten. Italien stand nun vor der Alternative, zu vermutlich höheren (schlechteren) Zinskonditionen sich zu verschulden oder wieder an den Verhandlungstisch zurückzukehren. So kam es dann ja auch.

Take it or leave it

Faktisch wird durch diesen Anglizismus die Definition für die anstehende Konstellation formuliert. Die Verhandlung ist an sich fast beendet, ein Verhandlungsergebnis liegt auf dem Tisch – nun gilt es, sich positiv oder negativ zu entscheiden (vgl.Fisher/Ury, 2015: S. 199); dies kann auch geschehen, wenn sich nach langen Verhandlungen der Partner immer noch nicht festlegen will (vgl. Jeske, 1998: S. 139f.). Was passiert, wenn nun eine der beiden Seiten erklärt: So, also zu diesen Bedingungen und nicht anders – und sich schon anschickt, aufzustehen und zu gehen (vgl. Nasher, 2015: S. 272f.). Diese Situation bedarf vorab zweier Nachfragen:

- Ist die Verhandlung wirklich objektiv beendet – oder nur kognitiv-emotional für eine Seite, die nun ankündigt, sich so zu verhalten?
- Hat der Verhandlungspartner möglicherweise außerhalb der Verhandlung eine vergleichbare oder bessere Alternative? (vgl. Jeske, 1998: S. 140)

Diese Konstellation ist auch in der Verhaltensökonomie von hohem Interesse – aus ihr wurde daher auch ein prämiertes Strategiespiel mit gleichem Namen entwickelt. Für den Fall, dass die Verhandlung an einem Schlusspunkt angekommen ist, gibt es für den abschlussinteressierten Verhandler nur noch die Möglichkeit: Verknappe das Ergebnis, aber eher indirekt-beiläufig als auf drohende Weise (vgl. Häusel, 2015: S. 192f.). Damit kann man kognitiv-emotional im Unterbewusstsein den Jagdinstinkt aktivieren. Dieses würde bei Drohungen nur ein Reaktanzverhalten der anderen Seite auslösen, die ihrerseits nun den Anlass hätte, die Verhandlung tatsächlich zu beenden. Der angestachelte Jagdinstinkt hingegen kann dann durchaus mit einer Aktivierung der Verlustaversion einhergehen, wenn es dem Verhandler gelingt, die sicheren Verluste für den Fall eines Scheiterns der Verhandlungen darzustellen.

Das klassische Beispiel hierfür ist das Akzeptieren von Allgemeinen Geschäftsbedingungen (AGB) im Internethandel nach (!) der Auswahl eines Produktes (vgl. Wendland, 2019: S. 686). Will man dann noch den Verkauf rückgängig machen? In den meisten Fällen kalkuliert der Verkäufer das ein – und macht den Deal!

Diese Erwägungen sind dann weniger erfolgreich, wenn der Verhandlungspartner tatsächlich eine vergleichbare Alternative ziehen kann und auch geht. Wie auch immer – ein ruhiges, nicht emotional-aufgewühltes Auseinandergehen wäre dann immer noch besser als ein erbitterter Streit, der wirklich niemandem nutzen würde. Es gilt davor aber die schon oben gemachte Frage: Muss man wirklich auf ein fast sicheres Geschäft jetzt noch verzichten wollen? (Kahneman, 2014: S. 348ff.).

Der Verhandlungspartner lockt auf Nebenkriegsschauplätze oder wechselt das Thema

Ablenkungsmanöver in der Verhandlung sind so alt wie die Verhandlungen selbst. Bereits Schopenhauer (2006: S. 29) beschäftigte sich eingehend mit den tückischen

Konsequenzen der sog. »Diversion«. Die Themenbreite, eine Verhandlung auf den Holzweg zu führen, ist dabei enorm: Subjektive Ansichten, Meinungen, Werturteile, Glauben, Ideologien, Verhaltensnormen oder modern-berüchtigte Fake News. Schwerpunktmäßig wollen wir uns mit zwei Fallgruppen beschäftigen, die beispielhaft den Umgang mit derartigen Taktiken schildern:

- **Verwässern und Entstellung von Tatsachen:**
  Die Verwässerung von Tatsachen erscheint in unterschiedlicher Gestalt: Es handelt sich um die Untertreibung oder Übertreibung, einseitige oder zu vage Darstellung von Tatsachen. Die Diskussion um die Schuldenkrise in Griechenland kann hier als Beispiel dienen: Dabei gehen wir als eigene Argumentation von dem Grundsatz der (deutschen) Finanzpolitik aus. Jedes Land muss seine Schulden auf Dauer selbst zurückzahlen. Hierzu wird dann folgende, verwässernde Position aufgebaut: Was heißt, dass Griechenland Schulden gemacht hat. Letztlich hat doch Deutschland davon profitiert, indem für das ausgegebene Geld deutsche Güter importiert wurden; denken Sie nur an den boomenden Automarkt. Und heute erhält Deutschland als Gläubiger derart hohe Zinserträge für die aufgelaufenen Verbindlichkeiten, dass es nur fair ist, sie anzurechnen. Und zu guter Letzt profitiert ja Deutschland am meisten davon, wenn Griechenland in der Euro-Zone gehalten werden kann. Eine geschickte verbale Übertreibung, Anpassung, Verschönerung, Verniedlichung von Sachverhalten wird eingeordnet in die Bandbreite zwischen Hyperbel, Emphase und Euphemismus (vgl. Duden, 2011: S. 116). Dies zeigt den rhetorischen Effekt, dass harte Tatsachen plötzlich in einem weicheren Licht erscheinen, was sich nun aufgrund der neuen psychologischen Einsichten auch erklären lässt: Die Verwässerung, Veränderung und Entstellung von Tatsachen als bekanntes verhandlungswissenschaftliches Instrument zeigt daher nicht selten durchaus hohe Wirksamkeit.
  Auch wenn die eigentliche argumentative Kraft solcher Aktionen nicht die stärkste ist – ihr rhetorisches Potenzial kann enorm sein. Selbst die Vertreter der reinen Argumentationstheorie müssen zugestehen, dass eine Tatsachenverschiebung in die von der anderen Verhandlungsseite gewünschte Richtung eine »raffinierte Variante« ist: »What you see is what you want to believe«. Dies wird in der Psychologie als die sog. »conjunction fallacy« bezeichnet. Unser unbewusstes System 1 akzeptiert intuitiv eine stimmige bzw. plausible Geschichte (vgl. Kahneman, 2014: S. 247ff.; Dobelli, 2015: S. 169). Solange also das unbewusste System 1 mit einer verschönernden Variante des Sachverhaltes durch den Verhandler versorgt wird, kann dieser zu seinen Gunsten die Härte der gegnerischen Argumente abpuffern. Eine bezwingende Erzählung fördert die Illusion der Zwangsläufigkeit (Kahneman, 2014: S. 248): Ein geschickter Verhandler kann so den Gang der Verhandlung gezielt in seine Richtung verändern (Kahneman, 2014: S. 249). Wer in Verhandlungen also geschickt an der Konstruktion der Wirklichkeit »schraubt«, kann beim Verhandlungspartner auf das unbewusste System 1 einwirken. Häusel (2015: S. 150ff.) betont eindringlich,

wie eine gute »Story« und »magische Worte« zu einer veränderten Realitätswahrnehmung führen können, die das Denken und das Verhandlungsverhalten beeinflusst.
Das macht diese Taktik für die andere Verhandlungsseite nicht eben leichter: Man muss den »Verwässerer« und »Storyteller« ja buchstäblich wieder auf den »Boden der Tatsachen« zurückbringen - und sich auch selbst möglicherweise der manipulativen Wirkung des anderen entziehen. Die wichtigste Handlungsempfehlung kann daher nur lauten: Behalte die Übersicht (vgl. Jeske, 1998: S. 134) - und dann gilt es, die Manipulation nüchtern zu relativieren und die andere Verhandlungsseite dort wieder abzuholen und zum Verhandlungskern zurückzubringen.

- **Die Unterstellung schlechter Motive oder verdeckter Interessen:**
  Schopenhauer (2006: S. 73) beschreibt diese Verhandlungstaktik als » letzten Kunstgriff«. Der Verhandler will gezielt vom eigentlichen Thema ablenken und greift plötzlich die Gegenseite an. Die Funktionsweise dieses Angriffs auf den anderen Verhandler ist tückisch: Im Ergebnis wird dabei der argumentative Streitgegenstand ausgewechselt. An sich stehen sachliche Fragen im Mittelpunkt. Gerade dann, wenn ein Verhandler fürchten muss, hier argumentativ zu unterliegen, setzt er zu einem Ablenkungsmanöver an: Die Unterstellung von Befangenheit, Interessenkonflikten, unlauteren Motiven und Machenschaften soll den Verhandlungsgegner persönlich diskreditieren. Die Absicht ist durchsichtig: Man konzentriert sich auf den neuen Sachverhalt und schiebt die an sich vorgesehene Entscheidung zumindest auf.
  Diese Argumentationsstrategie ist daher an sich als eine Scheinargumentation einzustufen. Es ist allerdings allzu gut bekannt, dass in vielen Fällen derartige Strategien erfolgreich sind. Dabei kann durchaus zwischen dem persönlichen Angriff auf den Gegner selbst und dem Eingehen auf das persönliche Umfeld unterschieden werden - getreu der Tradition der eristischen Rhetorik. Die Diskreditierung der Motivation und des Umfeldes des Verhandlungsgegners führt so verblüffenderweise zur Diskreditierung seines Standpunktes in der Sache. Und manchmal bringt der Angriff auf das Umfeld und die Motive den so Angegriffenen sogar dazu, sich aus der Diskussion schweigend zu verabschieden und dem triumphierenden Angreifer den Sieg zu überlassen. Bereits Schopenhauer (2006: S. 73ff.) rät daher dem Verhandler, sorgfältig zu prüfen, ob man angreifbar ist und daher nicht lieber schweigen sollte. Er weist darauf hin, dass im Ernstfall eine wüste rhetorische Rauferei drohen könnte, die beide Verhandlungspartner diskreditieren dürfte.
  Was ist aber der Grund dafür, dass diese Strategie der »indirekten« persönlichen Attacke rhetorisch so wirksam ist? Neurolingual lassen sich zwei Erklärungen formulieren: Zum einen wird durch den Verhandler für das unbewusste System 1 eine Sach- oder Zielfrage durch eine leichter zu beantwortende Personenfrage ersetzt: Ist die Gegenseite befangen und handelt aus schlechten Motiven? (vgl. Kahneman, 2014: S. 128f.) Zum anderen wird den Anwesenden eine sehr kohärente und plausible Geschichte zur Erklärung eines Sachverhaltes angeboten.

Selbst wenn sie nicht zutreffen sollte – Kohärenz, Plausibilität und Wahrscheinlichkeit werden von den Unbesonnenen und dem unbewussten System 1 leicht durcheinandergebracht (Kahneman, 2014: S. 198). Damit wirkt sich die unkritische Ersetzung von Sachlichkeit durch Plausibilität schädlich auf Urteile und Bewertungen im Verhandlungsverlauf aus. Auf diese Weise kann es tatsächlich gelingen, in der Verhandlung unbewusst, aber höchst effizient abzulenken und auch die Gegenseite in eine neue Richtung denken zu lassen.
Die Verhandlungswissenschaft behandelt daher auf der Grundlage der neurolingualen Erkenntnisse diese Scheinargumente mit großer Sorgfalt. Nur mit Ruhe kann hier deeskalierend gearbeitet und wieder vom Angriff weg zum Verhandlungsthema gelenkt werden. Sollten Sie die Möglichkeit haben, einen Gegenangriff zu unternehmen, bedenken sie das zweimal. Die Eskalation und damit der Abbruch einer möglicherweise schon weit gediehenen Verhandlung wäre eine fast sichere Konsequenz, damit der Fehlschlag perfekt und der Verhandlungsgegner der (moralische) Sieger!

Der Verhandlungspartner sagt die Unwahrheit

Wenn ein Verhandlungspartner beginnt, Unwahres zu behaupten, ist die Verhandlung als solche in einer kritischen Phase angelangt (vgl. Jeske, 1998: S. 136f.). Gleichwohl sollte das Thema differenziert angegangen werden. Ausgangspunkt ist die wissenschaftlich belegte Tatsache, dass in sehr vielen Verhandlungen täglich die Unwahrheit gesagt wird. Dabei sollte man ohnehin Lügen von objektiven Falschaussagen trennen: Eine Unwahrheit kann ggf. auch fahrlässig oder unbewusst erfolgen. Zusätzlich spielt die Motivation eine weitere wichtige Rolle für die Behandlung in einer Verhandlung. Der Standardfall ist die bewusste/absichtliche Lüge einer Verhandlungsseite, um sich einen Vorteil zu verschaffen (vgl. Voeth/Herbst, 2015: S. 213f.). Aber auch die »Höflichkeitslüge« (etwa »ich habe keine Zeit«, um eine Verhandlung schlichtweg abzuwimmeln), die klassische »Notlüge« oder die aus Gruppenkonformität heraus entstehende »Herdenlüge« sind relevante Fallgruppen (vgl. Smith, 2017).

Wesentlich bleibt die Erkenntnis, dass eine Verhandlungspartei glaubt, dass der Einsatz von Unwahrheit bei der Durchsetzung ihres Verhandlungsziels konkret dienlich ist. In einer Zweck-Mittel-Relation stellen damit das unbewusste System 1 kognitiv-emotional und das bewusste System 2 den Einsatz der Unwahrheit über das Risiko der Entdeckung. Dieses Risiko sollte in der Vorbereitung nach Möglichkeit immer gut bedacht werden – denn wenig wirkt verhandlungstaktisch so verheerend, wie bei einer Lüge bzw. Unwahrheit ertappt zu werden. Das ausgelöste Schamgefühl ist eine der negativsten Stimulanzien, die auch das weitere Verhandlungsverhalten negativ beeinflusst (vgl. Nasher, 2015: S. 56f.). Es kann aufgrund einer Unwahrheit zum Skandal als genereller Reaktion kommen und es dürfte im Übrigen die Glaubwürdigkeit eines Verhandlers als eine wesentliche Vorbedingung für Verhandlungserfolg massiv beeinträchtigen (vgl. Marker, 2016: S. 105ff.).

Wer dennoch – im vollen Bewusstsein des Risikos – gezwungen ist, den Einsatz sprachlicher Mittel für unwahre Aussagen zu trainieren und den stimmlichen Ausdruck positiv zu beeinflussen, der kann bis zu einem gewissen Grad auf Erkenntnisse der Evolutionsbiologie, der Psychologie und der Rhetorik zurückgreifen. Das Sprechen und die Nutzung der Stimme unterliegen im Wesentlichen der Steuerung des unbewussten Systems 1. Das bewusste System 2 ist hauptsächlich für die Produktion des Sprachinhaltes verantwortlich und darauf fokussiert, kann aber natürlich auch den stimmlichen Ausdruck gezielt steuern. Analog zur Körpersprache kann man davon ausgehen, dass das bewusst arbeitende System 2 auch im Sprach- und Stimmeinsatz in der Lage ist, Regeln zu befolgen und wohlüberlegte Auswahlentscheidungen zwischen vokalen Optionen zu treffen. System 2 kann aber immer nur Teile der sprachlichen Äußerung steuern: Die unbewusste Steuerung des Spracheinsatzes ist wie die unbewusste Bearbeitung kognitiver Vorgänge normalerweise eine kontinuierliche Aufgabe des unbewussten Systems 1, in das durch das bewusste Denken des Systems 2 nur anlassbezogen eingegriffen wird (vgl. Pabst-Weinschenk, 2011: S. 18f.). Unsere Stimme kann deshalb auch verräterisch sein: Wer in einer angespannten Situation Rede und Antwort stehen soll oder sogar gezwungen ist, zu lügen, wird tendenziell möglichst wenig sagen oder sich in Schweigen hüllen, um seine wahren Absichten zu verbergen Man sollte sich in jedem Fall in der Vorbereitung ganzheitlich auf diese kritische Situation einstellen.

Einsicht oder Verweigerung

Die dargestellten Formen der Verhandlungsblockade lassen sich durchweg lösen und damit eine konstruktive Fortsetzung der Verhandlung finden. Die Realität sieht allerdings nicht selten anderes aus: Der Verhandlungspartner besteht auf der Blockadehaltung – trotz aller goldenen Brücken, die man ihm baut. Dies bedeutet letztlich, dass eine Fortführung der Verhandlung weniger objektiv als vielmehr kognitiv-emotional erschwert wird. Lässt man sich auf die Blockadetaktik des Verhandlungspartners ein, wird die Verhandlung mit großer Wahrscheinlichkeit nicht zu den gewünschten Ergebnissen kommen. Lässt man sich auf die Blockadetaktik nicht ein, steht die Verhandlung ebenfalls auf dem Spiel, wenn auch aus anderen Gründen. Hier hat sich der Grundsatz von Sigmund Freud bewährt: »Aussprechen heilt« – sollte man selbst kognitiv-emotional an dem dargestellten Scheideweg angekommen sein, dann ist unbedingt zu empfehlen, in aller Ruhe und Verbindlichkeit das mögliche Scheitern auch anzusprechen: Wie soll es weitergehen? Ist jeder der beiden Verhandlungspartner zu einer Einigung bereit oder ist es besser jetzt den Schlusspunkt zu setzen. Dabei sollte auch eine wichtige Erkenntnis bedacht werden: Jeder Verhandlung ist auch das Scheitern immanent. Man kann konstatieren, dass die Zahl gescheiterter bzw. erfolglos beendeter Verhandlungsprojekte um ein Vielfaches höher liegt als die Zahl erfolgreicher Verhandlungen.

Selbstüberschätzung bei gleichzeitiger Unterschätzung der Widrigkeiten und eine fehlerhafte Kalkulation eingebrachter Energien stellen ständige Gefahren für ein Scheitern dar – auf beiden Verhandlungsseiten (vgl. Dobelli, 2015: S. 6ff.). Sollte also der kritische Punkt erreicht sein, wird ein Abbruch in vielen Fällen auch der eigenen Position, dem eigenen Denken und den eigenen Emotionen eher nützen als das ungute Gefühl, eine fruchtlose Verhandlung zu verlängern und damit »ein totes Pferd reiten zu wollen«. Wie die vorstehenden Beispiele zeigen, setzt dies allerdings eine eingehende und nüchterne Analyse der Verhandlungssituation und der Verhandlungsgegenseite voraus.

8 Die Fortentwicklung des Harvard-Konzeptes: Das Mannheimer Doppelkreisdiagramm

Bei der objektiven Analyse der Interessen zeigt sich der Fortschritt, der durch die Harvard-Methode repräsentiert wurde: Menschen und Probleme sind getrennt voneinander zu behandeln – damit ist in erster Linie das Herausarbeiten der Probleme und Interessen adressiert. Die Harvard-Methode konnte so die »erste Seite der Medaille« gut beschreiben, der resultierende verhandlungswissenschaftliche Vorteil ist signifikant. Da die Harvard-Methode aber die neuen verhaltenspsychologischen Erkenntnisse noch nicht systematisch implementieren konnte, die mit den Namen von Kahneman, Tversky und Thaler verbunden sind, konnte das Verhandlungsszenario nur unvollständig beschrieben werden (vgl. Fisher/Ury, 2015: S. 120ff.). So beschreibt Voss (2017: S. 21ff.) eindringlich die praktische Unzulänglichkeit des Harvard-Konzepts in der kriminalistischen Verhandlungspraxis, dort wo hochemotionale Fälle (mit starker krimineller oder suizidaler Energie) dennoch gelöst werden mussten. Erst die Kombination mit den bahnbrechenden Erkenntnissen der Verhaltenspsychologie und den Instrumenten von emotionaler Intelligenz und taktischer Empathie bringt hier wesentliche Fortschritte für den verhandlungswissenschaftlichen Ansatz.

Das Szenario für die Bewältigung von Verhandlungen und die zugehörigen Blockaden muss daher eine ganzheitliche Methodik umfassen, die sowohl rationale Interessen als auch kognitiv-emotionales Verhandlungsgeschehen bei den Verhandlungsparteien (unbewusstes System 1 und bewusstes System 2) berücksichtigt und daraus ein umfassendes Handlungskonzept ableitet. Die Lösung ist damit konsequenterweise eine aus dem Harvard Kreisdiagramm weiterentwickelte Doppelstruktur, die auch die emotionalen und kognitiven Probleme einbezieht. Dies lässt sich mit einem Doppelkreisdiagramm beschreiben (▶ Dar. 11). Das Doppelkreisidagramm stellt auch eine optische Weiterentwicklung des Verhandlungskonzeptes dar: Der innere Kreis steht für das Havard-Konzept (▶ Dar. 12).

Dar. 11: Das Harvard-Lösungsdiagramm – wesentlich erweitert um den Bereich der kognitiv-emotionalen Verhandlungslösung zum Mannheimer Lösungsdiagramm

1. Problem • Was läuft objektiv verkehrt/falsch? • Was sind die objektiven Symptome? • Was sind die unerwünschten Tatsachen, die einer erwünschten Situation gegenüberstehen?	**1. Kognitive und emotionale Wahrnehmung** • Wie ist die emotionale Befindlichkeit jeweils beider Seiten? • Wie drückt sie sich aus, was läuft kognitiv-emotional aus dem Ruder, wo liegen die kognitiven Dissonanzen? • Was ist das »unerwünschte« kognitive-emotionale Verhalten, wie kann ein positives Verhandlungsverhalten konkret aussehen?
2. Analyse • Diagnostiziere das Problem und kategorisiere die Symptome! • Liste die möglichen Ursachen auf, stelle fest, was fehlt! • Schreibe die objektiven Hindernisse für eine Problemlösung auf!	**2. Kognitive/emotionale Analyse** • Diagnostiziere die kognitiven und emotionalen Differenzen und Probleme! • Kategorisiere die psychologischen Symptome und liste die möglichen Ursachen auf! (Gibt es Biasses/Fallacies?) • Stelle fest, was kognitiv-emotional fehlt bzw. noch nicht adresssiert ist und welche kognitiv-emotionalen Hindernisse es für eine Problemlösung gibt!
3. Vorgehen • Was könnten mögliche Strategien oder Rezepte zur Lösung sein? • Welche theoretischen Abhilfen sind denkbar? • Entwickle Ideen zu dem, was geschehen könnte!	**3. Vorgehen** • Mit welchen kognitiven-emotionalen Instrumenten kann eine Verhandlungsstrategie und -taktik operieren? • Was ist kognitiv-emotional konkret zu adressieren und zu lösen? • Brainstorming auch im Bereich kognitiv-emotionaler/neurolingualer Lösungsansätze!
4. Ideen zur Durchführung • Was könnte getan werden? • Entwickle die einzelnen Schritte, die unternommen werden müssen, um das Problem zu lösen!	**4. Ideen zur Verhandlungsführung in kognitiv-emotionaler Hinsicht** • Welche Ansätze zur Auflösung von Biasses und Fallacies bzw. blockierendem Verhandlungsverhalten gibt es? • Wie sehen die einzelnen Schritte aus, um gezielt in der Verhandlung das Problem auch kognitiv-emotional zu beeinflussen und einer Lösung zuzuführen?

Diese parallele Sichtweise der objektiven (dem System 2 zuordenbaren) Erwägungen und der diese begleitenden subjektiv-emotionalen (dem System 1 zuordenbaren) Einstellungen ermöglicht ganz im Sinn des verhaltensökonomischen und -psychologischen Ansatzes eine ganzheitliche Betrachtung, Analyse und Ergebnisfindung bei Verhandlungen. Damit werden auch weitere wesentliche Phänomene im Bereich der Verhandlungsblockade instrumentell gelöst werden. Wir können dies eingehend im nächsten Hauptkapitel behandeln, wenn wir jede Stufe des Verhandlungsszenarios und des entsprechenden Verhandlungssettings behandeln.

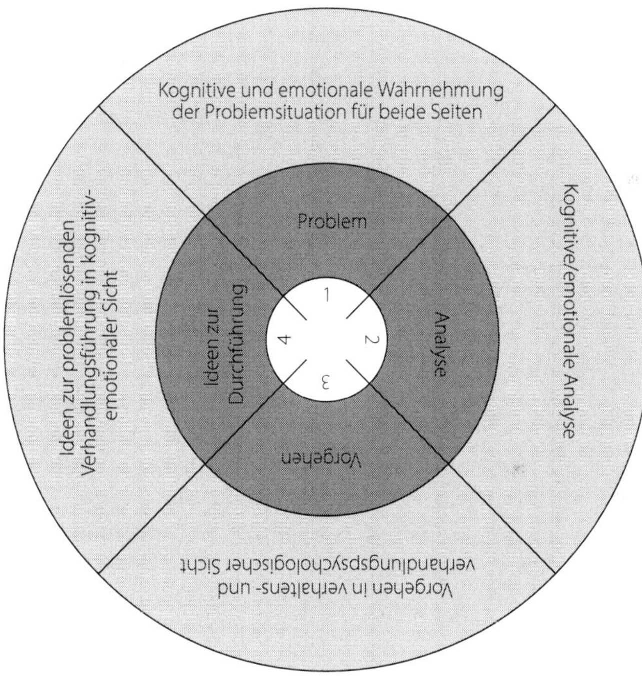

Dar. 12: Mannheimer Doppelkreismodell

Kapitel III: Das Verhandlungsszenario – Kernfragen und Kernelemente des Verhandlungssettings

1 Die Leitplanken des Verhandlungssettings – das Mannheimer Verhandlungsphasenmodell

Die Literatur der Verhandlungswissenschaft hat die Frage eines allgemeingültigen Aufbau- und Ablaufschemas für Verhandlungen ausgeklammert. Das Drehbuch der eigentlichen Verhandlung umfasst bei den meisten Autoren nur eine überschaubare Anzahl an Einzelschritten: Diese betragen etwa bei Schranner und Erbacher 5 Phasen (vgl. Schranner, 2016: S. 144; Erbacher, 2019: S. 31; Voeth/Herbst, 2015: S. 225f.). Wie nachstehend gezeigt werden kann, bedarf es einer profunderen Darstellung der Struktur eines Verhandlungssettings. Aus ihm können wesentliche Prüf- aber auch Arbeitsschritte abgeleitet werden, die typischerweise zumindest in einer eingehenden und professionell geführten Verhandlung abzuarbeiten sind, um die Verhandlungsziele ganzheitlich erreichen zu können.

Nach hiesiger Auffassung sind durchweg 11 Stationen zu beschreiben, die typischerweise den Verhandlungsverlauf prägen. Entsprechend dem Doppelkreisdiagramm (▶ Kap. II.8) muss jede dieser 11 Einzelstationen wieder aufgeteilt werden in zwei wesentliche Handlungsstränge: die Verhandlung der objektiven Interessen, für die das bewusste System 2 zuständig ist und die kognitiv-emotionale Aufnahme, Verarbeitung und Entscheidungsfindung im Verhandlungssetting nach den Entscheidungen und Vorgaben im unbewussten System 1. Nur wenn beide Systeme im Verhandlungsablauf in allen Punkten beachtet werden, kann für eine Verhandlungsseite eine fundierte Verhandlung und die Erreichung einer Entscheidung »aus einem Guss« erfolgen. Dieser Kurzdarstellung folgen dann die Einzelbeschreibungen der jeweiligen Phasenelemente (▶ Dar. 13).

Dar. 13: Die 11 Phasen des Verhandlungssettings

11 Phasen	
System 2 – Bewusstsein/Abstrakt-logisches Kommunizieren	**System 1 – Unterbewusstsein/kognitiv-emotionales Vorgehen**
1. Phase: Einleitung	
Begrüßung: Vorstellung der Verhandlungsteilnehmer, Vereinbarung der Tagesordnung, des Zeitplans und der Protokollführung,	Anbahnung einer positiven Verhandlungstimmung, Gewährleistung eines angenehmen Verhandlungsambientes, u. a. durch:

Dar. 13: Die 11 Phasen des Verhandlungssettings – Fortsetzung

11 Phasen	
System 2 – Bewusstsein/Abstrakt-logisches Kommunizieren	**System 1 – Unterbewusstsein/kognitiv-emotionales Vorgehen**
Zuweisung der objektiven Verhandlungsrollen.	• Sitzordnung, • örtliches Verhandlungsambiente, • atmosphärisch-positive Vorstellungsrunde in freundlich-konstruktivem Grundton (Generierung der sog. »captatio benevolentiae« bzw.Icebreaker, Einsatz der kognitiv-emotionalen Verhaltensschemas »ich klein – du groß und wichtig«
2. Phase: Die Präsentation und die Manifestierung der eigenen Verhandlungsposition	
• Darlegung der eigenen Interessen, • Priming in Richtung bestimmter Ansichten, • Setzen der entsprechenden Anker für die eigene Verhandlungsposition, • Präsentation von wichtigen eigenen Argumenten, unbedingt auf die »Denkweise der Gegenpartei« ausrichten: Ich präsentiere so wie du denkst, damit du siehst, was ich will und das auch akzeptierst	• Die eigenen Interessen werden auch kognitiv-emotional als plausibel präsentiert, damit sie so auch vom Verhandlungspartner (unbewusst) gewertet werden (gezielte Ausnutzung von Biasses und Fallacies). • Beschäftigung des Systems 1 des Verhandlungsgegners mit ergebnisbezogenen Ankerwerten. • Massive Beeinflussung durch alle dargestellten Hilfsmittel und Argumentationsinstrumente. • Einige wichtige Argumente des Verhandlungsgegners werden zur Wertschätzung vorweggenommen und als plausibel und nachvollziehbar eingestuft; voller Einsatz aller neurolingualen Instrumente wie dargestellt: Wichtig ist dabei auch die Begleitung durch die kommentierende nonverbale Kommunikation. • Wesentlich bleibt im argumentativen Disput die Anerkennung bzw. Wertschätzung des Verhandlungsgegners.
3. Phase: Die Präsentation und die Kritik der gegnerischen Verhandlungsposition	
• Aktives Zuhören bei der Darlegung der Interessen des Verhandlungsgegners. Wichtig sind jetzt schon interessierte Nachfragen und Analysen, die natürlich auch schon relativieren können. • Der taktische Einsatz von Priming und Ankern der Gegenseite muss erwartet	• Die eigene Aktivität sollte von der Wertschätzung im und zum System 1 ausgehen; wenn der Verhandlungsgegner das spürt, werden die »Kampfemotionen« seines Systems 1 reduziert. • Es geht um die sachliche Diskussion der aufgeworfenen Rückfragen der anderen Verhandlungspartei.

Dar. 13: Die 11 Phasen des Verhandlungssettings – Fortsetzung

<table>
<tr><th colspan="2">11 Phasen</th></tr>
<tr><th>System 2 – Bewusstsein/Abstrakt-logisches Kommunizieren</th><th>System 1 – Unterbewusstsein/kognitiv-emotionales Vorgehen</th></tr>
<tr><td>werden. Daher ggf. Anmerkung zu Gegenankern und Gegenpriming.
• Respekt und Anerkennung des Verhandlungsgegners auch in der objektiv-sachlichen Diskussion praktizieren.
• Die Kontrapunkte zu den wichtigsten Argumenten des Verhandlungsgegners aufzeigen und – falls möglich – schon hier ansetzen.</td><td>• Dabei gilt es, gezielt herauszuarbeiten, welchen Nutzen der andere Verhandler durch das eigene Angebot hat und welchen auch nicht. Vorklärung der kognitiv-emotional wichtigen Überlegung, ob es Win-Win-Situationen gibt oder geben kann.</td></tr>
<tr><th colspan="2">4. Phase: Das Innehalten: Ist ein Ergebnis überhaupt möglich</th></tr>
<tr><td>• Nach dieser ersten einführenden Verhandlungsrunde wird dringend dazu geraten, eine Phase der Zwischenanalye einzulegen und sich zu fragen, ob ein Ergebnis überhaupt möglich ist und welches das sein kann: Die nachstehenden 7 alternativen Zieloptionen sind dazu ein Prüfschema. Es geht um die nüchterne Analyse der objektiven Verhandlungssituation.
– Kann das eigene Ziel erreicht werden?
– Muss es abgeschwächt und angepasst werden?
– Liegt das alles im Rahmen der sog. Zone of Possible Agreement?
– Wie sieht es konkret mit dem gegnerischen Ziel aus?
– Ist auch hier eine Abschwächung oder Anpassung absehbar?
– Welche Konsequenzen ergeben sich daraus? Dazu sind erste Kosten-Nutzen-Analyse anzustellen.
– Ergeben sich Alternativen zum jetzigen Zeitpunkt? (BATNA?)</td><td>• Kognitiv-emotional ist die Situation dadurch gekennzeichnet, dass auch das unbewusste System 1 Abstriche und Verluste akzeptieren muss: Emotionaler Stress und die Angegriffenenperspektive sind zu erwarten und auch zu erleben. Daher auch hier Innehalten und Durchatmen. Dies gilt auch für die Behandlung des Verhandlungsgegners, ggf. ist ein nüchterner Dialog darüber zu führen, wie es weitergehen soll.</td></tr>
<tr><th colspan="2">5. Phase: Hauptphase der Verhandlung bzw. des argumentativen Kampfes um das Für und Wider</th></tr>
<tr><td>• Alle Register für die eigene Verhandlungsposition sind objektiv zu ziehen: Plausibilität, Argumentationsfiguren, rhetorische Figuren, Daten, Unterlagen, Fragetechnik, Verwendung von Statistiken, auch gilt es die dargestellten Biasses und Fallacies</td><td>• Hier zeigt sich der Mehrwert der Vorbereitung durch die Simulation: Es wurde einkalkuliert, was kommen kann. Daher ist es jetzt möglich, authentisch zu bleiben und so auch nonverbal zu kommunizieren.</td></tr>
</table>

Dar. 13: Die 11 Phasen des Verhandlungssettings – Fortsetzung

11 Phasen	
System 2 – Bewusstsein/Abstrakt-logisches Kommunizieren	**System 1 – Unterbewusstsein/kognitiv-emotionales Vorgehen**
zugunsten der eigenen Position auszunutzen. • Dies gilt auch für den Abwehrkampf gegen die gegnerische Argumentation und Positionierung: Mit allen Argumenten, Plausibilitäten, Biasses und Fallacies dagegenhalten.	• Wichtig ist es nach wie vor, nicht übertrieben emotional zu reagieren – und auch den Verhandlungsgegner vor einer Explosion zu bewahren. Dabei immer an das neurolinguale Prinzip zu denken, dass nichtangepasstes Verhandlungsverhalten zu solchen provozierten Explosionen führen kann. Auf keinen Fall dem »Konfliktbias« erliegen oder ihn provozieren • Klassische Instrumente der Kommunikation bleiben aktives Zuhören und (Hinter-)Fragen der gegnerischen Position. Dabei elastisch auf den Gegner eingehen und Druck nicht nachgeben. Immer bedenken, dass der Stresslevel jetzt besonders hoch ist. Jetzt ist auch der Moment, in dem sich die Verhandlungscharaktere klar zeigen. • Es ist zu beachten, dass erfahrungsgemäß dann eine »zufriedene Erschöpfung« kognitiv-emotional eintritt, wenn der Verhandlungsgegner (oder der Verhandler selbst) das Gefühl hat, jetzt sei alles auf jeden Fall angesprochen worden – auch das ist ein Element der empfundenen Akzeptanz.
6. Phase: Das Suchen nach Gemeinsamkeiten	
Nach dem (stürmischen) Generaldisput tritt i. d. R. eine Phase der Rückbesinnung ein, die getragen ist von der Erkenntnis: »Worum bzw. wofür verhandeln wir hier eigentlich?«.	
• Erarbeitung und Formulierung der Interessen, die übereinstimmen und auf denen eine Vereinbarung aufgebaut werden kann: Auch hier zeigt sich die Qualität der Vorbereitung. • Es liegt auf der Hand, dass ein wenig vorbereiteter Verhandlungspartner, der ohne entsprechende Vorbereitung in Verhandlungen steht, durchaus ins Hintertreffen geraten kann, wenn ihm, behutsam und objektiv allein die möglichen Verhandlungsgegenstände präsentiert werden.	• In kognitiv-emotionaler Hinsicht ist hier ebenfalls – wie ausgeführt – eine wichtige Schlüsselstelle erreicht: Solange eine Verhandlungspartei das unbewusste System 1 des Verhandlungsgegners behutsam anschiebt, da es sich gewürdigt fühlt, seine Interessen und Bedürfnisse adressiert sieht, vernünftige Anker gesetzt sind und über plausible Biasses und Fallacies das »Grundgefühl« besteht, hier gut betreut zu werden, solange kann die Frage nach den Gemeinsamkeiten und weniger dem Trennenden im Vordergrund stehen.

Dar. 13: Die 11 Phasen des Verhandlungssettings – Fortsetzung

11 Phasen	
System 2 – Bewusstsein/Abstrakt-logisches Kommunizieren	**System 1 – Unterbewusstsein/kognitiv-emotionales Vorgehen**
	• Auf ihm baut dann die unbewusste Vorstellung auf, hier sei ein guter Abschluss möglich, der sich in ihrer wirkmächtigen Lenkung des Verhandlungsgeschehens widerspiegelt; die erlebte und empfundene Verhandlung ist ja immer noch kohärent positiv – also kann sie weitergehen.
7. Phase: Das Herausarbeiten des Trennenden	
• Selbst bei normalen Verhandlungen ist eine Fülle von Verhandlungsgegenständen zu regeln. Aus diesem Grund sollte auch die offene Darlegung der Punkte, zu denen objektiver Dissens besteht, vollständig erfolgen. Nichts ist ärgerlicher als wenn kurz vor Verhandlungsende plötzlich Punkte auftauchen, an denen eine fast fertige Vereinbarung scheitern kann. Der schon dargestellte Grundsatz »es ist nichts vereinbart, wenn nicht alles vereinbart ist« kann eine machtvolle Drohung sein.	• Gerade jetzt sollte kognitiv-emotional vorsichtig vorgegangen werden: Die Dissenspunkte spielen auch für das Unterbewusstsein des Verhandlungspartners erfahrungsgemäß eine relevante Rolle. • Daher sollte auch in der Verhandlungsphase vom Grundsatz des wertschätzenden Umgangs auf keinen Fall abgewichen werden. Auch und gerade hier – bei weitgediehenen Verhandlungen – wäre ein Ausrasten oder ein Angriff nicht angebracht. • Vielleicht enthalten die Streitpunkte sogar Optionen für Kompromisse, Vergleichs- oder abgestufte Regelungen. • Jetzt ist Geduld bei allem Bemühen um Authentizität gefordert. Dabei kann auch mit einer Präsentation von »Loss-Loss« (statt Win-Win im Erfolgsfall) für beide Seiten der Verlust im Fall des Scheiterns dargelegt werden. Dies aktiviert den Endowment-Effekt, mit dem man versucht, vertragliche Verluste aus schlechten Verhandlungen abzuwenden.
8. Phase: Die Kompromissuche – das Trennende wegverhandeln	
• Objektiv analysieren, wo selbst Zugeständnisse gemacht werden können. Wo sind Kompromisse denkbar, die nicht faul sind? Immer auch den Verhandlungsgegner in diese Lösungssuche einbeziehen. • Dabei sind Präzedenzfälle, Handelsbräuche, Branchengewohnheiten, Praktikabili-	• Einer der wichtigsten Helfer bei der Suche nach Kompromissen ist kognitiv-emotional im sog. Konsistenzprinzip verankert, das auch Commitment-Prinzip heißt. Wenn einmal ein Standpunkt eingenommen wurde, beginnen unbewusste Kräfte zu wirken, sich in Übereinstimmung mit dieser Festlegung zu verhalten. Dies kann

Dar. 13: Die 11 Phasen des Verhandlungssettings – Fortsetzung

11 Phasen	
System 2 – Bewusstsein/Abstrakt-logisches Kommunizieren	**System 1 – Unterbewusstsein/kognitiv-emotionales Vorgehen**
tät sowie Sachverständigengepflogenheiten zu berücksichtigen. • Die Verfolgung einer Win-Win-Strategie ist ebenfalls ein wichtiges Instrumentarium; hier sollte aber bedacht werden, dass sie nicht zu voreilig angewendet werden sollte. • Wichtig bleibt die Erkenntnis, dass das »sich in der Mitte treffen« eben häufig fehlerhaft und ineffektiv sein kann. Manchmal ist keine Einigung besser als eine schlechte (zumindest als Faustregel für die Verhandlung).	auch gezielt beim Verhandlungspartner angesprochen werden. • Ein weiterer Effekt, der genutzt werden kann, ist die Sunk Cost Fallacy: Der bereits eingesetzte Aufwand sollte den Verhandlungspartner dazu verleiten, sich auch noch weiter in ein Projekt bzw. eine Verhandlung einzubringen mit dem folgenden Argument: »Jetzt haben wir schon solange diskutiert, dass ein Abbruch sich doch gar nicht mehr lohnen kann.« • Man könnte in dieser Phase zusätzlich mit gezielt formulierten, geschlossenen rhetorischen Fragen zum Abschluss motivieren (z. B. »Waren wir bislang nicht konstruktiv unterwegs?) Damit wird das subjektive Gefühl verstärkt, dass die ausstehende Lösung auch das mentale Belohnungssystem des Verhandlungspartners aktiviert. • Kognitiv-emotional darf also hier der Verhandler nicht auf den finalen Konflikt fixiert sein – die Frage muss vielmehr lauten, wie man zusammenfinden kann. • Auch und gerade jetzt kann es sinnvoll sein, einen Köder auszulegen, der den Verhandlungspartner als Gewinner erscheinen lässt.
9. Phase: Abbruchsszenarien für Verhandlungen in der Krise	
Die vorstehenden Erwägungen zeigen, dass die Kompromisssuche bezogen auf das Finden einer ausreichenden Menge an Übereinstimmungen im Hinblick auf objektive Interessen und Bedürfnisse nicht immer leichtfällt. Sie können aber i. d. R. identifiziert und zu einem gerechten Ausgleich nach vorgegebenen Kriterien gebracht werden.	
• Die Analyse des Scheiterns einer Verhandlung aus Sicht der Interessen und Bedürfnisse: Sollte wie dargestellt, das Trennende auch im Rahmen der Kompromisssuche überwiegen, wird an dieser Stelle ein Abbruch objektiv festzustellen sein. Die Gründe dafür können mannigfacher Art sein. • In Verhandlungen herausgearbeitete, trennende Sachverhalte wirken objektiv,	• An dieser Stelle ist auf destruktive Verhandlungstaktiken einzugehen, die bereits dargestellt wurden (▶ Kap. II.7.7). Hier ist der Ort, wo sie zentral in das Verhandlungssetting eingebaut sind. Dem entsprechen die Abwehrstrategien der anderen Verhandlungsseite. • Auch bei beharrlicher bzw. hartnäckiger Ablehnung und Verweigerung wird empfohlen: Aggressionslos und positiv argu-

Dar. 13: Die 11 Phasen des Verhandlungssettings – Fortsetzung

11 Phasen	
System 2 – Bewusstsein/Abstrakt-logisches Kommunizieren	**System 1 – Unterbewusstsein/kognitiv-emotionales Vorgehen**
weil eine Verhandlungsseite dem entschieden entgegentritt – aus welchen Gründen auch immer. In allen diesen Fällen dürfte es aber neben einer objektiven Bewertung immer auch die Frage geben, warum sich eine Seite gegen diese Lösung vehement stemmt. Es liegt auf der Hand, dass die Gründe dafür auf der zweiten Ebene liegen: der kognitiv- emotionalen Ebene und den damit zusammenhängenden verhaltenspsychologischen und verhaltensökonomischen Grundlagen.	mentieren, Geduld üben und das Verhandlungsziel weiterverfolgen. Unverändert und trotz der gegnerischen Provokation Respekt, Anerkennung und Wertschätzung für den Verhandlungspartner zeigen. • In dieser Phase des drohenden Scheiterns ist es weiterhin besser, keine Angriffsfläche für Aggressionen zu bieten und diese ggf. »abtropfen« zu lassen: Dies ist die bekannte Teflon-Strategie gegenüber Einschüchterungen und Ausflüchten (»Sachzwängen«). • Die eigene Entschlossenheit, das Ziel durch Verhandlung zu erreichen, also durch positiven Umgang und nicht aggressiv, wirkt sicher auch in der Situation des Scheiterns positiv.
10. Phase: Vor dem und im Verhandlungsdurchbruch – eine letzte Chance?	
• In dieser Situation kann schon denklogisch davon ausgegangen werden, dass die objektiven Interessen und Ziele der beiden Parteien fast deckungsgleich sind und zwar im Sinn eines Kompromisses. • Zu denken ist an eine mögliche letzte Dreingabe, ein Zugeständnis. Hier ist auch der richtige Moment für das Bauen einer »goldenen Brücke« bzw. die Präsentation einer Lösung, die für den Verhandlungsgegner »gesichtswahrend« ist. • Dazu zählt auch die Bereitschaft, der anderen Seite den letzten Entscheidungsschritt zu überlassen (z. B.: »Was schlagen Sie jetzt vor?«). • Hier schlägt ggf. die Stunde der »Decisionmaker« – Das Vier-Augen-Gespräch der Verhandlungsleiter	• Kognitiv-emotional wird eine eigentümlich zwiespältige Situation prägend sein: Eigentlich sind auf beiden Seiten die unbewussten Systeme 1 und die bewussten Systeme 2 schlichtweg »ausgelutscht«: Alles ist gesagt – sogar von jedem – was soll das? Und dennoch ist unbewusst der Durchsetzungswille, das emotionale Gewinnenwollen auf beiden Seiten ungebrochen (»Warum sollen wir jetzt zurückweichen?«). • Für diese erfolgskritische Situation bieten sich mehrere Gestaltungsansätze an. Die wichtigste Voraussetzung dafür lautet: Will der Verhandler selbst den Abschluss? Diese Frage muss klar mit ja beantwortet werden – dann sollte es bei der Arbeit mit dem Verhandlungspartner keine weiteren Probleme mehr geben.
11. Phase: Das Fixieren des Verhandlungsergebnisses	
• Ist vor diesem Hintergrund der Kompromiss und damit der Verhandlungserfolg erzielt worden, sollte dieses Ergebnis in	• Eine erste Vereinbarungsbestätigung, eine Unterschrift auf einem Formular, der Handschlag für den Geschäftsabschluss

Dar. 13: Die 11 Phasen des Verhandlungssettings – Fortsetzung

11 Phasen	
System 2 – Bewusstsein/Abstrakt-logisches Kommunizieren	**System 1 – Unterbewusstsein/kognitiv-emotionales Vorgehen**
irreversibeler Weise bestätigt werden. Auch hier ist der ausgelöste Commitment-Mechanismus eine wirkungsvolle Unterstützung. Mit ihm kann auch das Phänomen eines sog. »Nach-Abschluss-Zweifels« wirksam unterdrückt werden. Die Devise muss daher lauten: »Raus aus dem letzten Zweifel« oder konkret: »Wir haben jetzt A gesagt, also müssen wir jetzt auch gemäß B handeln«.	oder auch eine gemeinsame Presseerklärung sind übliche Instrumente, den Verhandlungsabschluss endgültig niederzulegen. • Hier wirkt der sog. Commitment-Effekt: Wenn etwa der Vertragspartner anstelle des Verhandlers das Vertragsformular ausfüllt oder die Vereinbarung (zumindest teilweise) erstellt, ist auf jeden Fall auch schon die Gefahr eines Rücktritts drastisch verringert.

2 Informationsbeschaffung: Möglichkeiten und Grenzen

Der Verhandlungsprozess beginnt vor der eigentlichen Verhandlung: Es geht um das Sammeln valider Informationen über eine Reihe von relevanten Elementen, die für die Verhandlung wichtig werden können (vgl. Gates, 2019: S. 117ff.). Sie beziehen sich schwerpunktmäßig auf folgende Punkte:

- Verhandler: Persönlichkeit, Charakter, Vermögen, Einfluss, betriebliche Informationen u. v. m.,
- eigene Verhandlungswünsche und -ziele,
- Verhandlungsziele des Verhandlungspartners (Bedürfnisse, Wünsche, Absichten, Interessen, Neigungen),
- relevante Rahmenbedingungen, also verhandlungsbezogene Faktoren aus den Bereichen Umwelt, Gesellschaft und Wirtschaft.

Dabei stellt sich auch die Frage nach Art und Umfang der Informationssammlung, wobei der Grundsatz lautet: Soviel vorbereitende Informationen wie möglich so diskret wie möglich gesammelt (vgl. Schott/Troczynski, 2020: S. 137f.; Nasher, 2015: S. 114ff.). Es ist erstaunlich, dass diese Empfehlung in der einschlägigen Literatur zwar gegeben (vgl. Jeske, 1998 S. 41f.; Voss, 2017: S. 258f.; Schranner, 2016: S. 39f.), die Recherchearbeit als solche eher wie ein »Stiefkind« behandelt wird. Informationssammlung ist methodisch gesehen komplizierter, wenn es um gute Techniken und praxisnahe Verfahren geht (vgl. Leif, 2003: S. 7f.). Dabei kann nur betont werden, dass in vielen Fällen schon eine einigermaßen fundierte Internetrecherche vieles zutage fördern kann, was zu einer guten Verhandlungsvorbereitung hilfreich ist.

Nicht selten ergeben sich durch die Recherche aber auch während der Verhandlung Informationen, die nicht vorhersehbar waren und sind. Es gibt Dinge, von denen wir gar nicht wissen, dass wir sie nicht wissen (vgl. Voss, 2017: S. 259f.). Dieses Nichtwissen wirkt sich im Sinn der Verhaltenspsychologie bzw. Verhaltensökonomie auf das unbewusste, aber auch das bewusste Denken unmittelbar aus. Es wirkt im Sinn der Definition von Daniel Kahneman zum vorhandenen Wissen wie der sprichwörtliche blinde Fleck: »What you see is all there is« (WYSIATI) führt zu einer Überbewertung des bekannten Wissens, während das Nichtwissen das genaue Gegenteil bewirkt: »What you not see not there is«. Bereits diese sichtbar asymmetrische Wirkung von Bekanntem und Nichtgewussten kann zu massiven Fehleinschätzungen und Fehlentwicklungen in Verhandlungen führen. Ein berühmtes historisches Beispiel für die Auswirkung von Nichtwissen bzw. Wissen über die Gegenseite ist der Sieg der amerikanischen Flotte bei Midway über die Japaner im Juni 1942: Die japanische Flotte wollte mit dem Überraschungsmoment Midway erobern und den Amerikanern dann eine ultimative Schlacht mit dem Ziel einer schnellen Kriegsbeendigung liefern. Durch eine akribische Informationssammlung der amerikanischen Aufklärung unter Fregattenkapitän Rochefort konnten jedoch die japanischen Funksprüche dazu vorab entschlüsselt werden. Da auch die taktische Aufklärung der Japaner in der Schlacht Fehler beging, war der Flottenleitung unbekannt, dass drei amerikanische Flugzeugträger auf die japanische Flotte mit 4 Flugzeugträgern bereits warteten. Nach deren ersten Angriff auf Midway und mitten in den Vorbereitungen zum Angriff auf die entdeckten amerikanischen Träger griffen diese an und konnten schon nach wenigen Stunden vier japanische Trägerschiffe versenken. Entscheidend im Sinn der vorstehenden Ausführungen war gewesen, dass die Japaner eine relevante Information (die amerikanische Funkaufklärung) nicht kannten und daher nicht wussten, was sie nicht wussten: Die amerikanische Flotte kannte den exakten Schlachtplan der Japaner und hatte sich darauf vorbereitet (vgl. Cartier, 1972: S. 436ff.).

Voss empfiehlt daher, immer die »Eisbergbasis«, also noch nicht bekannte Fakten und Aspekte, unter dem »sichtbaren Eisberg« zu suchen. Seine darauf basierende Arbeitshypothese kann daher durchaus verhandlungswissenschaftlich unterstützt werden (vgl. Voss, 2017: S. 262): Es gibt immer drei zentrale Informationen (»schwarze Schwäne«), die der Verhandlungsgegner hat, die man aber selbst nicht kennt. Darauf sollte die Aufgabe aufbauen, immer das mögliche Nichtwissen zu bedenken. Es ist sicher keine leichte Aufgabe, das eigene Wissen als unvollständig einzustufen und zu fragen, auf welche Weise durch Zuhören, Fragen und die Analyse des Verhandlungsgeschehens bisher unbekannte, neue Fakten aufgespürt werden können. Selbst wenn damit aber auch nur eine weitere zentrale Information aufgespürt werden kann, hat sich der Aufwand vermutlich bereits gelohnt (vgl. Voeth/Herbst, 2015: S. 238; Nasher, 2015: S. 116ff.).

Einen wichtiger Bereich bei der Verhandlungsvorbereitung bilden auch die Grenzen der Informationssammlung, die von der Rechtsordnung gesetzt werden. Hier gibt es eine klare juristische Grenze der vorverhandlungsbezogenen Informationssammlung, die auch ein Schlaglicht auf ihre enorme Bedeutung wirft: Es ist die Wirtschafts- und Industriespionage sowie die unzulässige Ausnutzung von Insiderwissen. Beide Verhaltensweisen sind mit guten Gründen unter empfindliche Strafe gestellt (vgl. § 17 ff. UWG; §§ 203, 304, 353b StGB; Schranner, 2016: S. 131). So spähte etwa die NSA nach den Angaben von Edward Snowden bei einem Stahlgeschäft in Nigeria im Wert von ca. 34 Millionen Euro das Angebot eines deutschen Anbieters aus – in der Konsequenz führte die Verwendung von Insiderwissen zur Auftragsvergabe an eine Firma in den USA (vgl. Lindgens, 2014).

Ein wesentliches Beispiel zur Internetrecherche für Verhandlungen ist die intensive Firmenrecherche zur Vorbereitung von Bewerbergesprächen oder Gehaltsverhandlungen. Gleiches gilt aber auch für die Ermittlungen von Konditionen von Produkten aller Art. Daneben gibt es gute Checklisten für eine Fülle von typischen Verhandlungssituationen, die etwa aus den entsprechenden Vertragsmustern abgeleitet werden können und hier nicht weiter thematisiert werden sollen (z. B. Schott/Troczynski, 2020: S. 46ff.).

In Verhandlungen über finanzielle Gegenstände aller Art sollte sich jeder Verhandler bewusst sein, dass er wahrscheinlich auch schon gezielt analysiert wurde. Jeder Verhandler, der wirtschaftlich tätig ist, hat zu bedenken, dass er bei der Schufa und allen anderen in der EU tätigen Wirtschaftsauskunfteien eine schriftliche Kopie der eigenen personenbezogenen Daten nach Art. 15 der Datenschutzgrundverordnung verlangen kann: So weiß er wenigstens, was die Gegenseite (möglicherweise) über ihn weiß! Dies gilt etwa auch für Kreditscorings bei Mietverhandlungen, was den wenigsten bewusst ist. Aus diesem Grund sollte darüber hinaus kontrolliert werden, ob es auf der eigenen Verhandlungsseite ein »Informationsleck« geben könnte, das von der Gegenseite genutzt wird. Dies zu vermeiden ist jedenfalls ein Anliegen vieler Arbeitgeber, die deswegen umfangreiche Geheimhaltungsverpflichtungen in die Arbeitsverträge ihrer Mitarbeiter aufnehmen (vgl. Schranner, 2016: S. 131).

Die Informationssammlung darf sich dabei nicht auf die Vorbereitung von Verhandlungen beschränken. Auch die Verhandlungen selbst können eine Vielzahl weiterer Erkenntnisse und Daten über den Verhandlungspartner erbringen (vgl. Schranner, 2016: S. 63, 127; Voeth/Herbst,2015: S. 238). Das kann dazu führen, dass sich ein sog. »schwarzer Schwan«, eine völlig überraschende neue Wendung ergibt, die relevant für das Verhandlungsgeschehen ist (vgl. Talib, 2018). Ein bekanntes Beispiel hierfür sind die Vorgänge bei der Übernahme der Continental AG durch die Schäffler-Gruppe: Im Juli 2008 gab die Schäffler-Gruppe ein Übernahmeangebot für den rivalisierenden größeren Autozulieferkonzern Continental ab. Dabei wurde ein Preis von ca. 69 Euro pro Aktie angeboten, der letztlich auf 75 Euro erhöht wurde (vgl. Voeth/Herbst, 2015: S. 164). Während der Angebotsfrist kam es infolge der Weltfinanzkrise zu einem flächendeckenden Einbruch des deutschen Aktienmarktes. Dies führte dazu, dass Schäffler infolge des verbindlichen Angebotes rund 90 Prozent der Continental-Aktien zu einem Preis von 75 Euro je Aktie erwerben musste, obwohl zu diesem Zeitpunkt der Börsenkurs auf ca. 20 Euro gefallen war. Als Folge hatte die Schäffler-Gruppe weit höhere Schulden als notwendig und geplant, aber auch der Beleihungswert der Continental-Aktien war um rund 70 Prozent gefallen; daraus resultierte eine jahrelange Finanzkrise der Schaeffler-Gruppe. Die alles entscheidende Frage war, zu welchem Zeitpunkt die Finanzkrise absehbar war und ob man entsprechende Informationen für den angestrebten Deal nicht hätte verwerten können. Spätestens seit dem Zusammenbruch der Investmentbank Bear Stearns, der schon im März 2008 erfolgt war, hätte klar sein können, dass finanzielle Turbulenzen am Aktienmarkt drohen würden und diese Informationen verdichteten sich mit Sicherheit ab Juni 2008. Ein rechtzeitiger Rückzieher hätte der Schaeffler-Gruppe wohl Milliardenverluste erspart (vgl. Tooze, 2018). Der Fall zeigt exemplarisch, dass Informationen auch während der Verhandlung noch enorme Auswirkungen auf unternehmerische Ziele und Strategien haben können.

3 Die Vorbereitung der Verhandlung

Eine professionelle Informationssammlung ist für ein gutes Verhandlungs- und Gesprächsergebnis eine notwendige, aber bei weitem nicht ausreichende Bedingung. In der nächsten Stufe gilt es, sich nun eingehend auf die anstehende Verhandlung vorzubereiten. Wir befinden uns in einer entscheidenden Phase, kurz vor Beginn der eigentlichen Verhandlung, die von vielen Beteiligten notorisch unterschätzt wird. »Es gibt eine direkte Korrelation zwischen erfolgreichen Verhandlungen, gleichgültig, woran das gemessen wird, und der Zeit, die in Vorbereitungen investiert wird. ... Es hat sich immer wieder erwiesen, dass effektive Verhandler im Voraus planen.« (vgl. Gates, 2019: S. 117f., 261)

Hierzu ein Beispiel: In einem Statusgespräch zwischen einem Vorstandsmitglied und dem Aufsichtsratsvorsitzenden eines großen Automobilzulieferers sollten auch die Kommunikationsprobleme innerhalb des Vorstandes angesprochen werden. Zur Gesprächsvorbereitung wurde der Klient auf denkbare Probleme und Optionen hin gecoacht. Damit sollte er durch aktives Zuhören und Nachfassen in die Lage versetzt werden, Informationen über die Erfolgsaussichten seiner anstehende Wiederberufung »zwischen den Zeilen« herauszufiltern. Die Gesprächsergebnisse waren alarmierend: Er musste – trotz unbestrittener Erfolge – befürchten, aufgrund des Widerstands der Arbeitnehmervertreter im Aufsichtsrat keine Vertragsverlängerung zu erhalten. In einer Verhandlungspause konnten die Konsequenzen zügig analysiert werden: Wäre es klug, das Auslaufen des Vorstandsvertrages abzuwarten oder vorzeitig mit einer akzeptablen Abfindung auszuscheiden und damit Zeit für die weitere Karriereplanung zu gewinnen? Klient und Berater entschieden sich für einen schnellen »Abfindungsdeal«. Binnen 60 Minuten wurden daraufhin die Weichen für ein einvernehmliches vorzeitiges Ausscheiden mit akzeptablen Abfindungskonditionen vereinbart und schriftlich fixiert. Die Aufsichtsratsvorsitzenden waren – sichtlich überrascht von dieser Entscheidung – bereit, reinen Tisch zu machen und alles sofort ohne rechtlichen Beistand zu regeln. So trennte man sich »im gegenseitigen Einvernehmen« und der Ex-Vorstand konnte problemlos in eine Anschlussposition wechseln. Noch heute ist er überzeugt, dass nur durch die Vorbereitung und die Bereitschaft zu einem überraschenden taktischen Schritt, eine Lösung erzielt werden konnte.

Nun mag das ein besonders gelagerter Einzelfall sein – aber eine »Verhandlerfaustregel«, die in der Literatur mehrfach adressiert wird, kann sinngemäß wie folgt lauten: »Gute Vorbereitung bringt einen Verhandlungsmehrwert von mindestens 25 Prozent« (vgl. u. a. Voss, 2017: S. 300ff., Gates, 2019: S. 117, Jeske, 1998: S. 36 ff.). Der Grund liegt auch darin, dass erfahrungsgemäß viele Verhandlungspartner eben nicht sauber planen und glauben, auch ohne Vorbereitung gute Leistungen abliefern zu können (vgl. Gates, 2019: S. 117). Halten Sie es da lieber mit Henry Ford: »Lache nicht über die Dummheit der anderen! Sie ist deine Chance!« Die Mehrwertformel nach Thompson von 4 zu 1, wonach die Bedeutung der Verhandlungsvorbereitung viermal größer als die Verhandlung selbst sei, dürfte allerdings vielleicht doch zu weit gehen (vgl. Voeth/Herbst, 2015: S. 147).

Für die Analyse der eigenen Verhandlungssituation aber auch derjenigen des Verhandlungsgegners ist – wie schon mehrfach angesprochen – zwischen den (objektivierbaren) Interessen/Zielen und seiner subjektiven kognitiv-emotionalen Persönlichkeit zu unterscheiden. Das oben vorgestellte Mannheimer Doppelkreisdiagramm zeigt dies zusammenfassend auf (▶ Dar. 12). Um daher die Verhandlung in Vorbereitung, Verlauf und Ergebnis vollständig zu erfassen, sind beide Ebenen des Kreises gleichwertig zu analysieren:

Ausgangspunkt der meisten Verhandlungen sind unterschiedliche Interessen bzw. Zielsetzungen, die beide Parteien haben. Dazu hat der frühere US-Außenpolitiker Henry Kissinger ein bedenkenswertes Postulat formuliert: Keine Verhandlung ist besser als die Ziele, die für sie gesetzt werden. Dieser Satz gilt vor allem der Reflexion der eigenen Ziele und Interessen: Es ist immer wieder verblüffend, dass die Qualität von Verhandlungen bereits an dieser frühen Phase entschieden wird und sich auch ins negative wenden kann.

Ein interessantes Beispiel für mangelnde Vorbereitung lieferte einer der größten Sportkonzerne der Welt, die Adidas-Gruppe, zu Beginn der Lockdown-Phase 2020: Kaum waren die entsprechenden Verordnungen erlassen worden, dass alle Sportgeschäfte in Deutschland zu schließen hätten, verkündete Adidas – augenscheinlich ohne sorgfältige Analyse der Sachlage – für seine Sportgeschäfte keine Miete mehr zahlen zu wollen. Wie zu erwarten erntete das Unternehmen viel Kritik aus Wirtschaft und Gesellschaft. Es hatte nämlich einen zentralen Grundsatz missachtet, den mittlerweile die Verhaltensökonomie beschrieben hat: Wer sich in einer Krise unfair verhält und die Risiken einseitig anderen zuschieben will, der wird von den anderen Marktteilnehmern massiv als unfair kritisiert – dies geht soweit, dass diese eine Bestrafung des unfairen Akteurs verlangen (vgl. Thaler, 2018: S. 173ff.). Adidas musste in der Folge die Ankündigung reumütig zurücknehmen – das ursprünglich anvisierte Ziel endete in einem öffentlichkeitswirksamen Totalschaden, das Unternehmen hatte viel Vertrauen verspielt und erst recht keinen Cent gespart. Vor diesem Hintergrund lassen sich 8 Postulate zur Vorbereitung ableiten, die vermutlich für viele anderen Ziele und Verhandlungskonstellationen gelten können:

1. Jede Verhandlungspartei hat mindestens ein Ziel (vgl. Jeske, 1998: S. 26), dieser Satz scheint selbstverständlich: Konkret hätte dies Adidas jedoch zu der Überlegung führen sollen: Was ist mein Ziel und was ist das Ziel der anderen Seite, der Vermieter?
2. Wie sieht das Ziel aus? Es kann nicht nur negativ definiert werden, sondern auch im Sinne: Was will ich erreichen! Adidas hatte in der Lockdown-Situation nur noch die betriebswirtschaftliche Eigensicht vor Augen: Keine Einnahmen, aber weiter kontinuierliche Ausgaben, das kann nicht gutgehen. Es stellt sich jedoch die Frage, ob in dieser Situation das Maximalziel »ich zahle überhaupt keine Miete« tatsächlich das positive Verhandlungsziel sein konnte.
3. Warum will ich das Ziel erreichen, was ist meine Motivation? Jedes relevante menschliche Verhalten hat seinen Ursprung in einem unbefriedigten Bedürfnis (vgl. Jeske, 1998: S. 47). Ist dieses Bedürfnis relevant und den Preis der Verhandlung wert? Objektiv? Subjektiv? Emotional? Die Motivation von Adidas war es, in der akuten unsicheren Lage eine Bereinigung der notwendigen Ausgaben anzustreben, um das finanzielle Überleben zu ermöglichen. Es ist daher als »Basisbedürfnis« einzustufen, da es existenzielle Bedeutung hat.
4. Gibt es Bedürfnisse und Ziele des Verhandlungspartners, die ich mit den eigenen Zielen und Bedürfnissen in Korrelation bringen kann? Wie schon dargestellt liegt hier der Schlüssel zum Verhandlungserfolg. Ziele und Bedürfnisse des Verhandlungspartners korrelieren mit seinem Emotionssystem und haben daher auch unmittelbar kognitiv-emotionale Auswirkungen (vgl. Häusel, 2015: S. 138). Die Vermieter haben zwei leicht analysierbare Ziele: Zum einen die unmittelbare Sicherung der Einnahme- und Existenzbasis, zum anderen die Gewährleistung einer langfristigen Einnahmequelle. Auch hier geht es um Basisbedürfnisse, dies erklärt die hohe Emotionalität, die Adidas mit dem »Mietstreik« unmittelbar auslöste. Können möglicherweise Übereinstimmungen in den Zielen formuliert werden, also Win-Win-Ziele? Eine zentrale Frage ist daher immer »Was hat der andere davon« und als Konsequenz daraus das Postulat: »Fordere nicht, ohne zu geben« (vgl. Jeske, 1998: S. 49). Im konkreten Fall hätte Adidas gerade hier einhaken können: Der Grundsatz der Fairness hätte in der Öffentlichkeit so formuliert werden können, dass man Verhandlungen über die gemeinsame Bewältigung des Schließungsrisikos hätte anregen können. Dies ist ja auch der Grund, warum der Gesetzgeber unverzüglich die Möglichkeit der Stundung von Mietforderungen eingeführt hat (vgl. Art. 240 EGBGB, §§ 1,2).
5. Gibt es andere Beteiligte in der Verhandlung, für die das Ziel interessant sein könnte? Das konkrete Verhandlungsumfeld spielt in viele Verhandlungsbeziehungen hinein. Im konkreten Fall sind es auf Seiten von Adidas unmittelbar die Beschäftigten, denen am Erhalt des Mietvertrages und damit am laufenden Geschäft viel liegt. Genauso gilt das für den Vermieter, häufig sind zudem Finanzierungsgläubiger – etwa in Immobilienfonds – betroffen. Je eher sich deren Interessen auch in gefundenen Lösungen der Verhandlungsparteien wiederfinden, umso eher dürften auch die Verhandlungen positiv verlaufen.

6. Ist die Zielerreichung noch verhältnismäßig im Hinblick auf das Kosten-Nutzen- bzw. Preis-Leistungs-Verhältnis der Verhandlungspartner? Hier ist an das Setzen von wirksamen Ankern bei Ober-/Untergrenzen der Verhandlungsgüter zu denken. So dürften anfangs formulierte Preise und Bedingungen durchaus extremer ausfallen als man zu Anfang glauben mag. Im vorliegenden Beispiel hat Adidas hier aber mit dem »Zero-Anker« (Mietausfall) massiv übertrieben: Eine Ankündigung, z. B. das Ausfallrisiko »gerecht« verteilen zu wollen, wäre als verhältnismäßig einstufbar gewesen.
7. Sind die Konsequenzen durchdacht, die eintreten, wenn der Verhandlungspartner die Zielforderung ganz oder teilweise ablehnt? Hier ist – entsprechend dem Doppelkreismodell – zu differenzieren zwischen den objektiven Folgen bzw. Auswirkungen des eigenen Maximalziels sowie den subjektiven kognitiv-emotionalen Konsequenzen; diese könnten z. B. in Drohungen, Vergeltungsmaßnahmen aber auch der Entfesselung einer (negativen) Medienkampagne liegen (vgl. Jeske, 1998: S. 179). Im vorliegenden Beispiel kann dies gut nachvollzogen werden, das Beschriebene ist zu Lasten von Adidas eingetreten. Die objektive Forderung der kompletten Zahlungsverweigerung dürfte mit Sicherheit von Vermieterseite abgelehnt werden. Dafür gibt es im BGB in § 313 sogar eine Rechtsgrundlage, die »Störung der Geschäftsgrundlage«. Hier ist als Grundsatz das Prinzip »Anpassung des Vertrages« vor »Beendigung bzw. Nichterfüllung des Vertrages« niedergelegt (vgl. dazu Palandt, 2021: § 313). Die kognitiv-emotionale Ebene der Reaktion der Gegenseite, also die Empörung aufgrund der existenziellen Bedrohung des eigenen Geschäftsmodells der Vermieter, war vorhersehbar.
8. Für die Verhandlungsstrategie ergeben sich aus der Formulierung der Ziele weitere interessante Konsequenzen: Ziele der einen Seite tangieren durchweg nicht nur Interessen, sondern auch die kognitiv-emotionale Befindlichkeit der anderen Seite. Daher sollte bei der Einbringung der eigenen Ziele in die Verhandlung nachvollziehbar ein Stufenplan beachtet werden:
   a) Das Einbringen der objektiven Verhandlungsziele sollte objektiv-nüchtern vonstattengehen und auf keinen Fall mit Aggressivität oder sogar Drohungen erfolgen. Nur so kann gewährleistet werden, dass die andere Seite die Forderungen im wahrsten Sinn des Wortes versteht und nicht schon währenddessen »das Visier fallen lässt«: Nur wenn das kognitiv- emotionale Verstehen des unbewussten Systems 1 nicht in den »Kampfmodus« schaltet und blockiert, kann System 2 objektiv Stellung nehmen und die Forderung vermutlich vernünftig bewerten.
   b) In einer weiteren Stufe kann dann auch ein Appell an das unbewusste kognitiv-emotional arbeitende System 1 erfolgen: Dann können die subjektiven Bewertungen und Bedürfnissse der Gegenseite angesprochen werden, die nach der Bedürfniskategorisierung (Maslow oder limbic map) für den Verhandlungspartner konkret relevant und attraktiv sein können.
   c) Erst dann ist es sinnvoll, vor allem bei einer Gegenwehr des Verhandlungspartners, auch die Androhung von weiteren Konsequenzen ins Spiel zu bringen. Dann kann aufgezeigt werden, welche Konsequenzen eine Verweige-

rungshaltung in rechtlicher, gesellschaftlicher oder wirtschaftlicher Hinsicht nach sich zieht. Hier ist es dem Verhandlungsgeschick konkret überlassen, inwieweit elastisch reagiert werden kann. Grundsätzlich ist es – wie dargestellt – besser, nicht zu eskalieren, es sei denn, die Entrüstung eignet sich taktisch gut als Parade. Auch hier verbleibt es bei dem Grundsatz: nicht einschüchtern lassen und beharrlich-unbeeindruckt bleiben. So schwer es sein mag, ein fairer und respektvoller Verhandlungsstil ist durchweg besser. Verbindlich im Ton – hart in der Sache, so werden Verhandlungen erfolgreich zum Ende gebracht.

4 Einzelfragen bei der Vorbereitung auf Verhandlungsgegner

4.1 Das Grundproblem: Denken in Positionen – weniger in Interessen

Es muss hier nochmals die wichtige Erkenntnis betont werden, dass gerade ein ungeschulter Verhandlungsgegner nicht gelernt hat, in den Kategorien »Objektive Interessen – kognitiv-emotionale Positionen« zu denken und zu verhandeln. Wir müssen das nachstehende Theorem eingehend behandeln und als Ausgangspunkt unserer Strategie zugrunde legen.

»Der Mensch verhandelt wie er denkt«

Wie wir mittlerweile wissen, ist der Mensch als Verhandler zumeist kein logisch denkender »Econ«, sondern ein »Human«. Er gewinnt seine Erkenntnisse mehr unbewusst als bewusst und gelangt dabei nicht immer logisch, sondern vielmehr durch Plausibilitäten, Wahrscheinlichkeiten, Intuition und gefühlsbasierte Denkschemata zu seinen Überzeugungen. Die sog. neurolinguale Intervention adaptiert und akzeptiert diese wissenschaftlich belegte Form der Erkenntnisgewinnung: Sie bewertet die entsprechenden Instrumente nicht als Manipulation. Es geht um eine komplementäre Anpassung der überkommenen rhetorischen bzw. verhandlungstaktischen Instrumente an die typische (evolutionär) gewachsene Denk- und Auffassungsweise der anderen Verhandlungsseite, wie sie dem aktuellen neurowissenschaftlichen Kenntnisstand entspricht. Daraus resultiert die folgende Empfehlung.

»Ich rede beim Verhandeln wie Du denkst, damit Du das erkennst, was ich sagen will und das auch akzeptieren kannst, um zu einer Einigung zu kommen.«

Das ist keine Suggestion, sondern die Akzeptanz der typischen Denk- und Auffassungsweise des Menschen in seiner Rolle als Verhandlungspartner. Die Voraussetzung dafür, die andere Verhandlungsseite erfolgreich zu überzeugen und zur Akzeptanz der eigenen Aussagen zu bewegen, ist es, eine Reihe wichtiger möglicher Argumente für die eigene Position und auch für die mögliche Gegenposition zu formulieren und das Augenmerk gerade auf das neurolinguale kognitiv-emotionale Interventionspotenzial zu richten. Dabei sollten wir uns bewusst sein, dass eine exakte Bewertung und Messung des Interventionspotenzials wohl auch noch in Jahrzehnten kaum möglich sein wird (vgl. Voeth/Herbst, 2015: S. 145). Eine manipulierende »linguistische Programmierung« der anderen Verhandlungsseite ist auch nicht der Anspruch der Verhandlungswissenschaft. Es ist schon viel gewonnen, wenn in der gebotenen Kürze der (üblichen) Vorbereitungszeit die klassischen »human thinking options« abgeschätzt und berücksichtigt werden. Die nachfolgenden Erkenntnisse ergeben sich damit kognitiv-emotional fast zwangsläufig: So bringt es augenscheinlich wenig, den Verhandlungspartner ausschließlich mit kühler Logik oder mit brachialer emotionaler oder rhetorischer Gewalt zu überreden. Dies würde sofort zu Blockaden und einem Maximalwiderstand entweder im bewussten System 2 bzw. vorher im unbewussten System 1 führen. Der Verhandlungspartner muss davon überzeugt sein, dass der Vorschlag (bzw. der Kompromiss) näherungsweise seinen Vorstellungen als Resultat der Verhandlung entspricht.

Bei der Verhandlungsvorbereitung muss es in erster Linie um den Verhandlungsgegner gehen, nicht um den Verhandler: Wie kann sein Denken in Richtung Verhandlungsergebnis beeinflusst werden? Damit ergibt sich für eine konstruktive Verhandlungstaktik konsequenterweise, dass diese Position im Kommunikationsprozess vom Verhandler »wertgeschätzt« wird. Denn sie ist »pars pro toto« der Persönlichkeit des jeweils Verhandelnden. Wer dieser Position des Verhandlungspartners nicht Wertschätzung, sondern etwa Verachtung entgegenbringt, der wird folgerichtig unbewusst als Person wahrgenommen, die unsympathisch, arrogant und nicht vertrauenswürdig ist. Dies sagt die Transaktionsanalyse voraus (vgl. Harris, 2001: S. 110f.). Aus diesem Grund muss vor allem in der Vorbereitung eine Frage im Mittelpunkt stehen: Was hat der Verhandlungspartner von meinem Vorschlag, was sind seine Bedürfnisse? (vgl. Jeske, 1998: S. 6).

4.2 Die Gegenleistung

Die (objektiven) Interessen des Verhandlungspartners kulminieren erfahrungsgemäß in der Formulierung der konkreten Gegenleistung. Viele Verhandlungsgegenstände beruhen gerade auf solchen gegenseitigen Leistungen. Sie lassen sich zumeist unterscheiden in eine oder mehrere sog. Hauptleistungen (z. B. Preis) und die Nebenleistungen (z. B. Zahlungsbedingungen, Gewährleistung, Lieferort etc.). Denken Sie dabei auch an mehr oder weniger übliche Gefälligkeiten, über die man im Voraus verhandelt: Eine kleine Aufmerksamkeit am Anfang einer Verhandlung, eine Gefälligkeit erhöht die kognitiv-emotionale Bereitschaft des Partners zu (konstruktiven) Verhandlungen enorm (vgl. Cialdini, 2017: S. 50f.). Wie schon dargestellt findet hier die Reziprozitätsregel der Verhaltenspsychologie einen wichtigen Einsatzpunkt. Da die Gegenleistung ein zentrales Kernstück der Verhandlung ist, liegt auf ihr ein Schwerpunkt auch in der Vorbereitung mit folgenden Fragestellungen. Entspricht die Gegenleistung den wirklichen Interessen der Verhandlungspartei? Lassen Sich vielleicht dennoch andere Interessenfelder finden, die vielleicht für den Interessenten attraktiv sind (vgl. Voeth/Herbst, 2015: S. 171ff.).

Die Grundregel des Verhandelns lautet dabei: Nimm nie, ohne zu geben, gib nie, ohne zu nehmen (vgl. Jeske, 1998: S. 165). Diese Handlungsempfehlung geht zugegebenermaßen in Richtung des Feilschens, das macht sie aber nicht weniger relevant. Hier ist erfahrungsgemäß das Kampfgebiet für Nachfragen und auch die Formulierung (schrittweiser) Angebote (vgl. Gates, 2019: S. 44). Dies beinhaltet taktische Zugeständnisse und auch taktische Niederlagen oder die vielzitierten »Bauernopfer« (vgl. Jeske, 1998: S. 183). Wesentlich ist nach überwiegender Erfahrung, dass der »Hauptanker« richtig und zwar durchaus an der Grenze des Zumutbaren gesetzt wird. Jeske (1998: S. 184) bringt es auf den Punkt: Fordere konsequent im Großen – und mache lieber Zugeständnisse und Kompromisse im Kleinen. Selbstverständlich muss hier vorab eingehend kalkuliert und vorbereitet worden sein. Hier ist einer der wichtigsten Bereiche für praktische Übungen angesiedelt: Jeder sollte über Preis und Gegenforderung feilschen, wo immer es nur geht. Dies funktioniert übrigens auch sehr gut spielerisch: Die Zahl einschlägiger Spiele ist enorm, etwa das legendäre und preisgekrönte »Bohnanza«; Spielshows sind nicht ohne Grund ein höchst seriöser Forschungsgegenstand der Verhaltensökonomie (Thaler, 2018: S. 374ff.).

Zu einer vollständigen Darstellung der Fragen von Gegenleistungen gehört auch die Behandlung der gesetzlichen Grenzen von Vertragsleistungen: Gesetzliche Vorgaben und mittlerweile auch die Compliance verbieten es, dass »Korruptionselemente« oder Steuervermeidungstatbestände als Bestandteil vereinbart werden. Dies gilt auch für Geschäftsmodelle zur Vermeidung des Mindestlohns. Die gesetzlichen Sanktionen in § 266a StGB sowie zur Steuerhinterziehung in § 370f. AO sind klar. Sie haben aktuell beispielsweile bei den berühmt-berüchtigten Cum-Ex-Geschäften eine enorme Rolle gespielt.

Probleme bei Verhandlungsvollmachten

Das Problem unklarer oder unvollständiger Verhandlungsvollmachten muss ebenfalls berücksichtigt werden. An dieser Stelle ist ein weiteres wichtiges Thema zu behandeln, das eintreten kann: Die Gegenseite hat nur die Vollmacht, bis zu einem bestimmten Limit Vereinbarungen eingehen zu dürfen (vgl. Voeth/Herbst, 2015: S. 166f.). Entsprechend ist es auch hier ratsam, durch Nachfragen zu konkretisieren, ob eine Vollmachtsbeschränkung gegeben ist. Dabei ist zu bedenken, dass Geschäftsführer und Prokuristen nach Handelsrecht unbeschränkt abschlussfähig sind (vgl. § 37 HGB). Dann kann gezielt nachgehakt werden, ob eine Innenbeschränkung überhaupt vorliegt. Ihnen als Verhandlungspartner kann das Überschreiten der Vollmacht egal sein: Ihnen haftet ggf. der Vertreter (es sei denn, man weiß tatsächlich von der Limitierung; vgl. § 179 BGB). Limits sind daher für die andere Verhandlungspartei an sich nichts Beachtenswertes – im Gegenteil: Bleiben Sie in der Sache hartnäckig, wenn auch in der Form verbindlich und höflich: Eine Verhandlung, die ihr objektives Interesse erfüllen soll, sollte sich wohl nicht an interessewidrigen externen Vorgaben messen lassen.

Budgetlimits und Lösungsoptionen bei überraschenden Problemen

Daneben ist denkbar, dass man auch selbst bei Verhandlungen mit Budgetlimits operiert. Dies ist insbesondere sinnvoll, um sich in verschiedenen Verhandlungsszenarien immer vor Augen zu halten, wie weit man kalkulatorisch gehen darf. Dies dient dem Selbstschutz im Sinn der schon dargelegten mentalen Buchführung und auch dem Schutz davor, sich dem Trugschluss der sog. Sunk Cost Fallacy auszuliefern (▶ Kap. II.3). Gleichwohl steht fest, dass Limits auch kreative Lösungen behindern können.

Wichtig ist in solchen limitierenden Situationen zu fragen, ob sich durch einen Perspektivenwechsel oder mit alternativen Szenarien andere subjektive Interessen des Verhandlungspartners finden lassen, die dennoch eine Vereinbarung bzw. Lösung der bestehenden Probleme ermöglichen? (vgl. Fisher/Ury, 2015: S. 77f.) Der Mensch kennt i. d. R. nicht alle Optionen für die Problemlösung vorab, da er nach dem WYSIATI-Grundsatz nur eingeschränkt operationalisiert denken kann. Das System 1 als kreative Lösungsmaschine ist nicht selten sehr eingeschränkt in seinen kognitiven Lösungsoptionen (vgl. Kahneman, 2014: S. 112f.; Fisher/Ury, 2015: S. 91). Hier können kreative Lösungsmethoden ansetzen und das »beschränkte« Denken im wahrsten Sinn des Wortes aufbrechen (vgl. Fisher/Ury, 2015: S. 90f.; Schott/Troczynski, 2020: S. 191). Sie sollten daher immer in der Vorbereitung eingehend bedacht werden.

4.3 Die Zielsetzung der Verhandlung und ihre unterschiedlichsten Varianten

Im Verhandlungssetting spielt vor dem Verhandlungsbeginn neben der Informationssammlung und der konkreten Bestimmung der jeweiligen Positionen und Interessen der Verhandlungsparteien ein weiteres Thema eine bedeutende Rolle: Wie soll eigentlich das Verhandlungsziel ausgestaltet sein? Auch hier gibt es unterschiedliche Optionen, die im Hinblick auf die schon angesprochenen Interessen und Positionen der beteiligten Parteien genau bedacht werden sollten. Folgende wesentliche 7 Fallgruppen sind hier zu behandeln (vgl. Pfetsch, 2006: S.177 ff.):

Vollständige Vereinbarung

Die idealtypische Verhandlung liegt dann vor, wenn für beide Verhandlungsparteien eine umfassende Einigung über den Verhandlungsgegenstand erzielt werden

soll. Damit wird dem wesentlichen Anliegen der Verhandlung als solcher, nämlich der Beseitigung von Unsicherheit durch eine vollständige Regelung am besten Rechnung getragen.
Doch mit dieser Festlegung beginnen erst die Probleme. So mag der Wille der Parteien zur vollständigen Regelung gegeben sein – was aber, wenn sich herausstellen sollte, dass ein wesentliches Thema nicht oder nicht annähernd abgehandelt wurde? Die Fülle von Rechtsstreitigkeiten, die sich aus Verträgen ergibt, in denen unbedacht relevante Gesichtspunkte nicht verhandelt wurden, ist ein sprechender Beleg dafür. Ein aktuelles Beispiel ist etwa die (schon behandelte) Frage des vollständigen Ausfalls von Einnahmen infolge einer Betriebsschließung infolge einer behördlichen Anordnung in der Corona-Pandemie. Daher empfiehlt sich in jedem Prüfschema der Punkt »Sind Sachverhalte denkbar, die wir mit dieser Vereinbarung regeln wollen, aber konkret übersehen haben könnten?« Die Verhandlungswissenschaft hat hier eine Regelung erarbeitet, die als sog. salvatorische Klausel in der Vertragsarbeit der Notare Einzug gehalten hat (vgl. Hoffman-Becking, 2019: VII.5. § 6).
Damit ist auch automatisch ein erfahrungsgemäß strittiger Punkt geregelt, der sich im Fall von Regelungsdefiziten ergibt: Sind sie im Rahmen der bestehenden Regelung zu lösen oder bedarf es einer eigenen neuen Vereinbarung? Die Verhandlungslehre hat hier gemeinsam mit der Rechtsprechung den Grundsatz der »ergänzenden Auslegung« der Vereinbarung entwickelt (vgl. § 157 BGB). Auch wenn Allgemeine Geschäftsbedingungen (AGB) Lücken oder Fehler aufweisen, wird entsprechend verfahren, dies ist in § 306 BGB geregelt. Allenfalls dann, wenn das Fehlen oder der Fehler einer Regelung so schwerwiegend wäre, dass damit die gesamte Vereinbarung in Frage stünde, müsste man von einer Unwirksamkeit der Vereinbarung ausgehen (vgl. § 154 BGB).

Vorbereitende Regelung/Präliminarien

Eine weitere Fallkonstellation betrifft die an sich »verblüffende« Feststellung, dass die Verhandlungsparteien in der aktuellen Situation keine endgültige Vereinbarung treffen wollen oder können – sie sind also gemeinsam nur an einer Vereinbarung zur vorläufigen Festlegung eines Status quo interessiert. Hier wird also verhandlungstheoretisch ein absoluter Unsicherheitszustand beseitigt zugunsten der ersten gemeinsamen Konkretisierung einer künftigen sicheren Festlegung unter Unsicherheit.

Ein Fallbeispiel im Wirtschaftsleben ist der sog. »Letter of Intent« bzw. das »Memorandum of Understanding«. Hier wird – von beiden Verhandlungsparteien durch Unterschrift akzeptiert – ein vorläufiger Verhandlungszustand fixiert, den man im weiteren Verlauf der Verhandlungen zur Grundlage einer endgültigen Vereinbarung machen will. So ist im Bereich Mergers and Acquisitions (M&A) eine solche Vorvereinbarung typisch, mit dem eine beabsichtigte Transaktion, die Geheimhaltung, die Durchführung einer Due Diligence-Prüfung sowie die Exklusivität der Verhandlungspartner etc. festgelegt werden. Wesentliche Punkte, die geregelt werden sollten, sind neben den oben genannten Punkten die gemeinsame Zusammenfassung der bisherigen Verhandlungsergebnisse, die Festlegung der nächsten Schritte (Roadmap), die Beschreibung der noch zu vereinbarenden Vorbehalte und Gegenstände und die Optionen für den Abbruch von Verhandlungen. Hinzu kommt die Absprache, inwieweit das Memorandum of understanding bereits rechtliche Wirkungen entfalten soll oder noch unverbindlich ist (vgl. Palandt, 2021: § 145 Rd. 4).

Zwischenregelungen

Die nächste Stufe bildet einen Verhandlungszustand ab, in dem die Parteien sich über die vorläufige Vereinbarung hinaus schon mitten in der Projekt- bzw. Transaktionsverwirklichung befinden. Äußere Umstände, fehlende endgültige Zustimmungen oder Genehmigungen Dritter, aber auch die schiere Projektdauer erfordern hier Zwischenregelungen auf dem Weg zur endgültigen Vereinbarung. Ein klassisches Beispiel hierfür sind Bauträgerprojekte, die nach der Konzeptphase nun in die Bauphase eingetreten sind. Endgültiges Wohnungs- oder Raumeigentum kann noch nicht übertragen werden – und daher ist auch eine endgültige Zahlung nicht denkbar oder vom Gesetzgeber nicht zugelassen. Ohne Zwischenfinanzierungen aber auch gesicherte Finanzzusagen des potenziellen Käufers wäre das Projekt schlichtweg nicht realisierbar.

Scheinregelungen

In der Liste möglicher Verhandlungsziele gibt es auch die Option von Scheinregelungen. Die Diplomaten- und Managersprache kennt dafür die Abkürzung NATO – »No Action, Talk Only«. Eine der typischen Fallkonstellationen für Scheinverhandlungen sind solche, bei denen die beiden Verhandlungsparteien sich einig sind, dass sie sich nicht einig sind. Weil sie aber aus den verschiedensten Gründen eine mögliche Einigung schlichtweg nicht wollen, wird gezielt aneinander vorbeigeredet oder es werden Argumentationsgebilde formuliert, die eine Einigung ausschließen (vgl. Salewski, 2010: S. 54). Eine zentrale Frage zur Analyse einer Scheinverhandlung ist also, ob nur eine Seite oder beide Seiten zum Schein eine Verhandlung eingegangen sind. Die weitere Untersuchung sollte dann der Frage dienen, welchen tatsächlichen Grund es dafür gibt, die doch erheblichen Aufwendungen für Verhandlungen zu unternehmen, auch wenn diese der Partei als nutzlos erscheinen. In der Regel will eine Partei »das Gesicht wahren«, also nicht als Blockierer dastehen (vgl. Oboth/Weckert, 2014: S. 84).

Ein weiteres klassisches Beispiel des Wirtschaftslebens für Scheingeschäfte sind solche, die mit Strohmännern eingegangen oder verabredet werden. Hier wird gezielt eine Person dafür angestellt bzw. bezahlt, um im Einzelfall eine Verhandlung zu führen, die eine verdeckte Operation ermöglicht (vgl. Palandt, 2021: § 117 Rd. 2). Die Interessenlage ist hier vergleichbar der schon dargestellten Situation, bei der eine Partei mit Vorwänden operiert und so eine wirkliche Vereinbarung gefährdet.

Vergleich

Ob als ausgehandelter Vergleich, als vermittelter Vergleich (unter Hinzuziehung eines Vermittlers), als Schiedsspruch oder Einigung in einer Mediation, die Fallkonstellation dieses speziellen Verhandlungszieles und auch seine Bedeutung in Wirtschaft und Gesellschaft sind enorm. Eine Vergleichsvereinbarung setzt – wie jede andere Verhandlung auch – explizit einen ungewissen Sachverhalt voraus. Dieser Sachverhalt ist allerdings i. d. R. bereits Gegenstand einer früheren Geschäfts- oder Sozialbeziehung oder auch einer rechtlichen Beziehung gewesen.

Gerade Vergleichsverhandlungen zeigen die praxisnahe Anwendbarkeit des verhandlungswissenschaftlichen Doppelkreismodells auf durchweg plastische Weise: Vergleichsverhandlungen gehen i. d. R. sowohl massive Auseinandersetzungen im Interessenbereich als auch erhebliche Differenzen im kognitiv-emotionalen Bereich voraus. Gerade hier zeigt sich die Sinnhaftigkeit einer Vermittlung auf beiden Ebenen. Die Vermittlung muss beide Ebenen parallel mit allen Instrumenten der adäquaten neurolingualen Kommunikation angehen, Interessen und kognitiv-emotionale Positionen behandeln und beide einer parallelen Lösung zuführen. Insgesamt ist festzustellen, dass der Vergleich als Verhandlungsziel in der praktischen verhandlungswissenschaftlichen Lehre einen hohen Stellenwert genießt – und das mit gutem Grund: Auch der Gesetzgeber räumt der Vermittlung eines Vergleiches europaweit einen hohen Rang in der Verhandlungskultur ein. Mit dem Erlass der sog. Richtlinien für die Mediation in Zivil- und Handelssachen (Richtlinie 2008/52/EG) setzten alle Mitgliedsländer der EU ein starkes Signal, das in die gesamte gesellschaftliche Wirklichkeit hineinwirkt: Familien-, Schul- und Wirtschaftsmediation sind nur einige Teilbereiche, in denen der Wert des Vergleiches in wichtigen Lebenssachverhalten auf dieser Grundlage betont wird.

Scheitern der Verhandlung

»Wir finden drei Gründe für Streit in der menschlichen Natur: erstens Konkurrenz, zweitens Mangel an Selbstvertrauen, drittens Ruhmsucht« (vgl. Hobbes, 1996: S. 104). Viele Verhandlungen fanden und finden ihr Ende nicht in einer Vereinbarung, sondern im Scheitern, in Streit und Auseinandersetzung. Die Zahl gescheiterter Vereinbarungen dürfte dabei die Zahl der erfolgreichen Vereinbarungen weit übersteigen. Dobelli (2015: S. 5) weist darauf hin, dass die Menschen als Humans (nicht Econs) durchweg einem Survivorship Bias unterliegen: Hiernach erzeugen Erfolge eine größere Sichtbarkeit im Alltag als Misserfolge. Daraus resultiert ein kaum nachvollziehbarer Optimismus, den man für seine eigenen Projekte hegt. Daniel Kahneman (2014: S. 310) beschreibt dazu die verhaltensökonomischen und -psychologischen Hintergründe: Die projektbezogene Selbstüberschätzung sei typisch für das Verhalten von Planern und Entscheidern. Ein Wechsel aus der projekt- und damit auch verhandlungsbezogenen Innensicht in eine objektiv-nüchterne Bewertung aus der Außensicht ist ein notwendiger Schritt der Projektevaluation und verhindert Fehlschläge infolge zu optimistischer Vorgaben. Für die Vorbereitung von Verhandlungen und ihren Zielen kann dieser Realismus nur nachdrücklich empfohlen werden. Schott/Troczynski (2020: S. 95) weisen mit Recht auf die Fragilität von Verhandlungserfolgen bis zum letzten Moment des Vertragsabschlusses hin: Manchmal reicht schon ein unbedachtes Wort oder eine kleine Geste und der ganze Erfolg ist zunichtegemacht.

Vertrag mit sog. Sollbruchstellen seiner Beendigung

Eine Vielzahl von Vereinbarungen ist dafür gedacht, nur eine bestimmte Zeit wirksam zu sein. Klassische Beispiele sind der Arbeitsvertrag, der Mietvertrag aber auch der Ehevertrag. In diesen und anderen Verhandlungssettings geht es also nicht nur darum, wie eine vertragliche Vereinbarung aussehen kann. Gerade die Beendigung der Vertragsbeziehung und die Regelung der »Folgen danach« kann zum eigentlichen Problem der Verhandlungen werden. So spielt etwa für Handelsvertreter gerade die Frage eine große Rolle, ob und inwieweit aus den Geschäftsbeziehungen, die ein Handelsvertreter erfolgreich aufgebaut hat, auch noch nach Vertragsende Provisionsansprüche bestehen sollen (vgl. §§ 87 Abs. 3 und § 87 c Abs. 5 HGB). Hier muss darauf hingewiesen werden, dass – wie schon dargestellt – auch die Gegenseite gezielt auf ein Ende der Vereinbarung hinarbeiten kann, auch wenn sie zum Schein an einem dauerhaften Verhandlungserfolg interessiert ist.

4.4 Brainstorming

Die Fülle an Einzelfragen, die bei erfolgreichen Verhandlungen zu bedenken sind, kann durchaus dazu verführen, zu früh festzustellen, jetzt sei alles gut genug vorbereitet. Man kann nur zur Vorsicht raten: Es dürften immer noch genügend Fussangeln bestehen, die einer Vereinbarung massiv im Wege stehen werden. Schon rein denklogisch gehen die Risikowissenschaftler von vielen Unwägbarkeiten aus, die dennoch enorm wichtig sein können (vgl. Taleb, 2018: S. 215). Bei wichtigen Verhandlungen sollte daher einer wichtigen Empfehlung des »alten« Harvard-Negotiation-Konzeptes durchaus Folge geleistet werden: Die neutrale Bewertung der bislang gesammelten Informationen im Rahmen eines Brainstormings (vgl. Voeth/Herbst, 2015: S. 238f.). Damit kann in einer »Kontrollschleife« auch der Gefahr vorgebeugt werden, durch vorschnelle Beurteilungsprozesse vorschnelle Urteile zu fällen und die Erarbeitung von alternativen Optionen zu unterlassen (vgl. Fisher/Ury, 2015: S. 91; Kahneman, 2014: S. 105ff., 315 ff.). Solche Optionen wirken anfangs meist unorthodox – und werden verfrüht abgelehnt. Ein Brainstorming kann sie aber durch die eingebauten Verhaltensregeln zum Tragen bringen.

Die Grundzüge der Brainstorming-Methode für alternative Lösungsansätze sind wie folgt für die Verhandlungswissenschaft einsetzbar: Das Verhandlungsteam und weitere, idealerweise 6 bis 8 eingebundene Mitarbeiter treffen sich zu einem formlosen Meeting. Die Aufgabenstellung lautet: »Welche Möglichkeiten, Hindernisse, Optionen, Vorschläge und Wege gibt es, unsere Interessen in der Verhandlung optimal zu erreichen?« Die Grundregeln für den Besprechungsablauf lauten:

- Übe keine Kritik!
- Je mehr Ideen desto besser!
- Ergänze und verbessere bereits vorhandene Ideen!
- Der Kuchen mit Lösungen ist größer als man glaubt!
- Je ungewöhnlicher die Idee desto besser!

Die Phase des Ideensammelns sollte etwa 30 Minuten dauern. Wichtig ist, dass alle Äußerungen protokolliert werden. Die Zusammenfassung, Strukturierung und Auswertung der Ideen erfolgen dann moderiert ebenfalls in einem nicht hierarchischen Meeting. Aus ihm resultiert eine Liste mit den für gut erachteten Vorschlägen. Das Brainstorming hat damit sein Ziel erfüllt: Es wurde das Rohmaterial für eine weitere Analysephase geliefert. Die daraus resultierenden Lösungsoptionen müssen dann im Verhandlungsteam erarbeitet werden (Fisher/Ury, 2015: S. 103ff.; Bühring-Uhle/Eidenmüller, 2017: S. 157ff.).

4.5 Simulation

Zentrales Element der Vorbereitung kann auch die Simulation der Verhandlungssituation sein: In einer realistischen Modellverhandlung werden dann die (experimentellen) Übungen durchgeführt, um die relevanten Erkenntnisse über Parteien, Verhandlungsinhalte, -optionen und -ergebnisse zu gewinnen. Die Ergebnisse können zur Vorbereitung der echten Verhandlung eingesetzt werden (vgl. Erbacher, 2018: S. 127; Voeth/Herbst, 2015: S. 192f.). Damit ist die Methodik bereits konkret umschrieben: Die Simulation ist faktisch ein Rollenspiel. Da es durchaus aufwändig sein kann und als Ressource den Personaleinsatz mehrerer Tage erfordert, eignet es sich vorwiegend für wichtige Verhandlungsprojekte mit hoher finanzieller und politischer Relevanz. Daneben ist es in der fachlichen Ausbildung und der politischen Weiterbildung ein populäres Instrument, politische Verhandlungsprozesse zu illustrieren. Dies gilt z. B. für die UNO, die im Rahmen von »The European International Model United Nations« (www.teimun.org) in einem vergleichbaren Setting jährlich durchgespielt wird (vgl. Schirm u. a., 2010: S. 654ff.).

Des Weiteren gibt es mittlerweile auch die ersten Anwendungskonzepte für eine Simulationssoftware (www.game-learn.com). Auch ein Sparringspartner, der als »Advocatus Diaboli« den Verhandler in der Simulation provoziert und fordert, kann für die Kreativität der Argumentation und die Details einer Verhandlungsführung von enormem Vorteil sein (es wird behauptet, die frühere Premierministerin und »eiserne Lady« Margaret Thatcher sei Nutzerin dieser Vorbereitungstechnik gewesen).

Eine Simulation setzt sich ganzheitlich mit dem Ablauf einer Verhandlung auseinander und hält dort inne, wo mit eigenen Schwierigkeiten gerechnet werden muss. Dort lässt sich dann eine Gegenstrategie entwickeln, mit der dieser Punkt gemeistert werden kann. Häusel (2015: S. 44) rät grundsätzlich dazu, in Simulationen bewusst Notfälle einzubauen und daraus sich ergebende alternative Verhandlungsszenarien zu berücksichtigen. Dem kann man nur beipflichten: Simulieren Sie den Ernstfall – und nicht den Glücksfall!

4.6 Selbstsuggestion

Wer sollte Einfluss auf Sie haben, wenn nicht Sie selbst? Auch bei Verhandlungen! Am Anfang der Lehre der Autosuggestion steht der französische Apotheker Émile Coué. Aus seinen Beobachtungen bei der Abgabe von Medikamenten entwickelte er den Gedanken, dass jeder Mensch sein Wohlbefinden steigern könne, indem er sich selbst Suggestionsformeln vorsagt (vgl. Coué, 2007).

Damit ist wiederum das Wesentliche für die selbstsuggestive Vorbereitung einer Verhandlung schon beschrieben: Die wiederholte Selbstaffirmation durch einfache indikative Sätze in einem Zustand relativer Entspannung ist ein wichtiger Schritt, mit dem unbewusste Denk- und Verhaltensprozesse richtiggehend trainiert werden können. Formelhafte Sätze und Gedanken werden längere Zeit im Rahmen einer mentalen Entspannungsübung, etwa dem autogenen Training, wiederholt. Sie können so zum Bestandteil des unbewussten Denkens werden und damit wiederum das bewusste Denken und Verhalten reflexiv beeinflussen. Hinzu tritt das Potenzial mentaler Visualisierungen etwa in Form von Meditationen (vgl. Geisselhardt/Hofmann, 2013).

Unter Bezugnahme auf Häusel (2015: S. 42f.) kann man dies zusammenfassen unter dem prägnanten Oberbegriff »Armchair negotiation«. Er weist darauf hin, dass gerade »positive Selbstgespräche« vor Verhandlungen wichtige selbstsuggestive Funktionen haben können. Die Empfehlung dazu lautet: Nennen Sie sich drei bis fünf wichtige Elemente und Gründe, die für Ihre Verhandlungsposition und Sie als Verhandler sprechen.

5 Einzelfragen der taktischen Verhandlungskommunikation

In der Umsetzung der Verhandlungsziele spielt die gelungene taktische Verhandlungskommunikation eine Schlüsselrolle. Dabei kommt drei weiteren Verhaltenselementen eine wichtige Rolle zu, die in der Vorbereitung unbedingt bedacht werden sollten: Es handelt sich um das sog. aktive Zuhören, den Einsatz einer professsionellen Fragetechnik sowie die Vermittlung von Wertschätzung bzw. taktischer Empathie.

Der schon erwähnte Hauptsatz der neurolingualen Verhandlungstechnik kann dazu wie folgt umformuliert werden: »Damit ich beim Verhandeln verstehe wie Du denkst, höre ich Dir aktiv zu und frage gezielt, damit Du das erkennst, was ich verstehen und mitteilen will und das auch akzeptierst, was Du für denkbar hältst, um zu einer Einigung zu kommen.« Die Begründung hierfür ist offensichtlich: Beim Verhandlungserfolg soll in erster Linie der Verhandlungsgegner dorthin gebracht werden, dass er die Probleme des Verhandlers kognitiv-emotional akzeptiert. Er sollte auf keinen Fall durch Zwang von seiner Sicht der Dinge abgebracht werden (vgl. Voss, 2017: S. 189). Damit steht der Verhandler vor einer langen beeinflussenden Wegstrecke, die Voss (2017: S. 204) plakativ beschreibt: »Eine Verhandlung ist die Kunst, jemand anderen die eigenen Ziele durchsetzen zu lassen.« Mit aktivem Zuhören und einer geübten Fragetechnik kann man dabei den Verhandlungspartner selbst quasi zum Werkzeug seiner eigenen Verhandlungstechnik machen.

5.1 Aktives Zuhören

Getreu dem chinesischen Sprichwort »Reden können ist nicht so viel wert, wie zuhören können« spielt das aktive, konzentrierte Zuhören eine wichtige Rolle für eine gelingende Kommunikation in der Verhandlung. Dies sollte in der Vorbereitung unbedingt bedacht werden: Der damit praktizierte Ausdruck der Wertschätzung wirkt unmittelbar positiv kognitiv-emotional (vgl. Jeske, 1998: S. 93; Schott/Troczynski, 2020: S. 26ff). Auch belegt die Vernehmung in Gerichtsverhandlungen den zweiten großen Mehrwert gelungenen Zuhörens (vgl. Wilfling, 2019: S. 11): die Informationssammlung. Ein noch besseres Verständnis der Bedürfnisse, Interessen und auch Positionen des Verhandlungspartners ist das Ziel, das mit der einhergehenden eigenen Informationssammlung die Verhandlungen positiv beeinflussen kann (vgl. Gates, 2019: S. 116f.; Nasher, 2015: S. 121 f.).

Die Verhaltensinstrumente dafür sind die geistige und auch körperliche Konzentration auf den Verhandlungspartner – verbunden mit dem Verzicht auf Ablenkungen: Wer im modernen Multitasking-Modus glaubt, zuhören zu wollen, dabei aber mit dem Smartphone beschäftigt ist, kann nicht konzentriert sein und das nimmt auch der Verhandlungspartner mit seinem unbewussten System 1 untrüglich wahr. Gerade nonverbale Signale wie Blickkontakt, Distanz bzw. proxemische Zuwendung und zugewandte Körperhaltung sind wertvolle »Verstärker«, auf die wir noch eingehen werden.

5.2 Fragetechnik – der Verhandlungspartner am Schlepphaken

»Wer geschickt fragt, lenkt unsere Aufmerksamkeit auf viele Dinge und lässt uns viele andere entdecken, auf die der Befragte vielleicht niemals von selbst gekommen wäre« (Niccolo Machiavelli). Wie wir – auch am vorstehenden Beispiel – gesehen haben, spielt der geschickte Einsatz von Fragen in der Verhandlung eine bedeutende Rolle. Wer fragt, der führt (vgl. Lay, 2001: S. 115): Diese zentrale Erkenntnis hat nichts von ihrer Aktualität verloren. Gerade das Verkaufsgespräch zwischen Verkäufer und Kunden zeigt beispielhaft für Verhandlungen aller Art, wie wichtig es ist, in einer zielgerichteten Kommunikation die richtige Fragetechnik zu beherrschen, um das Verhandlungsziel, konkret den Verkauf eines Produktes, zu erreichen. Ein Blick in die Google-Trefferliste zum Thema »Verhandlung – Fragetechnik« mit mehr als 23 000 Ergebnissen genügt, um die enorme Bedeutung zu erfassen.

Durch richtige Fragen können in Verhandlungen verschiedene Ziele verfolgt werden: Informationen sammeln, Bedürfnisse und Wünsche wecken oder indirekt artikulieren. Diesem wichtigen multifunktionalen Instrument müssen wir daher gerade in der Verhandlungsvorbereitung großes Augenmerk schenken (vgl. Gates, 2019: S. 115; Nasher, 2015: S. 124f.). Wie dargestellt ist die unbewusste »Assoziationsmaschine« System 1 geradezu darauf abgerichtet, erkannte Probleme und Fragestellungen sofort zu verinnerlichen (vgl. Kahneman, 2014: S. 127ff.). Dies hängt wesentlich mit der uns allen eingetrichterten Maxime zusammen: »Wenn Du gefragt wirst, dann antworte!«

Fragen können unter Ausnutzung der evolutionsbedingten Erfahrungen subtil die unbewussten Gedankenströme im System 1 des Gefragten zu den Themen lenken, die der Fragende bzw. Verhandler ausführen will. Gerade die Verkaufspsychologie hat dazu eine wichtige Erkenntnis perfektioniert: Mit der Aktivierung des tief im Unterbewusstsein verankerten Frage-Antwort-Mechanismus kann aus der gewünschten Zielantwort heraus die notwendige Frage formuliert werden (vgl. Häusel, 2015: S. 131f.). Wenn die Antwort beim zuhörenden Verhandlungspartner als bekannt unterstellt werden darf, dann »kitzeln Sie das Gehirn aber nicht nur momentan« (vgl. Eagleman, 2013: S. 79). Wenn ein Proband eine Aussage schon einmal gehört hat, dann glaubt er diese Aussage eher und zwar unabhängig davon, ob sie wahr oder falsch ist (vgl. Eagleman, 2013: S. 80). Diese sog. »Wahrheitsillusion« kann damit bei der Fragetechnik gezielt dazu verwendet werden, dass der zuhörende Verhandlungspartner seine Antwort für noch glaubwürdiger hält (vgl. Kahneman, 2014: S. 84ff.). Nicht umsonst betont der erfahrene Kommunikationspsychologe Häusel (2015: S. 129) daher die Bedeutung, »hirngerecht zu fragen«. Die Basisstrategie der neurolingualen Fragetechnik lautet somit: Welche Aussage will ich vom Verhandlungsgegner als Antwort auf meine Frage bekommen, um meine Ziele zu erreichen? Diese Antwort muss das Ziel der Fragen sein oder komprimiert: Die Frage muss der Antwort folgen! Die Kommunikationstheorie hat dazu etwa ein Dutzend unterschiedliche Fragearten herausgearbeitet. Wenn es allerdings um das Verhandlungssetting geht, können nur solche Fragen sinnvoll eingesetzt werden, die die eigene Verhandlungstaktik unterstützen. Die Antwort des Verhandlungsgegners bedeutet die inhaltliche Festlegung auf eine bestimmte kognitiv-emotionale Einstellung. Sollte diese in die falsche Richtung gehen, hat der Verhandler ein erhebliches Problem. Lassen Sie uns also die wichtigsten relevanten Fragearten im Folgenden behandeln.

Offene Fragen

Offene Fragen zeichnen sich auf der Frageseite durch die bekannten Fragewörter aus: Was, wer, warum, wofür, weshalb, wo. Die Antwort auf diese »Neugierdefragen« kann ziemlich ungelenkt und breit ausfallen. Offene Fragen können daher sehr schnell zu Antworten führen, die dem Verhandler nicht so ohne Weiteres ins Konzept passen. Die Fragestellung sollte daher in der Verhandlung schon thematisch eingeschränkt sein und zu »konzeptkonformen« Antworten führen (Häusel, 2015: S. 131). Das folgende Beispiel zeigt die relevanten Unterschiede:

- »Wann waren Sie das letzte Mal krank?«
- »Wann waren Sie das letzte Mal so krank, dass Sie zum Arzt mussten?«

Es liegt auf der Hand, dass etwa bei einer Verhandlung für eine Krankenzusatzversicherung nur die zweite Frage sinnvoll ist. Aus diesem Grund sollte der kognitiv-emotionale Zustand beim Verhandlungspartner angesprochen werden, aus dem heraus er den Verhandlungsgegenstand im Sinn des Verhandlers positiv sieht. Konzentrieren Sie sich daher in der Vorbereitung auf die Antworten, die Sie »verhandlungspositiv« erfragen wollen. Dies gilt auch für die große Kategorie der Informations-, Fakten-, und Verständnisfragen (vgl. Schott/Troczynski, 2020: S. 45f.).

Geschlossene Fragen

Geschlossene Fragen sind gemäß der allgemeinen Definition solche, die grundsätzlich mit »ja« oder »nein« beantwortet werden können. Ein Standardbeispiel lautet: »Sind Sie mit dem bisherigen Verhandlungsverlauf zufrieden?« Neben den Antworten »ja« oder »nein« ließe sich sicher auch ein unentschlossenes »weiß nicht« vorstellen. Hier spüren Sie aber schon, warum etwa Verkaufspsychologen geschlossene Fragen sehr kritisch sehen: Geschlossene Fragen haben häufig einen emotional-neutralen Wert und nehmen dann, wenn sie wiederholt werden, auch geradezu einen Vernehmungscharakter an; gesprächsfördernd sind sie jedenfalls weniger (vgl. Schott/Troczynski, 2020: S. 44). Erst wenn final »Nägel mit Köpfen« gemacht werden können, sind sie als emotionale Verstärker wieder denkbar (Voss, 2017: S. 191; Schott/Troczynski, 2020: S. 44). Auch im Fall der sog. »Bestätigungsfragen« sind sie sinnvoll, wenn also nachgefragt wird, was soeben im Raum stand: »Habe ich Sie da richtig verstanden? Trifft das zu? (vgl. Schott/Troczynski, 2020: S. 49).

Rhetorische bzw. Suggestivfrage

Rhetorische bzw. Suggestivfragen sind an sich offene Fragen, die aber durch geschickte Formulierung auf eine bestimmte Antwort reduziert werden können. Es handelt sich also um »geschlossene Fragen im Täuschungsgewand einer offenen Frage«. Ein Beispiel soll zeigen, wie gezielt aus offenen Fragen mit wenigen Kunstgriffen wirkmächtige Suggestivfragen produziert werden können:

- »Hätte die Finanzkrise nach Lehman-Brothers tatsächlich vermieden werden können?« (Offene Frage, die mindestens vier Antworten zulässt: ja, nein, wahrscheinlich, möglicherweise abgemildert.)

- »Sind Sie nicht auch der Auffassung, dass die Finanzkrise nach Lehman-Brothers durch ein vernünftiges Frühwarnsystem hätte vermieden werden können?«

Die Formulierung greift mit geschickten »Leitwörtern« an, um die Antworten im eigenen Sinn einzuengen. Diese Formulierungen sind z. B. (vgl. Ruhleder, 2016: S. 178): »doch auch«, »sicher«, »etwa«, »wohl auch - oder nicht« etc. Bemerkenswert ist, dass das Instrument der Suggestivfrage in der Rechtswissenschaft gerade für die Vernehmungstechnik weiterentwickelt wurde (vgl. Wifling, 2019: S. 131ff.), die damit verbundene Instrumentalisierung und ihr Lenkungspotenzial sind in der Praxis vielfach bewiesen.

Verständnis- und Begründungsfragen

Die bekannten Fragen mit »warum, weshalb, weswegen« sind zur Informationssammlung ebenfalls geeignet. Dabei sollte aber - wie dargestellt - auch hier bedacht werden, dass die Frage nach Möglichkeit der (vermuteten) Antwort folgen sollte, um sie taktisch geschickt einzusetzen. In Verkaufsgesprächen hält Häusel (2015: S. 130) nur eine Begründungsfrage für eine Todsünde: »Wieviel Geld wollen Sie ausgeben« - den Grund können Sie bei den obigen Ausführungen zur verhaltenspsychologischen Bedeutung von Geld nachlesen (▶ Kap. II.4).

Die neurolinguale Funktion von derartigen Fragen in Verhandlungen ist damit vielfältig: Wie schon dargelegt eignen sich Fragen besonders gut dafür, die Mechanismen der kognitiven Heuristik im unbewussten System 1 des anderen zu stimulieren. Kahneman (2014: S. 129ff.) verweist auf das Phänomen, dass wir die Antwort aus dem Unterbewusstsein heraus schon zu kennen glauben, bevor wir uns mit der Frage bewusst beschäftigen können.

Hinzu kommt eine emotional positive Steigerung beim zuhörenden Verhandlungspartner: Was gefragt wurde und was ich darauf antworte, erscheint wahr. Es fühlt sich vertraut an, die Erkenntnis erscheint mühelos, es ist eine klare Darstellung. Kahneman (2014: S. 82) bringt die Resultate einer geschickten Frageführung durch den Verhandler auf den Punkt: »Sie glauben das, was Sie hören, vertrauen Ihren Intuitionen und haben das Gefühl, dass die(se) gegenwärtige Situation in einer angenehmen Weise vertraut ist«. Das Unterbewusstsein des Verhandlungsgegners hat so eine tiefgreifende »Überzeugungsbeziehung« zum Verhandler aufgebaut, die es nun weiter zu festigen gilt. Eine geschickte Frageformulierung kann somit die kognitive Wahrnehmung beim Befragten positiv steigern und Wahrheitsurteile beeinflussen (vgl. Kahneman, 2014: S. 94; Eagleman, 2013: S. 80).

5.3 Taktische Empathie und Wertschätzung

Der Einsatz vieler taktischer und rhetorischer Elemente ist darauf ausgerichtet, gerade die kognitiv-emotionale Einstellung des unbewussten Systems 1 des Verhandlungspartners zu beeinflussen. Das Doppelkreisdiagramm zeigt die Fülle von Optionen, die hier eingesetzt werden können. Diese verhandlungstaktischen Optionen stehen unter einem »Generalthema«, das man sich bei der Vorbereitung unbedingt bewusst machen sollte: Bringen Sie dem Verhandlungspartner immer positive Wertschätzung entgegen und entwickeln Sie daraus auch im taktischen Verhandlungsverhalten eine empathische Grundeinstellung (vgl. Voss, 2017: S. 67f.).

Die Emotionen des Verhandlungspartners sicher zu identifizieren, wird schon bei Rupert Lay (2001: S. 74) als notwendige Voraussetzung einer sinnvollen Kommunikation – also einer Verhandlung – bezeichnet. Über das Entschlüsseln der verbalen und auch nonverbalen Botschaften hinaus steht die Fähigkeit im Vordergrund, die gleichen Emotionen wie andere empfinden zu können und auch kognitiv die vergleichbaren Gedanken oder Erinnerungen zu erkennen, also die Welt »mit seinen Augen zu sehen«, dies stellt die kognitiven und emotionalen Elemente der Empathie dar (vgl. Bak: 2016, S. 77ff.; Rogers, 1996: S. 24f.). Allein diese eher oberflächliche kommunikationspsychologische Darlegung zeigt, dass gerade hier, im empathischen, wertschätzenden Umgang mit anderen, die Verhandlungen gelingen, aber auch scheitern können. Die Vorbereitung der Verhandlung muss also taktisch hier ansetzen. Dies sollte aber nicht als Aufforderung zur Manipulation oder Täuschung missverstanden werden, um den Verhandlungspartner »eiskalt lächelnd gerade gefühlsmäßig hereinzulegen«. Darum geht es eindeutig nicht: Die Fähigkeit, die kognitive Begriffs- und die emotionale Gefühlswelt des Verhandlungspartners zu verstehen, ist – wie mehrfach dargestellt – für das Verständnis und die Akzeptanz der Verhandlung elementar. Es sind die Kernelemente, die neuzeitlich der »emotionalen Intelligenz« zugeordnet und mittlerweile allgemein als relevant eingestuft werden (vgl. z. B. Gates, 2019: S. 152ff.; Goleman, 2021).

6 Die nonverbale Verhandlungskommunikation

Den zwei Sinnes- und Aktionssystemen des Verhandlers (unbewusstes System 1 und bewusstes System 2) entsprechen diejenigen des Verhandlungspartners. Er hört und sieht dem Verhandler bewusst zu und analysiert den Gesamteindruck in seinem Denken. Beim Verhandlungspartner als »Rezipienten« der Kommunikationssignale werden die meisten empfangenen Reize – wie schon wiederholt dargelegt – unbewusst verarbeitet: Die menschliche Erzeugung von Wirklichkeit ist weit überwiegend eine Denkleistung des Unterbewusstseins (vgl. Eagleman, 2013: S. 45ff.). Durch den Mechanismus der sog. Spiegelneuronen findet eine weitgehend unbewusste kognitive Simulation statt, die von Wehling (2016: S. 23) folgendermaßen beschrieben wird: »Wir begreifen, was einer sagt, indem unser Gehirn so tut, als würden wir selbst es sagen«. Gerade die Verkaufspsychologie als Teildisziplin eines zentralen Verhandlungssettings betont die Wichtigkeit, die Spiegelneuronen des Verhandlungspartners, also etwa des Kunden, unbedingt zu aktivieren (vgl. Häusel, 2015: S. 87ff.).

Dabei spielt die Körpersprache eine entscheidende Rolle: Es gibt kaum eine Verhandlung, bei der nicht auch die nonverbale Kommunikation eine enorme Bedeutung besitzt. Der Grund ist so einfach wie einleuchtend: Die Körpersprache ist eine universelle Sprache der Menschen, die alle Menschen lernen, verwenden und interpretieren können – also auch und gerade der Verhandlungspartner. Jeder Verhandler »spricht« daher auch nonverbal, da er intuitiv weiß, dass diese Kommunikation auch vom Verhandlungpartner verstanden und praktiziert wird. Sicherlich gibt es dabei gewisse interkulturelle Unterschiede. Aber die wesentlichen menschlichen »Hauptgefühlsausdrücke« können fast überall auf der ganzen Welt identisch aufgenommen werden. Es handelt sich um Freude, Überraschung, Trauer, Angst, Wut und Ekel (vgl. Molcho, 1998: S. 26). Wenn man modernen Untersuchungen Glauben schenken kann, dann drückt auch in Verhandlungen jeder der Akteure in der körpersprachlichen Kommunikation von Gesicht zu Gesicht im Durchschnitt 55 Prozent seiner emotionalen, also gefühlsbasierten Botschaften über die verschiedenen Kanäle der Körpersprache aus. Entsprechend intensiv ist die Aufnahme dieser Kommunikation beim Verhandlungspartner! Der amerikanische Psychologieprofessor Albert Mehrabian steht für die berühmte »7-38-55 Regel«, die besagt, dass 38 Prozent der Wirkung einer Mitteilung über das eigene emotionale Empfinden durch den stimmlichen Ausdruck und lediglich 7 Prozent über den sprachlichen Inhalt übermittelt werden (vgl. Mehrabian, 1981). Auch in der Verkaufspsychologie werden ähnliche Zahlen zugrunde gelegt: Häusel (2015: S. 88) beziffert die Bedeutung der Körpersprache zum Fakteninhalt im Konsumgüterverkauf auf 3:1 und im B2B-Bereich auf 50:50. Ohne die Zahlendifferenzen überbetonen zu wollen, steht fest, dass der Anteil der nonverbalen Kommunikation an einer erfolgreichen Verhandlung jedenfalls i. d. R. bei mindestens 50 Prozent liegt (vgl. Voss, 2017: S. 212).

Erfolgreiches Verhandeln ist daher nur mit einer bewussten Beherrschung der Körpersprache möglich (vgl. Bühring-Uhle/Eidenmüller, 2017: S. 123ff.): Wenn der Körper eines Verhandelnden (warum auch immer) nur schweigen oder eingeschränkt kommunizieren kann, so ist die verhandlungsbezogene Wirksamkeit seines Auftritts deutlich und wahrnehmbar eingeschränkt (vgl. Molcho, 1998: S. 26). Dies kann z. B. bei einer Verhandlung mit einem behinderten Menschen nachempfunden werden, der etwa infolge einer angeborenen Blindheit nur sehr eingeschränkt in der Lage ist, das körpersprachliche Instrumentarium zu erwerben. Das Verhandlungssetting ändert sich hier massiv, da ein zentraler nonverbaler Kommunikationskanal, das Sehen, ausgeschaltet ist. Ein vergleichbares Szenario bietet auch die reine Telefonverhandlung. Die moderne Psychologie hat bahnbrechende Erkenntnisse zu den Basismechanismen der Körpersprache erarbeitet, diese Teildisziplin wird auch als »Ausdruckspsychologie« bezeichnet (vgl. Lay, 2001: S. 63ff.). Sie knüpft eng an die Verhaltensforschung bei Tieren an. Der niederländische Forscher Frans de Waal belegt, dass auch Menschenaffen Dutzende von Gesten sowie stimmliche und mimische Signale zur sozialen Kommunikation verwenden (vgl. Kuhnke, 2017: S. 53ff.). Ihre Steuerung erfolgt aber zwangsläufig nonverbal und damit im Wesentlichen unbewusst (vgl. Morris, 1995). Vor diesem

Hintergrund kann es als gesicherte Erkenntnis gelten, dass die wesentlichen Grundlagen der Körpersprache sich bei den Vorfahren des Homo sapiens über Millionen von Jahren entwickelt haben (vgl. Häusel, 2015: S. 88).

Die nonverbale Kommunikation des Menschen, also unsere Körpersprache, unterliegt in ihren wesentlichen Elementen der Steuerung des unbewussten Systems 1. Ein gutes Beispiel ist die Steuerung der Augen und des Gesichtsfeldes. Sie und auch die entsprechende Signalaufnahme erfolgt durch einen eigenen, im Unterbewusstsein angelegten neuronalen Schaltkreis des Nervensystems in Richtung limbisches System im Gehirn, der im Wesentlichen zur unbewussten Steuerung des Körpers dient (vgl. Häusel, 2015: S. 89). Natürlich kann System 2 eingreifen und bewusst etwa die Blickrichtung ändern oder das Blickverhalten modifizieren. Die wesentlichen Vorgänge des Sehens werden aber nach wie vor durch das Unterbewusstsein gesteuert. Und das geschieht natürlich zu seinen (unbewussten) Bedingungen: Das bekannteste Beispiel ist die Erweiterung der Pupillen beim Blick auf Neues, Angenehmes und Überraschendes. Und hier schließt sich der Kreis zu den Erkenntnissen der Verhaltensökonomie (vgl. Kahneman, 2014: S. 46ff.): Pupillen können Ausdruck und Indikator jeder mentalen Anstrengung eines Menschen sein; dies gilt also nicht nur bei der Verarbeitung visueller Sinneseindrücke, sondern auch beim sonstigen Denken.

Diese grundlegenden psychologischen Erkenntnisse der neurolingualen Intervention können auch allgemein gut eingesetzt werden für die Steuerung der Körpersprache im Verhandlungssetting. Sie unterliegt den gleichen Prinzipien im Sinn einer neurolingualen Intervention. Dabei sollte angesichts der vielen Einzelelemente der Körpersprache eines noch vorweg gestellt werden: Die Komplexität der unbewussten Leistung! Die verbale Kommunikation des Menschen mittels Sprache in Verhandlungen erfolgt letztlich neben der kognitiven Denkarbeit im Gehirn über einen eng begrenzten Teil des Körpers: Mund – Zunge – Hals – Kehlkopf unter Einsatz der Ausatmungsfunktion der Lunge. Die Steuerung erfolgt also über wenige Muskelpartien, Bänder und Veränderungen im Mund-Hals-Bereich (vgl. Pabst-Weinschenk, 2011: S. 21ff.). Der Sprachvorgang als solcher ist dabei zum größten Teil unbewusst gesteuert, auch wenn das bewusste System 2 sehr wohl auf Sprechtempo, Sprachhöhe, Atemfrequenz etc. Einfluss nehmen kann. Entscheidend für das bewusste System 2 ist der Inhalt des Sprechvorganges, also das gesprochene Wort, die gesprochene Rede, die vom ihm im Wesentlichen produziert bzw. beeinflusst wird. Die nonverbale Kommunikation des Menschen erfolgt dagegen über die vielen Muskeln, Gelenke und Sehnenpartien des gesamten Körpers. Sowohl die »Versendung« der Signale durch den Redner als auch ihr »Empfang«, die Verarbeitung und Deutung der Signale durch den Zuhörer erfolgen physiologisch und psychologisch durchweg im unbewussten System 1. Die Möglichkeit, hierauf bewusst Einfluss zu nehmen, sind begrenzt.

Das Wissen über grundlegende Signale der Körpersprache kann also machtvoll zur Überzeugungsbildung, aber auch zur Manipulation eingesetzt werden, wenn es einem Verhandler gelingen sollte, den gesprochenen Inhalt seines Verhandlungsauftritts durch Signale seiner Körpersprache zu begleiten, die authentisch dazu passen. Auch wenn der Inhalt seiner Rede falsch, argumentativ unzureichend oder manipulativ sein sollte. Besonders wichtig ist die Körpersprache, wenn Sie als Verhandler eine Position vertreten müssen, die Sie eigentlich nicht unterstützen. Das klassische Beispiel ist der Syndikus-Rechtsanwalt, der von der Geschäftsführung des Unternehmens die Weisung erhalten hat, eine Position in einer Verhandlung zu vertreten, die er für falsch hält. Hier zeigt sich, ob er das professionelle Instrumentarium als Verhandler ganzheitlich beherrscht: Er ist gezwungen, etwas anderes zu vertreten und zu sagen, als er denkt. Damit besteht während der gesamten Verhandlung die permanente Gefahr, dass seine Körpersprache unbewusst etwas anderes ausdrückt, als er inhaltlich (auf Weisung) vermitteln will und muss. Der Verhandlungsgegner kann diese Diskrepanz zwischen Rede und »Körperrede« durchaus unbewusst bemerken und dann die Glaubwürdigkeit des Verhandlers schon unbewusst und damit nachhaltig in Zweifel ziehen. Das Ziel des Verhandlers muss es daher sein, die Kongruenz von Rede und Körperrede herzustellen. Wenn er also etwas anderes sagen soll als das, was er innerlich weiß oder glaubt, dann muss er konsequenterweise auch lernen, mit dem Körper zu lügen. Das Problem dabei ist nur: Das unbewusste System 1 kann nicht lügen, dies kann nur das bewusste System 2 (vgl. Kahneman, 2014: S. 42). Da eine bewusste Steuerung der Körpersprache nur ganzheitlich über das unbewusste System 1 gelingen kann, muss dieses unbewusste System 1 durch eine willentliche emotional-neuronale Intervention des bewussten System 2 ganzheitlich darauf eingestellt werden. Hierzu gibt es effektive Hilfsmittel, vor allem die Selbstsuggestion, das Ankern und Primen, mit denen sich der Verhandler ganzheitlich in die Stimmungssituation bringt, die für seinen Vortrag erforderlich ist. Dann kann auch die unbewusste Steuerung der Körpersprache im Fluss durch System 1 wieder authentisch den Verhandlungsinhalt begleiten.

Folgender klassische Rat einer Schauspielschule gilt auch für die neurolinguale Intervention (Kuhnke, 2017: S. 133): Nur wer sich vollständig in eine Rolle hineinversetzt, kann diese gut und überzeugend spielen (vgl. Molcho, 1998: S. 11f.). Ein Verhandler wird sich also auch innerlich-unbewusst in die Einstellung versetzen müssen, die er dann mit seiner Verhandlungstaktik vertritt. Dann wird auch seine unbewusst gesteuerte Körpersprache das ausdrücken und unterstützen, was er sagt. Das kommt auch in dem Postulat zum Ausdruck: »Du hast keinen Körper – sei dein Körper!« Dies bringt uns allerdings zu der zentralen Frage: Kann ich als Verhandler meinen Körper so manipulieren, dass ich wirklich alles glaubhaft vertreten könnte, selbst wenn ich nachhaltig lügen würde? Realistisch wird man diese Frage verneinen müssen. Es gibt zwar eine Sparte der Schauspielkunst, die perfekt die Vortäuschung präsentiert, nämlich die Pantomime. Allerdings gesteht schon der Großmeister der Pantomime, Samy Molcho (1998: S. 19 ff.), dass die notwendige Kombination von Sprache und Körpersprache wohl nie ganz dazu führen kann, perfekt ein anderer zu sein.

Der Ansatz einer realistischen Methodik der neurolingualen körpersprachlichen Intervention in der Verhandlungswissenschaft muss daher auch deutlich bescheidener sein: Im Mittelpunkt steht erfahrungsgemäß die Aufgabe, zuerst die körpersprachlichen Defizite des Verhandlers festzustellen, zu analysieren und das körpersprachliche Verhalten vor diesem Hintergrund Schritt für Schritt zu verbessern. Daraus resultiert die Notwendigkeit, dem Probanden die wesentlichen Gesetzmäßigkeiten und Erkenntnisse der nonverbalen Kommunikation zu vermitteln und so die »Dos and Don'ts« der Körpersprache zu erkennen. Diese Sensibilisierung für die Körpersprache ist ein wichtiger Schritt. Ziel ist es, die Grundlagen für ein verbessertes Bewusstsein des Verhandlers zu schaffen, um ganzheitlich mit Sprache und Körpersprache zu kommunizieren. Er muss also auch nachhaltig üben, die Signale der Verhandlungspartner richtig zu interpretieren und selbst die eigenen Beiträge und Antworten auch körpersprachlich effizient zu vermitteln. Wenn es dabei gelingt, bei jedem Verhandlungsprobanden die 3 wichtigsten körpersprachlichen Defizite oder Fehler dauerhaft auszuschalten und zusätzlich 3 Verbesserungen in der körpersprachlichen Verhaltensweise zu erwerben, wäre für ein Verhandlungstraining schon viel erreicht! Auf dieser Grundlage kann man dann in ständiger Übung weiter aufbauen. Die Erfahrung lautet schlicht: Werden Sie ein guter »Körpersprecher« – so können Sie viel besser in Verhandlungen überzeugen!

7 Die wichtigsten Elemente des Codes der Körpersprache für Verhandlungen

Mimik

> »Das Gesicht ist das Abbild des Hirns, die Augen sein Berichterstatter.« (Cicero)

Menschliche Gesichter werden als »Lesebücher des Gehirns« schon seit Jahrtausenden eingehend studiert. Dafür hat sich ein eigener Wissenschaftszweig entwickelt, die Physiognomik. Eindrucksvoller Beleg für die sorgfältige moderne Analyse der unglaublichen Vielfalt der möglichen Bewegungen der Gesichtsmuskeln ist das sog. Facial Action Coding System (FACS). Es wurde maßgeblich von Paul Ekman (2010) entwickelt. Diese in der Psychologie anerkannte Skalierung unterscheidet nicht weniger als 44 Bewegungen, davon 12 Bewegungen in der oberen Gesichtspassage und 32 in der unteren (z. B. oben: Stirnrunzeln in den verschiedensten Weisen; unten: Stellung der Mundwinkel). Die physiologische Basis hierfür sind die insgesamt 44 Muskeln, die das Gesichtsfeld des Menschen steuern; symmetrisch gelagert kommen dabei je 22 Muskeln in jeder Gesichtshälfte vor (vgl. Kuhnke, 2017: S. 81f.; Molcho, 1998: S. 130). Dieses mimische System ist nicht nur für die »Produktion« in Verhandlungen verantwortlich. Es liefert auch die neuronalen Grundlagen für die Aufnahme der mimischen Ausdrücke eines Senders (Verhandler) und ihrer standardisierten Analyse auf den emotionalen und kommunikativen Bedeutungsgehalt durch den Verhandlungspartner (vgl. Häusel, 2015: S. 89).

Wesentlich ist dabei folgende Erkenntnis: Eine bewusste Steuerung der Mimik durch das System 2 ist auf Dauer unmöglich. Machen Sie einen Selbsttest und versuchen Sie folgendes gleichzeitig: Die Stirn zu runzeln, die Augenlider zu heben und zu senken, die Mundwinkel von Depression in Freude zu verändern, die Backenpartien zu straffen und zu entspannen. Da wir für diese Aufgabe das langsame und bewusste System 2 einsetzen, ist uns schon diese bewusste Steuerung der Mimik von nur vier Gesichtspartien (und wenigen Muskeln) schlichtweg nicht möglich. Dem System 1 gelingt dies im unbewussten Hintergrund problemlos, allerdings nur zu seinen Bedingungen. Die zentrale Bedingung heißt: System 1 kann nicht bewusst lügen bzw. die Unwahrheit vortäuschen; wenn das versucht wird, kann es auf Dauer nur schiefgehen. System 1 arbeitet unbewusst »authentisch«. Mit anderen Worten: Will ein Verhandelnder etwas anderes sagen als er denkt, dann besteht die permanente Gefahr, dass seine Mimik etwas anderes zum Ausdruck bringt und so die Wirkung seines Beitrages nachhaltig beeinträchtigt. Navarro (2020: S. 217) empfiehlt dem Verhandlungspartner bei widersprüchlich wirkender Mimik sogar, die »negativen Signale« als die ehrlicheren einzustufen. Für die effiziente neurolinguale Intervention auf die Körpersprache reichen die nachstehenden 6 Faustregeln:

1. Bringen Sie sich vorab gezielt in die richtige innere Stimmung und Einstellung zu dem, was Sie sagen wollen, dann wird auch Ihre unbewusst gestaltete Körpersprache strukturell das ausdrücken und unterstützen, was Sie sagen. Bemühen Sie sich um diese Grundstimmung während der ganzen Verhandlung. Auf diese Weise können Sie die Gefahr reduzieren, sich durch sog. »Mikro«- oder »Kurzzeitgesten« zu verraten (vgl. Häusel, 2015: S. 99f.).
2. Im Mittelpunkt der Verhandlung stehen zwar die gesprochene Information, die Präsentation der Interessen bzw. die verbalisierte Gefühlsexpression. Begleiten und verstärken Sie diese Inhalte jedoch durch das Mienenspiel des Gesichtes. Die Vielfalt der Optionen ist enorm. Sehen Sie sich unbedingt ein Buch zur Körpersprache an: Offen, entspannt, ängstlich, besorgt, skeptisch, froh, heiter – auch Ihnen steht die gesamte Palette der mimischen Möglichkeiten offen!
3. Wagen Sie bewusst Mimik: Sie wirken dadurch deutlich authentischer als mit einem Gesichtsausdruck, der nur unwesentlich lebendiger ist als ein eingefrorenes Pokerface.
4. Üben Sie vor dem Spiegel bewusst Ihre Mimik, Ihr Gebärdenspiel. Eine provokante Forderung: Seien Sie eitel! Je mehr Sie selbst über Ihr Gesicht erfahren, umso mehr lernen Sie auch für Ihre unbewusste Selbstkontrolle. Dies gilt vor allem dann, wenn Sie selbst oder Ihre Angehörigen wahrnehmen, dass Ihre Mimik im Widerspruch zu Ihrer gefühlten Grundsituation steht.
5. Ihre Grundmiene sollte stets ein freundlicher, leicht lächelnder Gesichtsausdruck sein (vgl. Häusel, 2015: S. 91f.). Es gibt dazu viele Weisheiten, die wichtigste – aus China – lautet: Wer nicht lächeln kann, der sollte kein Geschäft aufmachen!
6. Mienen können Gefühlswallungen optisch auch dämpfen: »So aufgeregt habe ich ja gar nicht ausgesehen.« Auch diese dämpfende Wirkung können Sie üben. Das kann in kritischen Situationen, wenn es in der Verhandlung möglicherweise hoch hergeht, von großem Wert sein.

Augen

»Die Augen sind die Fenster der Seele.« (Hildegard von Bingen)
»Wessen Augen nicht sehen, dessen Mund nicht wässert.« (chinesisches Sprichwort)

Die Augenpartien nehmen nur etwa 100 Quadratzentimeter Gesichtsfläche und damit nur einen Bruchteil der Gesamtfläche des Körpers ein – dennoch kommt ihrem Ausdruck und dem Blickverhalten mehr Bedeutung zu als der übrigen Körpersprache. Nicht umsonst wird das Sehen als der »Gesichtssinn« bezeichnet! Die Pupille ist ein zuverlässiger Gradmesser der kognitiven und mentalen Aktivität jedes Menschen (vgl. Kahneman, 2014: S. 46 ff.). Die zentralen Empfehlungen lassen sich in 5 Faustregeln für ein gutes Blickverhalten zusammenfassen:

1. Vermeiden Sie jeden »angstgeweiteten« und starren Blick, denn dieser ist häufig auch ein zuverlässiger Indikator von großen Sorgen und großer innerer Aufwühlung (vgl. Kuhnke, 2017: S. 96).
2. Suchen Sie unbedingt den Blickkontakt zum Verhandlungspartner: Zumindest im westlichen Kulturkreis wird Blickkontakt bei Verhandlungen als wichtig eingeschätzt und das wird daher auch unbewusst konnotiert (vgl. Kuhnke, 2017: S. 97; Navarro, 2020: S. 190).
3. Wenn Sie auf Ihre Verhandlungsunterlagen sehen, dann ist das natürlich zulässig. Aber bitte nicht immer, blicken Sie stattdessen so häufig es geht vom Text auf und zum Verhandlungspartner. Je besser Sie vorbereitet sind, umso eher gelingt Ihnen das. Wer nur das Verhandlungskonzept im Blick hat, kommuniziert in einem erweiterten Selbstgespräch und nicht mit dem Verhandlungsgegenüber. Es wirkt fast so, als ob sich ein Kind die Augen zuhält, um nicht gesehen zu werden (vor allem wenn sich das Papier nahe am Gesicht befindet).
4. Viele Verhandler blicken häufig ins Unendliche und damit links, rechts und oben am Verhandlungspartner vorbei. Dies ist das klassische Zeichen für Unsicherheit und Nervosität. Vermeiden Sie also nicht den Kontakt mit den Verhandlungspartnern, sondern suchen Sie ihn bewusst (vgl. Navarro, 2020: S. 197).
5. Der freundliche Kontakt zum Verhandler beginnt mit einem freundlichen Blick und damit wird die Verhandlungssituation typischerweise auch positiv beeinflusst: Lassen Sie Ihre Augen lächeln und offen zum Verhandlungspartner sprechen – verkniffene Augen sind vor allem zu Verhandlungsbeginn ein klassisches Zeichen, dass die Situation dem Verhandler Unbehagen bereitet und er enorm angespannt ist. Häusel (2015: S. 92) betont, dass beim Anlächeln das Vertrauenshormon Oxytocin ausgeschüttet wird. Dies hilft dabei, Misstrauen gegenüber dem Verhandlungspartner abzubauen.

Kopf

»Wer kommt, wird nach seinem Gesicht beurteilt. Wer geht, nach seinem Kopf.« (Heinrich Wiesner)

Die »Kopfarbeit« wird in Kommunikationstrainings und -büchern häufig unterschätzt. Dabei kommt der Kopfhaltung eine enorme Signalwirkung zu, wenn es darum geht, unbewusst die Einstellung als Verhandler zu präsentieren oder auch den Verhandlungspartner zu analysieren. Hierzu gibt es einige wichtige Empfehlungen, die für sich genommen schon beweisen, welche Variabilität und Information »mit Köpfchen« präsentiert werden kann. Eine souveräne, gerade Kopfhaltung ist das Ziel. Lassen Sie im wahrsten Wortsinn den Kopf nicht hängen; es ist eines der wichtigsten wahrgenommenen Signale für Unsicherheit, Depressionen, Müdigkeit und Langeweile (vgl. Navarro, 2020: S. 216f.). Drei wichtige Kopfbewegungen sollten Sie an sich selbst wahrnehmen und bewusst steuern:

1. Kopfnicken: Ob und wie Sie mit dem Kopf nicken, ob schnell, langsam, aufmunternd, genervt: Alles kann eine deutliche Signalwirkung besitzen.
2. Kopfrichtung: Geht Ihr Kopf in eine andere Richtung als der Blick Ihrer Augen, ist dies natürlich eine Geste mit hohem Signalwert: Blicken Sie verstohlen, haben Sie etwas zu verbergen, sind Sie misstrauisch oder abgelenkt?
3. Kopfschütteln: Signalisieren Sie Ablehnung, zeigen Sie ungläubige Kenntnisnahme oder sind Sie widersprüchlich unterwegs, weil Sie zu einer bejahenden Äußerung gleichwohl den Kopf schütteln? Diese Geste sieht man häufig, gern auch in Fernsehdiskussionen als Kommentar zu den Äußerungen der Diskussionspartner: Wer den Kopf schüttelt, sollte sich allerdings bewusst sein, dass er damit nicht unbedingt glaubwürdiger wirkt!

Gestik

> »Das Auge kann den Zustand unserer Seele malen; aber die Hand teilt gleichzeitig die Geheimnisse des Körpers und die des Gedankens mit.« (Honoré Balzac)

Der Bereich Schulter – Arme – Hände ist ein zentraler »Signalgeber« der nonverbalen Kommunikation: Ob Sie hängende Schultern haben, die Arme verschränken oder ausbreiten, ob Sie die Hände ballen oder zum Verhandlungsgegenüber öffnen: Schon diese Beispiele zeigen die enorme Vielfalt dessen, was Gesten, die meist unbewusst gesteuert sind, mitteilen können. Diese unbewusste Steuerung ist umso intensiver als in Armen und Händen mit dem Tastsinn wichtige Sinneszellen vorhanden sind. Hinzu tritt die Erkenntnis, dass die Hände als (Be-)Greifapparat eine der wesentlichen körperlichen Entwicklungen des Menschen in der Evolution darstellen. Ihre unbewusste Steuerung hat sich über Jahrmillionen auch genetisch entwickelt (vgl. Molcho, 1998: S. 156f.). Fast jede menschliche Geste kann daher über den neurolingualen Code mit einer Signalbedeutung verbunden werden. Diese wird im Wesentlichen auch von allen Menschen gleichbedeutend wahrgenommen: Die gestische Körpersprache ist im Wesentlichen eine universelle Sprache, die auf dem ganzen Globus zum großen Teil verstanden und gesprochen wird. In der – klassischen sitzenden – Verhandlungssituation kommt hinzu, dass neben Kopf und Rumpfoberbereich nichts weiter vom Verhandlungspartner wahrgenommen werden kann. Gerade wegen der enormen Signalwirkung der Gestik ist daher die emotionale Vorbereitung auf die Verhandlung von großer Bedeutung. Hierzu gibt es 11 Faustregeln:

1. Verhandlungen finden häufig im Sitzen statt. Dazu gibt es zwei klassische Positionen in der Zweier-Verhandlung: Über-Eck oder gegenüber. Nach allgemeiner Auffassung ist die Über-Eck-Position geeignet, eine kooperative Atmosphäre zu fördern. Die »Konfrontationsposition gegenüber« führt dagegen meist zu kürzeren und schärferen Gesprächen (vgl. Kuhnke, 2017: S. 225; Nasher, 2015: S. 185).
2. Wagen Sie bewusst Gestik – auch und gerade am Verhandlungstisch. Sie wirken dadurch deutlich authentischer als mit einem Oberkörper, der wie gelähmt erscheint. Körperstarre wird unbewusst als klarer Ausdruck von Angst und Defensive wahrgenommen. Denken Sie an ein Verhandlungsgespräch in Italien oder Spanien – dort würde man ohne Gesten überhaupt nicht auskommen oder ernst genommen werden!
3. Verstärken Sie die Wirkung des gesprochenen Wortes gezielt durch Ihre Gesten.
4. Bringen Sie sich durch Selbstsuggestion und das Setzen von Ankern bzw. Priming für Ihre Position vorab gezielt in die richtige Stimmung.
5. Üben Sie vor dem Spiegel und achten Sie auf Widersprüche zwischen Ihrer inneren Haltung und äußeren Gesten.
6. Üben Sie konkrete Gesten für wichtige Verhandlungs- und Argumentationspassagen.
7. Die Positionierung der Arme ist ein wichtiger Indikator für ihre nonverbale Kommunikation: Wollen Sie im »Schutzmodus« verschränkter Arme verhandeln oder mit den buchstäblich »offenen Armen«? Es ist ein weltweites Signal von Abwehr und Unsicherheit mit verschränkten Armen zu verhandeln, das klassische Zeichen von Distanzierung und Verteidigungshaltung. So wird nur schwer ein Funke überspringen (vgl. Schwarz/Schweppe, 1998: S. 26ff.). Studien zeigen dazu, dass das Gegenüber negativ darauf reagiert (Kuhnke, 2017: S. 149).
8. Vermeiden Sie aufgesetzte oder gekünstelte Gesten oder auch sog. gestische Zitate wie etwa die inzwischen bekannte »Merkel-Raute«.
9. Setzen Sie vor allem Hände und Finger für ihre gestische Arbeit ein. Sie werden von Spezialisten mit Recht als die »ausdrucksstärksten Glieder« des Menschen bezeichnet (vgl. Molcho, 1998: S. 156ff.). Es kommt also nicht nur darauf an, wie Schultern und Arme die »gestische Grobarbeit« verrichten. Ganz vorne bei Hand und Finger spielt die Musik. Allein die Symbolwirkung einer offenen oder verschlossenen Hand ist enorm. Ob Sie Hände verbergen, falten oder sich im wahrsten Sinn des Wortes »die Hände reiben« – gerade die sekundenschnell wechselnden und auch nur vorübergehend gezeigten Signale Ihrer Hände hinterlassen in der unbewussten kognitiven Aufnahme des Verhandlungsgegenübers immer ihre Spuren. Und dass ein »Handkantenschlag« nicht

unbedingt Kompromissbereitschaft verrät, muss wohl nicht weiter ausgeführt werden (vgl. Kuhnke, 2017: S. 176).

10. Zu viele Gesten werden in Fachkreisen als »Gesten-Rap« bezeichnet. Sie sind auf keinen Fall ratsam: Die sinnvolle synchrone Begleitung des Verhandlungsbeitrages gerät so zum zerfahrenen Fuchteln. Dies wird vom Verhandlungsgegenüber untrüglich als Indiz für mangelnde Glaubwürdigkeit und hohe Nervosität wahrgenommen.
11. Auch die Signalwirkung der einzelnen Finger und ihres Zusammenspiels ist enorm: Jeder Finger hat instinktiv eine eigene – neurolinguale – Symbolik, selbst wenn sie dem Verhandler nicht bewusst sein sollte:
    a) Der Daumen ist der »Dominanzfinger« (vgl. Molcho, 1998: S. 189). Wer weiß nicht, was »Daumen nach oben« heißt? Die Geste war schon vor 2.000 Jahren in den Arenen des römischen Reiches für die unterlegenen Gladiatoren von buchstäblich existentieller Bedeutung. Der Daumen nach unten oder auch das abwertende Zeigen mit dem Daumen auf andere: Jede dieser Gesten erzeugt eine dominante, überlegene und häufig auch arrogante Signalwirkung beim Verhandlungsgegenüber (vgl. Navarro, 2020: S. 164f.).
    b) Der Zeigefinger als der Signalfinger schlechthin kommt natürlich auch für »Oberlehrer« und »Besserwisser« gerne zum Einsatz (vgl. Molcho, 1998: S. 194). Also aufgepasst, der Verhandlungspartner will sich nicht belehren lassen.
    c) Der Mittelfinger hat eine enorm ambivalente und umfassende Bedeutung. Zusammen mit dem Daumen ist er das Zeichen der Perfektion. Aber allein von unten nach oben gezeigt wertet er ab (»Stinkefinger«). Und zusammen mit Daumen und Zeigefinger ist er das Symbol für den Schwur: die Bürgschaft auf Leben und Tod!
    d) Der kleine Finger als der »Gesellschaftsfinger« wird von Samy Molcho (1998: S. 197) geradezu liebevoll behandelt. Wer kennt nicht den kleinen gestreckten Finger als vermeintliches Zeichen von Noblesse beim Halten der Kaffeetasse? Er symbolisiert auch das Bemühen um distinguiertes Verhalten eines (unsicheren) Neureichen.

Berührungen und Körperhaltung

Mit dem Fingerspiel kommen wir allerdings nun zu einem der heikelsten Punkte der Gestik, den Berührungen. Auch ihre Variabilität ist enorm – sie beginnt beim Händeschütteln zur Begrüßung und dem Abschied – sie ist das übliche konnotative Zeichen der Kontaktaufnahme und der Verhandlungsbereitschaft. Sie kann in pandemischen Krisenzeiten wie der Corona-Krise 2020/21 allerdings auch verpönt bzw. untersagt sein. Berührungen sind das nonverbale Symbol, dass eine Verbindung hergestellt wird (vgl. Kuhnke, 2017: S. 157f.). Gleichwohl sollte man damit vorsichtig umgehen, da das Potenzial für missverständliche und damit verpönte Gesten durchaus enorm ist. Häusel (2015: S. 109) empfiehlt daher allenfalls eine »leichte, fast unmerkliche Berührung« während einer Verhandlung. Sie löst unbewusst das Signal des »Vertrautseins« aus. Dies kann bevorzugt geschehen, wenn Sie einen Rat geben oder über etwas Wichtiges informieren (vgl. Kuhnke, 2017: S. 161). Die Grenze sind Berührungen, die über 3 Sekunden hinaus anhalten und das Distanzgefühl des Verhandlungspartners aktivieren.

Daneben neigen in Verhandlungen viele Teilnehmer zu ganz anderen Berührungen: Wer hat nicht schon in Verhandlungen erlebt, wie ein Verhandlungspartner an sich herumzupfte (an Ohr, Nase, Lippen, Haaren und anderen Körperteilen), auf den Fingern zu kauen begann oder stereotyp das Manuskript faltete, knüllte oder strich? (vgl. Navarro, 2020: S. 60 ff.). Diese Handlungen werden als sog. Selbstberührungen bezeichnet; sie laufen wohl überwiegend unbewusst gesteuert ab. Neurolingual erfüllen solche Handlungen im unbewussten Regelkreis des Systems 1 eine bestimmte Aufgabe: In der Regel ist der Ausgangspunkt solcher Selbstberührungen ein unbewusstes Gefühl von Anspannung, Unsicherheit, Nervosität, Unruhe oder »Unwohlsein« im weitesten Sinn. Das ist an sich nichts Ungewöhnliches, gerade dort, wo in der Verhandlung einiges auf dem Spiel steht. Selbstberührungen sind also häufig ein Indikator für eine klassische Diskrepanz in der Befindlichkeit eines Verhandlers (vgl. Navarro, 2020: S. 51ff.). So scheint z. B. der Griff zur Nase dazu zu dienen, empfundenes Fehlverhalten oder Selbstzweifel bzw. Lügen durch diese Selbstberührung zu beschwichtigen und zu beruhigen (vgl. Kuhnke, 2017: S. 137f., 205f.). Die Bewertung von Selbstberührungen fällt differenziert aus: Selbstberührungen sind solange zulässig und kein Problem, wie sie sich im üblichen Rahmen halten und als sozialadäquat wahrgenommen werden, weil sie letztlich von jedem, auch vom Verhandlungsgegenüber, so praktiziert werden. In diesem Zusammenhang kann man von einem sog. »adaptiven« Verhalten sprechen, das dazu beiträgt, die innere Anspannung abzubauen und zu ventilieren (vgl. Kuhnke, 2017: S. 187, Navarro, 2020: S. 53). Dort, wo sie allerdings gehäuft auftreten oder sich eine bestimmte Form der Selbstberührung stereotyp wiederholt, dort wird man von einer vom üblichen Umfang der Anspannung abweichenden inneren Befindlichkeitsäußerung des jeweiligen Verhandlers ausgehen können; diese nimmt auch und gerade das Verhandlungsgegenüber zumindest unbewusst wahr.

Es ist ein psychologischer Allgemeinplatz, der dennoch nicht oft genug wiederholt werden kann: Zwischen der Körperhaltung eines Menschen und seiner inneren psychosozialen Verfassung gibt es einen klaren Zusammenhang. Dies gilt natürlich auch für jeden Verhandler. Wer körperlich zusammensackt, mit hängenden Schultern, gesenktem Kopf und niedergedrückter Miene in die Verhandlung einsteigt, der wird sich wohl nicht im nächsten Moment zu einem glühenden Vertreter seiner Sache aufschwingen (vgl. Navarro, 2020: S. 82f.). Die Körperhaltung wird ganzheitlich vom unbewussten System 1 gesteuert. Der neurolinguale Interventionsansatz geht realistischerweise nicht so weit, dass man aus der Körperhaltung exakt die psychische Befindlichkeit eines Verhandlers bestimmen kann; eine näherungsweise Festlegung ist aber in jedem Fall möglich (vgl. Kuhnke,2017: S. 129). Dabei liegt es klar auf der Hand, dass zwischen Haltung und unbewusster psychischer Verfassung eine Wechselwirkung in beide Richtungen besteht. Wer sich in eine positive körperliche Gesamthaltung bringt, der wird feststellen, dass sich auch seine psychische Gesamtsituation positiv verändert. Der Verhandler sollte also auch seine Körperhaltung bewusst analysieren und trainieren. Zu vermeiden ist ein Zustand der »Unterspannung«, aber auch der »Überspannung«: Wer starr am Verhandlungstisch sitzt, alle Glieder samt Rücken »durchgedrückt«, Muskeln und Sehnen angespannt und mit versteinerter Mimik vor sich hinstarrt, der wirkt offensichtlich für das Verhandlungsgegenüber nicht glaubhaft. Die klassische Verhandlungssituation im Sitzen ist deutlich körperlich entspannter als das Stehen. Aber auch hier gelten die dargestellten Grundsätze der Körpersprache (vgl. Schwarz/Schweppe, 1998: S. 23f.). Ein situationsangepasster Tonus des Körpers ist daher zu empfehlen. Die Grundhaltung sollte aus offenen Armen, sichtbaren Händen und einem freundlichen Gesicht bestehen (vgl. Kuhnke, 2017: S. 137, 267).

8 Das richtige Äußere

»Die Seele des Menschen sitzt in seinen Kleidern.« (William Shakespeare)
»Man empfängt den Menschen nach dem Kleide und entlässt ihn nach dem Verstande.« (deutsches Sprichwort)

Die Kleidung und die dazugehörigen Accessoires können als Statement jeden Auftritt eines Managers bzw. Verhandlers verstärken, begleiten oder auch konterkarieren (vgl. Navarro, 2020: S. 111ff.). Dabei darf man Queen Elizabeth II. als Vorbild hervorheben. Man betrachte den großen Coup, der ihr 2011 beim ersten Besuch eines britischen Monarchen seit 100 Jahren im benachbarten Irland gelungen ist. Beim entscheidenden Staatsbankett trug sie als Brosche eine irische Harfe und in der Öffentlichkeit hatte sie sich in einem grünen Kostüm und somit in den irischen Landesfarben gezeigt. Sie eröffnete ihre Rede auf Gälisch und das vor einem Publikum, das garantiert nicht unbedingt anglophil war. Die irische Staatspräsidentin war sichtlich aus dem Häuschen, die geladene irische Prominenz ebenfalls. Letztlich hat die Queen mit diesen Gesten während eines einzigen Auftritts großenteils den verheerenden Eindruck revidiert, den Dutzende blasierter Politiker in langweiligen Anzügen und fadem Upper Class-Englisch über die Jahre hinterlassen hatten. Das Beispiel zeigt, dass gerade die Kleidung als Teil der nonverbalen Kommunikation wichtig ist (▶ Kap. II.7.6). Die Kleidung sollte die Performance des Verhandlers neutral oder ansprechend begleiten – zeitlose Eleganz kann hier nie schaden! Dazu gibt es 4 weitere relevante Tipps:

a) Accessoires: Vermeiden Sie Teile, die zu grell sind, auffallend wirken, die also einfach im wahrsten Sinn des Wortes unpassend sind, denn dies erzeugt den schon beschriebenen negativen Eindruck, es lenkt ab und reduziert die seriöse Wirkung.
b) Brille: Sie ist auch nach einschlägigen verhaltenspsychologischen Untersuchungen ein Hilfsmittel, um glaubwürdig, seriös und kundig-intelligent zu wirken (Kuhnke, 2017: S. 209): Eines sollte aber beherzigt werden: Keine Sonnenbrillen

oder getönte Gläser, die den Blickkontakt mit dem Verhandlungspartner nachhaltig einschränken oder unmöglich machen und daher kommunikativ negativ wirken.

c) Tattoos, Piercings und Nasenringe sind ein absolutes No-Go. Sichtbare Tattoos und Piercings sind immer noch Statements, die als Zeichen geringerer Glaubwürdigkeit und Kompetenz, ja polemisch sogar als »unterschichtig« wahrgenommen werden (vgl. Kuhnke, 2017: S. 211).

d) Schuhe: Denken Sie daran, dass auch die untersten 10 Zentimeter des persönlichen Auftritts in Verhandlungen nicht unsichtbar sind! Hier sollte man es mit der Vorgabe von Samy Molcho (1998: S. 250) halten: »Oben signalisieren wir: So möchte ich sein – unten zeigen wir: Das bin ich.« Auch hier haben wir es mit einer kognitiven Vorgabe des unterbewussten System 1 zu tun: Bevorzugen Sie buchstäblich »alte ausgetretene Pfade« oder wagen Sie auch manchmal den neuen Weg, der auch drücken kann, aber in die Zukunft führt (in Form entsprechender Schuhe)?

9 Sprechen – aber richtig

Sprache und Stimme sind als zentrales Medium und Instrument der Verhandlungskommunikation untrennbar mit der Verhandlungswissenschaft verknüpft. Gute Kommunikationstrainer widmen daher diesen beiden Elementen einer guten Verhandlung viel Zeit und Raum (vgl. Ruhleder, 2016: S. 54ff.; Schott/Troczynski, 2020: S. 143ff.). Eine vertiefte Beschäftigung unterbleibt jedoch zumeist. So erwähnt fast kein Buch zur Kommunikation die medizinische Disziplin, die sich den Sprach-, Sprech- und Stimmproblemen widmet, die Logopädie. Dabei gibt es mehrere Gründe, sich in der Verhandlungswissenschaft damit zu beschäftigen. Der erste ist die Erkenntnis, dass viele subjektiv empfundene Probleme bei Sprache und Stimmbildung durchaus eine medizinische Ursache haben oder mit den Methoden der Logopädie behandelt werden können. Der zweite Grund ist die zwar banale, aber vielfach unterschätzte Erkenntnis, dass gutes Sprechen und Reden tatsächlich erlernt werden kann (vgl. Allhoff/Allhoff, 2016: S. 41ff.). Für die wesentlichen Fragen von richtigem Sprechen und seiner unabdingbaren Voraussetzung, dem richtigen Atmen, sowie für die richtige Stimmbildung und damit verbunden der funktionellen Beschreibung der Mundfunktionen haben wir ein durchaus beachtliches Instrumentarium zu erschließen, das für eine gute Verhandlungskommunikation Verwendung finden kann (Allhof/Allhoff, 2016: S. 50ff.).

Atemtakt, Sprechdynamik und Sprechpausen

Die Basis des Sprechens ist die Atemleistung der Lunge, das durchschnittliche Lungenvolumen beträgt 5 bis 6 Liter. Im Schnitt wird bei einer normalen Atmung aber nur ein Volumen von 2 bis 3 Litern geatmet. Dies gilt auch bei normalen Verhandlungen, insbesondere wenn sie im Sitzen stattfinden. Den wenigsten Menschen ist bewusst, dass Sprechen nur während des Ausatmens stattfinden kann. Sprechen ist tönendes Ausatmen. Eine schöne Übung, die Sie sofort angehen sollten, ist der Versuch, auch beim Einatmen zu sprechen! Diese physiologisch vorgegebene »Taktung« des Sprechens und die zwingende Fixierung auf das Ausatmen ist von konstitutiver Bedeutung für die linguistische Grundstruktur des Sprechens. Die menschliche physiologische Basiseinheit der Kommunikation ist identisch mit der grammatikalischen Grundeinheit des Sprechens: Es ist der Standardsatz. Dieser ist in seiner Regelgröße genauso lang wie der Takt eines Atemzugs beim Ausatmen. Seine Länge beträgt bei durchschnittlichem Atem etwa 8 bis 10 Wörter: Dies ist i. d. R. ein Hauptsatz kombiniert mit einem Nebensatz. Danach muss der Sprecher nämlich eine Sprechpause einlegen, die sog. inspiratorische (einatmende) Pause (vgl. Tiggeler, 2016: S. 95). Der Atemtakt ist demnach die sprachbiologische Grundlage nicht nur des Sprechens, sondern auch des sprachlichen Denkens und der menschlichen Kommunikation bei Verhandlungen.

Dies gilt auch für den Verhandlungspartner: Seine Aufnahmekapazität ist spiegelbildlich an der Produktionskapazität des Sprechers orientiert und zumindest unbewusst gekoppelt. Dies ist der eigentliche Grund für die zentrale Forderung der Kommunikation: Eine Verhandlungsrede ist keine Schreibe! Das schiere Ablesen von geschliffenen Schriftsätzen kann allenfalls eine Verhandlung einleiten (etwa Anklage und Plädoyer), aber sie nicht ersetzen! Ist die Verhandlung im normalen »Sprechmodus« angekommen, sollte der Verhandler die sprachlichen Gesetzmäßigkeiten beachten, die einer verständlichen Kommunikation zugrundeliegen. Ein Beispiel ist etwa die Vermeidung von Schachtelsätzen, die sich über mehrere Atemtakte hinweg erstrecken. Das Reden im Takt des Ausatmens bringt automatisch die Notwendigkeit von Pausen mit sich. Der Begriff »inspiratorische Pause« leitet zu einer wichtigen Funktion dieser Atempausen über: Es ist die Gelegenheit für den Verhandler, um buchstäblich neue »Inspirationen« aufzunehmen und Gedanken in den anschließenden Sätzen zu formulieren. Spiegelbildlich nutzt das Verhandlungsgegenüber die Pause, um das Gehörte kognitiv zu verarbeiten. Die Pause ist damit ein konstitutives Element des Sprechens. Ein Mensch, der buchstäblich »pausenlos« spräche, würde von den Zuhörern überhaupt nicht verstanden werden. Ein Verhandler sollte diese physiologischen Grundlagen unbedingt beachten: Seine Sprechstruktur sollte grundsätzlich dem »atemtaktbedingten« Aufnahmerhythmus des Zuhörers und dem eigenen entsprechen. Auf diese Weise wird die neurolinguale Grundstruktur der menschlichen Kommunikation in der Kongruenz von Sprechdauer, Satzlänge und gewohnter Verarbeitungsdauer im unbewussten System 1 am besten umgesetzt. Verstößt ein Sprecher gegen diese Basisregel, dann gerät etwas buchstäblich »aus dem (Atem-)Takt«. Dies kann rhetorisch-gezielt sein, es kann aber auch eine unbewusste nervös-gezwungene Veränderung des Sprechens sein. Beides hat für sich genommen schon eine Bedeutung, die auf jeden Fall vom unbewussten System 1 bemerkt und aufgenommen wird.

Eine bewusste Steuerung von Atmung und Sprachdynamik kann also nur indirekt erfolgen. Dabei sind die neuronalen und emotionalen Bedingungen zu akzeptieren, mit denen das System 1 arbeitet. Der Zugang führt über eine emotional-neuronale Intervention etwa durch Ankern, Priming und Selbstsuggestion. Die vollständige bewusste Beherrschung eines überzeugenden Einsatzes von Atmung, Stimme und Sprache ist, wie auch bei der Körpersprache generell, nicht möglich. Für die neurolinguale Intervention reicht aber die Beachtung der nachstehenden Faustregeln:

- Bringen Sie sich also vorab gezielt in die richtige Stimmung und behalten Sie diese Grundstimmung nach Möglichkeit während der ganzen Verhandlung bei. Auf diese Weise können Sie die Gefahr reduzieren, sich durch Versprecher, falsche Pausen, unnatürliche Tonhöhe, zu schnelle Aussprache o. Ä. zu verraten. Setzen Sie sich dafür mentale Anker oder primen Sie sich ganz gezielt (vgl. Navarro, 2020: S. 232).
- Im Mittelpunkt steht die gesprochene Information bzw. das verbalisierte Gefühl: Begleiten und verstärken Sie es maßvoll durch Ihre Sprechdynamik. Lautstärke, Tonhöhe und Sprechtempo lassen viele Variationen zu: Nutzen Sie die ganze Palette sprachlicher Möglichkeiten von offen, entspannt und heiter bis besorgt oder skeptisch!
- Üben Sie bewusst Ihr Atemverhalten und Ihre Sprachdynamik. Dies geschieht am besten mit einem Diktiergerät oder der Diktierfunktion Ihres Smartphones. Je mehr Sie selbst über Ihre eigene Sprache erfahren, umso mehr lernen Sie auch für Ihre unbewusste Selbstkontrolle.
- Üben bzw. kontrollieren Sie Ihre Sprechdynamik gerade für die wichtigen geplanten Verhandlungspassagen!
- Jeder Mensch hat seinen (unbewussten) »Grundton« (der Überzeugung, auch »Eigenton« genannt) und seinen Atemrhythmus. Empfohlen wird die sog. »atemrhythmisch angepasste Phonation«, also Sprechen in einem Rhythmus, der maßgeblich von dem natürlichen Atemrhythmus des Sprechers und der sog. Atemmittellage, aber auch der Tonmittellage ausgeht (vgl. Pabst-Weinschenk, 2011: S. 23f., 31f.). Denken Sie daran, dass eine gepresste Stimme, ein unnatürlich hoher oder tiefer Sprachton, Verhaspeln und zu schnelles oder langsames Sprechen sehr schnell falsch wirken können.
- Auch der konkrete Ausdruck der Sprache kann gefühlte subjektive Gefühlswallungen akustisch dämpfen. Dies kann etwa dergestalt erfolgen, dass Sie zentrale Sätze Ihrer Verhandungsstrategie mehrfach vorher üben. Eine ruhige Sprache kann in kritischen Situationen von großem Wert sein – sie wirkt kognitiv-emotional dämpfend und zwar für beide Verhandlungsseiten.

Die Frage des dynamischen Sprechens ist ein zentraler Schulungsbereich eines ganzen Berufsstandes von professionellen Rednern, den Schauspielern. Die an der Textbedeutung orientierte Veränderung der Sprechstimme hat dabei drei wesentliche Kernelemente (vgl. Tiggeler, 2016: S. 95):

- Veränderung der Lautstärke zur Betonung von Silben/Worten und Sätzen (laut - leise)

- Veränderung der Geschwindigkeit (schnell – langsam)
- Veränderung der Modulation (hoch – tief)

Von zentraler Bedeutung ist die aus der Schauspielkunst und dem Moderationstraining abgeleitete Erkenntnis, auf jeden Fall einen monotonen Sprechvortrag zu vermeiden (vgl. Schott/Troczynski, 2020: S. 148). Er würde unverzüglich vom Publikum als apathisch, distanziert, nicht lebendig und damit fehlerhaft eingestuft werden. Bitte üben Sie dieses negative Sprachverhalten auch einmal. Sie werden selbst zu spüren bekommen, wie leblos Ihr Sprachvortrag würde. Er wäre geradezu von einer Lähmung befallen. Die daraus resultierende Erfahrung lautet daher: Seien Sie dynamisch, ziehen Sie diese Register. Es gilt aber die Einschränkung: Bitte nicht zu viel. Man sollte auf keinen Fall so sprechen, als gelte es, sich für einen »Poetry-Slam« zu qualifizieren. Wer zu viel betont, das Tempo permanent verändert und stimmlich eine wilde »Lautstärken-Achterbahn« fährt, der wirkt sehr schnell unnatürlich, affektiert und völlig unglaubwürdig (vgl. Tiggeler, 2016: S. 94).

Sprechgeschwindigkeit

Das Sprechtempo ist zumeist ein untrüglicher Indikator für die emotionale Befindlichkeit eines Verhandlers. Das von Vorsicht, Unsicherheit oder mangelnder Vorbereitung geprägte, zu langsame Aussprechen von Sätzen ist als das eine Extrem zu beobachten, das sich verhaspelnde oder stakkatoartige schnelle Hämmern von Wortabfolgen als das andere. Das Hörverstehen des zuhörenden Verhandlungspartners nimmt durchaus unbewusst wahr, ob das Sprechdenken des Verhandlers authentisch und normal ist oder nervös und unsicher wirkt (vgl. Pabst-Weinschenk, 2011: S. 59ff.). Auch die Zunahme der korrigierenden Füllwörter (»Äh-Frequenz«) ist einer dieser wahrgenommenen Indikatoren (vgl. Pabst-Weinschenk, 2011: S. 65f.).

Ein normales und gut verständliches Sprechtempo liegt zwischen 80 und 100 Wörtern pro Minute und sollte ggf. eher langsamer werden als schneller (vgl. Ruhleder, 2016: S. 54f.): Das auf das normale Sprechtempo getaktete Aufnahmevermögen des zuhörenden Verhandlungspartners stößt sonst schnell an seine Grenzen. Der Effekt wäre unangenehm: Es bestünde die Gefahr, dass er abschaltet und sein Denken verlagert etwa auf die Frage: »Warum plappert der nur heute so schnell? Hat der ein Problem?« (vgl. Schott/Troczynski, 2020: S. 150). Auch hier gilt der Ratschlag: Sprechgeschwindigkeit und ihre Sprachdynamik können am besten mithilfe eines Diktiergeräts persönlich geübt werden! Je besser Sie Ihre eigene Sprachperformance wahrnehmen können, umso besser können Sie auch diese weitgehend unbewussten Vorgänge beeinflussen.

Sprache und Formulierung

Unsere Sprache und unser Denken folgen dem Takt unseres Atems – also sollte dies auch für Verhandlungen gelten. Wer sein Verhandlungskonzept entwirft, hat damit die zentrale Aufgabe, seine »Sprache für das Sprechen und Hören« zu strukturieren (vgl. Pabst-Weinschenk, 2011: S. 49ff., 97f.). Die wichtigsten Regeln dazu lauten:

- Bei der Formulierung und den Satzzeichen an die Sprechpausen denken.
- Sätze sind gesprochene Gedankenschritte, für jeden Gedanken ein Satz.
- Hauptsätze sollen höchstens einen Nebensatz haben, man muss jedoch auch nicht zu plakativ nur in Hauptsätzen sprechen.
- Bevorzugt das Aktiv verwenden, weniger Passiva.
- Nur Fremdwörter verwenden, welche der Verhandlungspartner kennen kann.
- Mit Metaphern und rhetorischen Figuren nicht zu verschwenderisch umgehen.
- Zahlen aufrunden oder anschaulich machen etwa mit Vergleichen (Ausnahme: der »unrunde Preis«).
- Eine zu große Häufung von Informationen bzw. ihre Verdichtung vermeiden, nicht zu viele Substantive oder Partizipien.
- Nicht unpersönlich reden. Sprechen Sie das Verhandlungsgegenüber an, indem Sie das »man« durch »Sie« ersetzen (vgl. Ruhleder, 2016: S. 65f.).
- Konzentrieren Sie sich darauf, Gemeinsamkeiten zu benennen und auf diesen aufzubauen (Ruhleder, 2016: S. 64).

Tonhöhe

Die Kriminalistik als exakte Wissenschaft des Tatnachweises nutzt mittlerweile bei der Analyse von Sprachaufnahmen die Erkenntnis der phonetischen Wissenschaft, dass jeder Mensch einen eigenen »phonetischen Fingerabdruck« hat. Dazu zählt auch der sog. »Eigenton«, also eine ganz individuelle Tonhöhe der Sprache eines jeden Menschen; diese nennt man auch »Indifferenz- oder Wohlfühllage« (vgl. Tiggeler, 2016: S. 73; Pabst-Weinschenk, 2011: S. 22 f.). Dieser Eigenton liegt im unteren Drittel der Sprechstimme. Es ist diese Tonlage, die »Naturtalente« ohnehin verwenden und die Zuhörer unbewusst als authentisch empfinden (vgl. Tiggeler, 2016: S. 74; Pabst-Weinschenk, 2011: S. 23). Redner (aktiv) und Zuhörer (passiv) nehmen diese entspannte Sprachverwendung positiv so wahr, dass der »Klang einfach stimmt«. Die Tonlage wird standardmäßig als »eher tief, voll und warm, entspannt und trotzdem aktivierend und motivierend« empfunden – und das i. d. R. unbewusst.

Ein zu hoher Basiston (bis hin zur femininen »Piepsstimme«), aber auch ein zu tiefer Eigenton sind Ergebnis eines fehlerhaften Spracheinsatzes und wirken daher nicht authentisch-entspannt. Ein zu tiefer Stimmeinsatz wird als selbstgefällig und arrogant-überheblich wahrgenommen. Die zu hohe Stimme kann ein Indiz für Ängstlichkeit oder Unmut sein. Zusätzlich sollte man beachten, dass ein zu hoher Sprachton auf Dauer lächerlich wirken kann (vgl. Ruhleder, 2016: S. 56). Wichtig ist die Erkenntnis, dass derartige Abweichungen wieder »rücktrainiert« werden können. Der eigene »Brustton der Überzeugung« ist somit durchaus erlernbar, gerade durch Anleitung eines erfahrenen Sprechtrainers. Ich rate Ihnen dazu, dies aus kommunikativem Eigennutz zu überprüfen – nicht zuletzt auch deswegen, weil unnatürliche Veränderungen der Tonlage auch zu gesundheitlichen Schäden am Sprechapparat und der Sprachkondition führen können (vgl. Pabst-Weinschenk, 2011: S. 23).

Pausen und Schweigen

»Wer keine Pausen kennt, ist nicht dauerhaft« (Ovid). Wie bereits bei den Grundlagen des Sprechens dargelegt, ist Sprechen ohne Pause physiologisch und rhetorisch undenkbar. Die Konsequenz daraus lautet: Der Verhandler sollte unbedingt die vielfältigen Chancen nutzen, die sich mit einer guten Pausentechnik eröffnen. Die zum Atmen notwendige Zäsur der Pause ist ein idealer Anlass, die eigenen Gedanken für die Argumentation zu ordnen und buchstäblich für den nächsten Schritt »Atem zu schöpfen«. Hier ist es wichtig, notorische Füllwörter (»Äh«) zu vermeiden. Die geschwiegene Pause lässt auch dem Verhandlungsgegner die Zeit, um das Gehörte zu verarbeiten, ohne sich von stereotypen Füllwörtern ablenken zu lassen.

Eine gute Pausensetzung schafft auch beim Zuhörer einen Spannungsbogen, der auf das gerichtet ist, was nach der Pause folgt. Deswegen sind Pausen gerade dort ratsam, wo ein neuer Gedanke oder ein zentraler Gedanke folgt, dem »der nächste Atemzug« vollständig gewidmet ist. Daraus wurde die Technik abgeleitet, zu bestimmten Atempausen bewusst einen oder mehrere Momente zu schweigen. Diese schweigenden Momente stellen nicht nur eine Zäsur in der Verhandlung dar; sie zeigen ein souveränes Verhalten im Umgang mit seinen Argumenten und führen durchweg auch zu einer Sammlung und Disziplinierung der Verhandlungspartner. Diese bauen überrascht durch die Sprechflusspause eine kognitive Spannung auf das, was dann als Erstes weitergesprochen wird (vgl. Ruhleder, 2016: S. 61f.). Auch hier gilt allerdings der Grundsatz, es mit Pausen und Schweigen nicht zu übertreiben. Sie würden den spannungsvollen Redefluss in der Verhandlung auf Dauer zerhacken; beim Zuhörer bestünde die Gefahr, dies als Unsicherheit und krampfhaftes Suchen nach Worten und Gedanken zu interpretieren.

10 Einzelfragen der konkreten Verhandlungsgestaltung

Wir sind nun beim zentralen Gegenstand der Verhandlungswissenschaft angelangt, dem Ablauf und Prozess der Verhandlung als solcher. Alles das, was bislang als wesentliche Elemente des Verhandlungsszenarios dargestellt wurde, findet hier seine Umsetzung und praktische Anwendung. Dabei darf nicht vergessen werden, dass jeden Tag eine unvorstellbare Zahl an Verhandlungen im Kleinen wie im Großen stattfindet. Es kann daher bei einem Lehrbuch nur darum gehen, die wesentlichen Gesetzmäßigkeiten darzustellen und insbesondere weitere relevante Einzelelemente darzulegen. Damit sollte es gelingen, ein problemnahes Arbeitsraster zu haben, das mit der notwendigen Elastizität für die typischen Verhandlungsabschnitte konstruktive Lösungsoptionen formuliert.

10.1 Verhandlungsort/-zeit/-ambiente

In vielen »typischen« Fallgruppen für Verhandlungen, insbesondere bei der Verkaufsakquise, zeigt sich die Bedeutung eines verhandlungsfördernden Ambientes. Dabei gibt es drei klassische Fallgruppen eines Verhandlungsortes, mit dem sich unterschiedliche, aber auch gemeinsame Anforderungen formulieren lassen: Der eigene Raum (»Heimspiel«), der neutrale Raum und der Raum beim Verhandlungspartner (vgl. Voeth/Herbst, 2015: S. 138f.; Nasher, 2015: S. 131f.; Erbacher, 2019: S. 45f.). Daraus lässt sich eine Schlussfolgerung ableiten: Es gibt keinen idealen Verhandlungsort – man muss (s)einen Verhandlungserfolg an jedem Verhandlungsort erzielen können. Allerdings sollte es nicht unterschätzt werden, dass es für das unbewusste System 1 jedes Verhandlers durchaus relevant sein kann, wo verhandelt wird. So kann es für den Verhandlungserfolg durchaus förderlich sein, sich auf den Ortswunsch der anderen Verhandlungspartei einzulassen. Dadurch kann man auch möglicherweise suggerieren, diese sei die dominantere bzw. mächtigere (vgl. Voeth/Herbst, 2015: S. 138) und könne mit einem »Heimvorteil« in die Verhandlungen gehen. In manchen Fällen bietet sich allerdings sogar auf Wunsch der anderen Verhandlungsseite der eigene Ort an, wenn etwa eine Besichtigung von Produktionsanlagen verhandlungsrelevant ist (vgl. Nasher, 2015: S. 132). Hierzu gibt es 7 Empfehlungen für den Verhandlungsort:

1. Der Verhandlungsort ist die räumliche Visitenkarte eines Verhandlers. Jede Nation belegt dies etwa über den durchweg hohen Ausstattungsstandard ihrer Botschaften. Dies muss auch im Alltagsleben bedacht werden: Ein gutes und ansprechendes Ausstattungsambiente ist für jede Verhandlung förderlich.
2. Heller Raum – ein helles Ambiente wirkt positiv auf die Verhandlungsstimmung (vgl. Häusel, 2015: S. 82).
3. Gutes Raumklima mit angenehmer Temperatur (etwa 21 Grad Celsius). Auch olfaktorische »Zugaben« wie ein vitalisierender Zitrusduft sind mittlerweile Standard – auf jeden Fall aber ein gelüfteter Raum.
4. Bequeme Sitze beeinflussen messbar positiv die Kompromissbereitschaft: Manchmal ist unser Verhalten nur davon abhängig, ob wir gerade auf einem harten statt auf einem weichen Stuhl sitzen (vgl. Ackerman et al., 2010, S. 1712f.).
5. Schmackhafte Snacks/Süßigkeiten und ein angenehm temperiertes Getränk (Kaffee oder Tee) verbessern ebenfalls die Stimmung und die Sympathiewerte.
6. Komplette Präsentationsausstattung des Raumes: Nichts ist peinlicher als der versagende Beamer oder fehlende Stifte an der Flipchart. Auch hier zeigt sich der Wert einer sorgfältigen Vorbereitung.
7. Zur Sitzung gehört die angenehme Anreise – nichts ist ärgerlicher für den Verhandlungsgast als ein fehlender Parkplatz und das gelangweilte Gesicht des wartenden Gastgebers.

10.2 Verhandlungsgruppe

Eine Vielzahl von Verhandlungen findet in Gruppen statt. Hierfür gibt es gute Gründe: Einer der wichtigsten ist ein soziales Anliegen: Kollegen dienen als wichtige soziale und persönliche Verstärker. Man ist als Verhandler, wie schon dargestellt, nicht allein (vgl. Häusel, 2015: S. 85). Auch die Arbeitsteilung in einer Gruppe ist von hoher Bedeutung: So kommt neben dem Verhandlungsleiter (Sprecher) durchaus auch der Einsatz eines »obersten Entscheiders« sowie der eines Fachspezialisten für bestimmte Themen, daneben einem Protokollanten und weiterer Beisitzer in Frage (vgl. Gates, 2019: S. 182f.; Voeth/Herbst, 2015: S. 1103ff.). Für die Formierung eines effizienten Verhandlungsteams gelten folgende Empfehlungen:

1. Ein wesentlicher Schritt ist die gemeinsame Vorbereitung: Jedes Gruppenmitglied muss seine Rolle kennen und sie unbedingt beachten: Dabei gilt ganz klar, dass nur die Vorsitzenden ohne Aufforderung das Rederecht haben. Der Geschäftsführer ist »Chef der Zahlen« und arbeitet zu bzw. bringt sich auf Weisung ein. Der Rest schweigt i. d. R. – und wird nach »Drehbuch« nur zu bestimmten Themen, vom Vorsitzenden ins Spiel gebracht (vgl. Voeth/Herbst, 2015: S. 128f.). Die Beisitzer fungieren als »soziale Verstärker« (vgl. Häusel, 2015: S. 85).
2. In der Gruppe kann es sinnvoll sein, die Rollen von »good guy« und »bad guy« gezielt zu verteilen, um dem Gegenüber die Palette der Meinungen zum Verhandlungsstand noch eindringlicher zu verdeutlichen (vgl. Erbacher, 2019: S. 39).
3. Schließlich sollte bedacht werden, ob eine »graue Eminenz« existiert, etwa der persönliche Referent des Unternehmenseigners (vgl. Gates, 2019: S. 182ff.).
4. Die Disziplin der Gruppe ist unbedingt zu beachten – kein Teilnehmer sollte es wagen, gegen die abgesprochene Verhandlungstaktik zu verstoßen. Nur so kann auch der Effekt des Social Proof, also der gegenseitigen sozialen Verstärkung, am wirksamsten verwirklicht werden.
5. Gruppenverhandlungen benötigen immer eine Tagesordnung, die konsequent abgearbeitet werden sollte und so für alle das taktische Gerüst vorgibt. Hier gilt der alte Grundsatz »wer als erster schreibt, der bleibt (vgl. Voeth/Herbst, 2015: S. 140f.).
6. Gemeinsame Unterlagen und Präsentationen erhöhen die Plausibilität des eigenen Vortrages und die Disziplin der Teilnehmer. Hinzu kommt die Relevanz des sog. Availability Bias, also die Vorliebe des Menschen Aussagen erst einmal zu glauben, bevor man sie hinterfragt (vgl. Kahneman, 2014: S. 106). Dobelli (2015: S. 47) beschreibt eindringlich die Neigung in Gruppenverhandlungen, in erster Linie präsentierte Fakten zu diskutieren und nicht das, was nicht vorgelegt wurde.
7. Gruppenverhandlungen benötigen einen optimierten Raum. Denken Sie an die Bedeutung eines angenehmen Verhandlungsambientes (▶ Kap. III.10.1). Gerade bei Gruppenverhandlungen kann das von relevanter Bedeutung sein! Ich kenne wohl keine Mitglieder von professionellen Verhandlungsgruppen, die Luxus

nicht wirklich zu schätzen wüssten. Denken Sie an die auch wissenschaftlich belegte Weisheit: Der Hintern der Verhandlungsgruppe entscheidet mit! (vgl. Häusel, 2015: S. 84)

8. Gruppenverhandlungen brauchen auch Zeit und Pausen. So nimmt man sich üblicherweise für wichtige Tarifverhandlungen bis zu 3 Tage Zeit (vgl. Voeth/Herbst, 2015: S. 141). Der erste Tag dient der Ankunft und sorgfältigen Vorbereitung, der zweite ist Hauptverhandlungstag und der dritte dient der Nachbereitung bzw. der Finalisierung nach einem Ergebnis. Dabei kann es gerade in den Pausen zu mannigfaltigen Begegnungen von Teilnehmern der Verhandlungsgruppen kommen, die unbedingt für die zwischenmenschlichen Kontakte eingeplant werden müssen. Gerade hier im persönlichen Bereich können Informationen fließen, die verhandlungsrelevant sind (vgl. Voss, 2017: S. 256ff.).

10.3 Der Verhandlungsbeginn

Der Verhandlungsbeginn hat die gleiche Bedeutung wie die erste Minute eines Vorstellungsgespräches. Es ist eine wesentliche Phase des Beziehungsaufbaus für die kommende Verhandlung (vgl. Schott/Troczynski, 2020: S. 14; Voeth/Herbst, 2015: S. 227; Nasher, 2015: S. 76). Aufgrund des psychologisch relevanten Primacy-Effektes haben (positive) Informationen, die am Anfang des Entscheidungs- bzw. Verhandlungsprozesses aufgenommen werden, tendenziell eine höhere Gewichtung (vgl. Beck, 2014: S. 52).

Dies beginnt idealerweise mit einem korrekten Handschlag, denn der Tastsinn ist der erste Sinn, der sich entwickelt hat. Aus diesem Grund werden körperliche Nähe und Zuwendung grundsätzlich mit angenehmen und warmen Berührungen verbunden, die nach Überzeugung von Ackerman et al. (2010: S. 1712f.) das Sozialverhalten unbewusst beeinflussen. Die vielen Varianten des Handschlags und die damit verbundenen nonverbalen Signale sollten nicht unterschätzt werden (vgl. Kuhnke, 2017: S. 180f.): Ein fester »Normalhandschlag« ist jedenfalls immer noch besser als die »schlaffe Hand«. Das gilt aber nicht in Zeiten, in denen der Handschlag verpönt ist, etwa während der Corona-Pandemie. Aber auch dann kann man stilvoll Höflichkeit praktizieren – etwa mit einer symbolischen Verbeugung und gefalteten Händen, der sog. Namaste-Geste.

Die Herstellung einer positiven Beziehungsebene ist dabei kognitiv-emotional gerade für die unbewusst positive Vorbewertung durch den Verhandlungsgegner von Relevanz. Die vielgerühmte »captatio benevolentiae«, das Gewinnen von Wohlwollen, ist daher nicht nur in der Rhetorik, sondern generell bei Verhandlungen ein Muss des Verhandlungsverhaltens (vgl. Häusel, 2015: S. 105; Nagler, 2018: S. 237).

10.4 Die Verhandlungsformalia

Mit dem Verhandlungsauftakt sind wesentliche Formalia verbunden: Dies betrifft zum einen die Frage, ob die Verhandlungsparteien eine zusätzliche Verhandlungsleitung oder Moderation benötigen oder dies selbst – im Wechsel – bewerkstelligen können. Bei Tarifverhandlungen wird i. d. R. die Verhandlungsleitung durch die beiden Verhandlungsführer abwechselnd übernommen. Ein Dritter wird erst bei Schlichtungsverhandlungen hinzugezogen.

Tagesordnung

So banal ihre Existenz scheint, so wichtig ist ihr ordnender Charakter für den Verhandlungslauf. Sollte eine Verhandlung inhaltlich aus dem Ruder laufen, dann erfahrungsgemäß häufig deswegen, weil die Verhandlungsparteien beginnen, abweichend vom vorgesehenen Verlauf nach der Tagesordnung ihre Verhandlung auf andere inhaltliche Schauplätze zu verlegen, bewusst oder auch unbewusst. Die Rückbesinnung und -leitung auf die Tagesordnung als den übereinstimmend geplanten Verhandlungsverlauf ist daher eine wesentliche Funktion der Verhandlungsleitung. Ihr Mehrwert ist derart groß, dass die Notwendigkeit einer Tagesordnung und die Formalia für ihre Festsetzung und Änderung sogar gesetzlich vorgesehen sind, ganz gleich ob Parlamentsdebatte, Aktionärs- bzw. Gesellschaftsversammlung oder Betriebsratssitzung (vgl. § 20 GO BTag; § 121 Abs. 3 AktG; § 51 Abs. 2 GmbHG; § 29 Abs. 2 BetrVG). Für eine gelungene Tagesordnung gibt es folgende Faustregeln:

1. Abstimmung der Tagesordnung zwischen den Verhandlungspartnern und damit Vermeidung von Überraschungen sowie negativen Vorbelastungen einer Verhandlung (vgl. Schott/Troczynski, 2020: S. 61). Der Verhandlungspartner kann eine abgestimmte Tagesordnung auch nicht mehr kritisieren.
2. Zeitmanagement beginnt mit der Planung der Tagesordnung, weisen Sie jedem Tagesordnungspunkt eine vernünftige Zeitvorgabe zu.
3. Die Formalia der Tagesordnung nicht vergessen: Begrüßung, Prüfung einer korrekten Einladung, Frage nach Änderungswünschen, Termine, Verschiedenes.
4. Die beabsichtigten Gegenstände und Ergebnisse müssen als vorzubereitende Agenda in der Tagesordnung vollständig wiedergegeben sein.
5. Notwendige Materialien oder Zusatzinformationen sind zu besorgen und anzugeben.
6. Anträge zur Tagesordnung sind kritisch zu werten: Dienen sie einem sachlichen Verhandlungsziel oder sollen sie verzögern und behindern? Da sie meist erst in der Verhandlung gestellt werden, sollten diese nach Möglichkeit in sachlich-neutralem Stil ausgeklammert werden.

Das Verhandlungsprotokoll

Die Protokollierung der Verhandlung ist eine sensible Wegstrecke – nicht selten kann das abgestimmte Protokoll bei Vertragsverhandlungen zur Auslegung herangezogen werden: Zu rasche Verhandlungsfortschritte können zu kurzfristigen Verlaufsunklarheiten führen. Ein erfahrener (eigener) Protokollführer sollte daher der Gegenseite vorgeschlagen werden – sofern er auch für diese vertrauenswürdig ist. Dann gilt auch hier der Grundsatz: »Wer schreibt, der bleibt«, zumindest für die unstrittigen Teile des Protokolls (vgl. Gates, 2019: S. 120; Nasher, 2015: S. 285). Nicht selten finden sich relevante Klarstellungen zu Verhandlungspunkten auch als »Protokollnotizen«, die an Bedeutung nicht zu unterschätzen sind. Dies hat etwa das Bundesarbeitsgericht höchstrichterlich bestätigt (vgl. BAG v. 2.10.2007, AZ 1AZR 815/06: »Protokollnotizen zu tariflichen oder betrieblichen Regelungen können eine authentische Interpretation oder einen bloßen Hinweis darstellen, können aber auch normativen Charakter haben. Dies ist durch Auslegung zu ermitteln«). Für ein von beiden Seiten anerkanntes Protokoll gibt es 6 Grundsätze:

1. Was ist vereinbart: genaues Wortprotokoll, detailliertes Verlaufsprotokoll oder Ergebnisprotokoll? In der Regel sollte das Ergebnisprotokoll ausreichen.
2. Keine Unwahrheiten, der Protokollführer sollte alles inhaltlich richtig niederlegen. Ansonsten hätte die Gegenseite jederzeit einen »Königsgrund« alles wieder in Frage zu stellen.
3. Keine Lücken, das Protokoll sollte alles wiedergeben, was für beide (!) Seiten als relevant eingestuft wurde.
4. Keine Ausschweifungen: Das, was schriftlich niedergelegt wurde, muss auch verhandlungserheblich sein. Alles andere ist schlicht überfllüssig, kann zu Missverständnissen und zu Problemen führen.
5. Keine Fälschungen: Nichts ist peinlicher als ein authentisches Protokoll nachträglich zu verändern und dabei ertappt zu werden. Das ist ein Lackmustest für seriöse Verhandlungen.
6. Ein Protokoll als gültig anerkennen lassen: Zuleitung und Frist mit Genehmigungsfiktion ist gerade bei nachträglichen Interpretationen elementar (vgl. Schott/Troczynski, 2020: S. 98, Nasher, 2015: S. 285f.).

Für weitere Festlegungen ist auf die DIN-Norm 5008 zu verweisen, die Schreib- und Gestaltungsregeln für die Textvereinbarung enthält und Protokolle unter Nr. 24 abhandelt. Vergleichbare Festlegungen für juristisch relevante Protokolle enthalten die allgemeinen Vorschriften in §§ 159-164 ZPO.

11 Der Verhandlungsabschluss: Die Vereinbarung und Sonderfragen

11.1 Die – schriftliche – Vereinbarung

»Verträge sind keine Garantie, dass man sich verträgt, aber sie festigen den guten Willen, der sie ermöglicht hat.« (Ernst Reinhardt)
»Geschriebene Verträge kann man besser lesen. Aber vor allem auch besser auslegen.« (Erhardt Blanck)

Viele Verhandlungen werden mit Handschlag, mündlich im Gespräch oder am Telefon oder im Internet durch Anklicken abgeschlossen. Dabei ist etwas bemerkenswert: Eine Verhandlungspartei überlässt typischerweise der anderen die Fixierung der Vereinbarung – machen Sie einen Selbstversuch: Welchen Inhalt genau hatte der letzte Kaufvertrag, den man bei Amazon, Ebay, Zalando oder einem anderen Anbieter geschlossen hat? Sehr viele wissen es nicht genau, zumindest das sog. »Kleingedruckte« wird in den meisten Fällen einfach ignoriert – neudeutsch »weggeklickt«. Eine Tatsache, die sich etwa viele Internetbetrüger gerne zunutze machen, wenn Sie die berüchtigten Abonnementfallen oder benachteiligende Inkassoregeln einseitig fixieren (vgl. Malek-Popp, 2015: S. 71).

Die Überzeugungsbildung für den Wert einer guten schriftlichen Vereinbarung sollte dies daher erleichtern. Der Wert eines schriftlich ausgearbeiteten Vertragsdokumentes ist enorm. Das von Fisher/Ury (2015: S. 161ff.) empfohlene sog. »Ein-Text-Verfahren« ist in Deutschland seit langem Standard. Hier existieren mit den sog. Rechtsformularbüchern hervorragende Blaupausen für Vertragsvereinbarungen. Selbst wenn ein schriftliches Dokument – dem skeptischen Zitat von Erhardt Blanck folgend – noch viel Platz für die Auslegung durch Vertragsjuristen bietet: Der geschriebene Text ist immer noch eine bessere Grundlage für die Wirksamkeit von Verträgen und ihren Inhalt als die bloß mündliche Übereinkunft.

Der Klassiker für den Vorteil schriftlicher Vereinbarungen wird regelmäßig in der Presse dargestellt – und erregt die Leserschaft: Es ist die Lotto-Tipp-Gemeinschaft. Immer wieder werden solche Fälle vor Gericht verhandelt: Ein Beteiligter versucht erfolglos, seinen Anteil an einem Lotteriegewinn seiner beiden Kollegen einzuklagen. Was aber meist fehlt ist der Nachweis einer Vereinbarung, wobei das Gericht auch einem Bierdeckel als Dokument Glauben geschenkt hätte. Der Wert einer schriftlichen Vereinbarung sollte daher selbsterklärend sein. Für Dutzende von Vereinbarungen des Geschäftslebens hat etwa die Industrie- und Handelskammer Frankfurt am Main (www.frankfurt-main.ihk.de/recht/mustervertrag) eine Fundgrube an Musterformularen bereitgestellt. Da die IHK i. d. R. beide Partner einer Vereinbarung als Mitglieder bei sich zu unterstellen hat, haben diese Verträge auch allgemein den Ruf eines ausgewogenen Inhalts.

11.2 Das Vertragscontrolling und die Vertragsevaluation

Da Verhandlungen wirtschaftlich relevante Aktionen beinhalten, die sich durchweg auf den wirtschaftlichen Erfolg auswirken, stellt sich die Frage, ob und inwieweit sie einem Controllingprozess unterworfen sind. Controlling kann dabei nach der wirtschaftswissenschaftlichen Standardliteratur als Oberbegriff für Planung, Koordination und Kontrolle eines Unternehmens verstanden werden (vgl. Wöhe, 2020: S. 178f.). Dadurch werden Informationen bereitgestellt, damit die Unternehmensleitung oder die zuständigen Fachbereiche über sachliche Grundlagen für ihre relevanten Beurteilungen und Entscheidungen verfügen. Die verhandlungswissenschaftliche Literatur hält dies durchaus auch bei Verhandlungen für sinnvoll (vgl. Voeth/Herbst, 2015: S. 189; Erbacher, 2018: S. 137ff.). Bereits aus dem Ansatz der Qualitätsevaluation heraus kann daher generell ein Verhandlungscontrolling für unabdingbar eingestuft werden. Damit erhalten Verhandler ein Instrument, mit dem gerade ein kontinuierlicher Verbesserungsprozess (KVP) für die eigenen Verhandlungskompetenzen gewährleistet wird.

Darauf gestützt können alle 11 Phasen des in Kapitel III.1 dargestellten Mannheimer Verhandlungskonzepts im Hinblick auf die beiden Ebenen der objektiven Interessenverhandlung sowie der kognitiv-emotionalen Verhandlungsführung sowie weiter im Hinblick auf die Frage einer gelungenen Vorbereitung und die Frage der Vertragsdurchführung einer Evaluation beurteilt werden (▶ Dar. 14). Hinzu kommt gerade bezogen auf die wirtschaftlichen Ergebnisse eine bilanzähnliche Ermittlung des Verhandlungserfolges: Im Rahmen einer visualisierten Gegenüberstellung werden die eigenen Forderungen/Wünsche mit den entsprechenden Forderungen/Wünschen der Gegenpartei verbunden und eine Bilanzierung des im Verhandlungsprozess Erreichten durchgeführt (vgl. Voeth/Herbst, 2015: S. 248ff.).

<table>
<tr><td colspan="3">System 1</td><td colspan="3">System 2</td></tr>
<tr><td colspan="6">Zielsetzung:</td></tr>
<tr><td colspan="6">Zielerreichung:</td></tr>
<tr><td>Sehr gut</td><td>Gut</td><td>Befriedigend</td><td>Ausreichend</td><td>Mangelhaft</td><td>Ungenügend</td></tr>
<tr><td>( )</td><td>( )</td><td>( )</td><td>( )</td><td>( )</td><td>( )</td></tr>
<tr><td colspan="6">Erreichte Lösung:</td></tr>
<tr><td colspan="6">Konkrete Verbesserungsmöglichkeiten:</td></tr>
</table>

Dar. 14: Beurteilungsschema für das Verhandlungs- und Vertragscontrolling

Das Verhandlungs- bzw. Vertragscontrolling erfordert die Bereitschaft zu einer nüchternen Selbstanalyse. Dabei können objektivierend die erreichten Verhandlungsergebnisse in Relation zu den angestrebten Werten gesetzt und dazu verwendet werden, die Qualität des eigenen Verhandlungsverhaltens zu beurteilen (vgl. Erbacher, 2018: S. 137ff.).

11.3 Die Umsetzung

Die Realisierung einer geschlossenen Vereinbarung sollte an sich der krönende Abschluss der Verhandlung sein. Die Verhandlungswissenschaft sollte sich allerdings auch mit der Tatsache befassen, dass die Umsetzung einer Vereinbarung mit Schwierigkeiten behaftet sein kann – oder sogar von einer der Parteien bewusst blockiert wird. Damit können die Verhandlungsparteien auf die Ausgangssituation zurückgeworfen sein oder auch einen relevanten Schaden davontragen. Aus diesem Grund greifen Ansätze zu kurz, die dieses Problem ausklammern und in den Bereich der Rechtswissenschaften verweisen (vgl. Voeth/Herbst, 2015: S. 244f.). Verhandlungswissenschaftlich bestehen in diesem Bereich drei wichtige Untersuchungsgegenstände, die im Folgenden dargestellt werden sollen.

1. Verträge sind zu erfüllen (Pacta sunt servanda)

Verträge sind zu erfüllen, dieser eherne kaufmännische Grundsatz ist bereits in den antiken Rechtsordnungen enthalten (vgl. Landau, 2003: S. 457ff.). Die vertragsbrüchige Partei hat für ihr Fehlverhalten massive Konsequenzen zu gewärtigen. Dieser Grundsatz gilt auch für die Rechtsordnungen des sog. Common Law und der Vereinten Nationen (vgl. Art. 25 CISG, UN-Kaufrecht).

Aus verhandlungswissenschaftlicher Perspektive ist dazu das Folgende anzumerken: Die Verletzung einer geschlossenen Vereinbarung wird nicht nur abstrakt-objektive Wirkungen für das bewusste Denken des Systems 2 entfalten (Umsetzung des Vertragsinhaltes), sie wirkt über das Empfinden von Vertrauen auch typischerweise kognitiv-emotional auf das unbewusste System 1. Die gewonnene Vertragssicherheit zielt ja auf die Befriedigung eines wesentlichen Bedürfnisses auf emotionaler Ebene ab. Der Vertrauensbruch als immanente Folge des Vertragsbruches wirkt damit tief in die Persönlichkeit hinein. Dies wird nicht zuletzt in Sprichwörtern zum Allgemeingut erhoben wie: »Wer dich einmal betrogen hat, dem traue dein Lebtag nicht wieder« (vgl. Harenberg, 1997: S. 1309).

Die Bedeutung einer geschlossenen Vereinbarung ist damit nicht zu unterschätzen; aus diesem Grund legt auch die Rechtsordnung fest, bei Zweifeln an Vereinbarungen nicht die Vereinbarung in Frage zu stellen, sondern sie im beiderseitigen Interesse bestmöglich durch Auslegung zu präzisieren (vgl. §§ 157, 242 BGB). Damit ist einer Nachverhandlung von Vereinbarungen bei Problemen der Vorrang einzuräumen. Grundlage sind hier die rechtswissenschaftlichen Prinzipien zum Erhalt der Geschäftsgrundlage (§ 313 BGB; vgl. Brox/Walker, 2012: § 27,

Rd. 4ff.). Die Empfehlung an Verhandlungsparteien kann damit nur lauten: Es ist besser nicht über das Ob, sondern vielmehr das Wie der Vertragsanpassung zu diskutieren (vgl. Nasher, 2015: S. 291f.). Damit liefert die verhandlungsbereite Partei – wie dargestellt – der anderen Seite auch keinen Grund zu Misstrauen auf der kognitiv-emotionalen Ebene.

2. Nach der Verhandlung ist vor der Verhandlung

Viele Verhandlungen sind dadurch gekennzeichnet, dass sich die Verhandlungspartner nicht nur einmal, sondern häufig zu Verhandlungen treffen. Das Hauptmotiv dürfte dabei häufig im objektiven Interessenbereich zu finden sein. Die durch Verhandlung erzielten Win-Win-Situationen sind so zufriedenstellend, dass ein Wechsel des Verhandlungs- und Geschäftspartners nicht attraktiv erscheint.

Die tieferen psychologischen Gründe hierfür beschreibt Cialdini (2017: S. 95ff.): Wenn es gelingt, beim Verhandlungspartner das Gefühl der Konsistenz seines Verhaltens in der Entscheidung für die Verhandlung zu erzeugen, dann wird ein tiefenpsychologisch effizientes Motivans ausgelöst. Dies kann auch evolutionspsychologisch erläutert werden, denn konsistentes Verhalten ist interessendienlich und reduziert die Komplexität im modernen Leben. Wenn damit eine heuristische Entscheidung des unbewussten Systems 1 kognitiv-emotional verankert wird, ist dies auch für das Verhandlungsverhalten von Relevanz: System 1 hat sich auf einen Verhandlungspartner auch innerlich festgelegt (vgl. Voeth/Herbst, 2015: S. 244f.). Cialdini (2017, S. 106ff.) verweist auf Experimente, die belegen, dass solche Faktoren die Tendenz zur Entscheidung messbar um bis zu 500 Prozent steigern können. Da solche Entscheidungen »überdauernd« sind, können sie natürlich dann genutzt werden, wenn es um die nächste Verhandlung geht – die ja auch erneut Gewinne bringen soll (vgl. Cialdini, 2017: S. 141f.).

Eine langfristige Strategie der Partnerbindung bei Verhandlungen ist damit vorgezeichnet – vergleichbar den Kundenbindungsprogrammen im Marketing (vgl. Häusel, 2015: S. 195ff.). Die betriebswirtschaftlichen Zahlen für die Bedeutung einer Partnerbindung sind eindeutig: So dürfte der Aufwand für die sog. Kaltakquise von neuen Verhandlungskontakten den Aufwand für das Halten und Betreuen von bestehenden Verhandlungskontakten um ein Mehrfaches übersteigen. Ein regelmäßiger Kontakt mit relevanten Verhandlungspartnern sollte daher eine Selbstverständlichkeit für professionelle Verhandler sein (vgl. Häusel, 2015: S. 199). Das gilt übrigens auch für Verhandlungspartner, denen Sie nicht »entrinnen« können, z. B. im Bereich von Tarifparteien. Die Beziehungspflege dient hier vornehmlich dazu, eine bereits aufgebaute Verhandlungsbeziehung zu konservieren – im Sinn einer Commitment-Pflege. Auch Schott/Troczynski (2020: S. 239f.) empfehlen, schon im Verhandlungsabschluss auf Nachfolgegeschäfte hinzuarbeiten. Nicht ohne Grund lautet daher eine alte Weisheit unter Anwälten: Das wichtigste Mandat – ist das nächste!

3. Die zwangsweise Verwirklichung von Vereinbarungen

In vielen Fällen stellt sich heraus, dass die Umsetzung eines Verhandlungsergebnisses auf Schwierigkeiten stößt: Der Verhandlungspartner ist (objektiv) nicht in der Lage oder (subjektiv) nicht willens, seine Verpflichtungen aus der getroffenen Vereinbarung zu erfüllen. Aktuelle Beispiele finden sich etwa im Zusammenhang mit der Corona-Epidemie:

a) Infolge der coronabedingten Grenzschließung zu sog. Risikogebieten kann eine Urlaubsreise objektiv nicht stattfinden. Kann hierfür nur die Rückzahlung des Reisepreises (etwa in Form von Gutscheinen) oder auch Schadensersatz verlangt werden?
b) Infolge des coronabedingten Lockdowns werden die Ladengeschäfte des Sportartikelherstellers Adidas behördlich geschlossen, daraufhin verweigert Adidas die Zahlungen aus den Mietverträgen für die Ladenräume (▶ Kap. III.3).
c) Ein vermögender Kunde kauft einen Luxussportwagen für 150.000 Euro mit einer Lieferzeit von einem halben Jahr. Nach 3 Monaten verkündet der Hersteller plötzlich einen Modellwechsel und verspricht für das neue Modell den »ultimativen Fahrspaß«. Daraufhin will der Kunde das gekaufte Fahrzeug nicht mehr abnehmen (vgl. Urteil des Bundesgerichtshofs vom 16.7.2003, Az: VIII ZR 243/02).

Bei allen Sachverhalten liegt der Bewertung des Verhaltens und seiner Konsequenzen das verhaltenspsychologische Prinzip von Fairness und Vergeltung zugrunde. Es führt in den meisten Fällen in der sog. Bewertung aus der Laiensphäre zu erstaunlich treffsicheren Beurteilungen der Situation (vgl. Beck, 2014: S. 258f.). Dabei bleibt der Grundsatz »pacta sunt servanda« weiter die unausgesprochene Basis bei der Bewertung der Situation und ihrer Folgen. Auf ihr baut die Erkenntnis auf, dass vertragliche Verpflichtungen ggf. zwangsweise durchgesetzt werden sollten, ja sogar müssen. Dabei gibt es schon nach der Rechtsordnung bereits Vorgehensweisen zwischen den Verhandlungsparteien, die einer zwangsweisen Ahndung von Verstößen durch eine Partei gleichkommen: Die Zurückbehaltung der eigenen Leistung (§§ 273f. BGB) oder die Aufrechnung mit eigenen Ansprüchen (§§ 387ff. BGB) zählen dazu.

Neben solchen Manövern ist dem Staat über das gesetzlich fixierte Gewaltmonopol aber auch das Recht und die Pflicht auferlegt, im Zweifel zumindest rechtliche Vereinbarungen mit Zwang zu ihrer Durchsetzung zu bringen – dies geschieht durch die Instrumente der Zwangsvollstreckung (vgl. §§ 704-945 ZPO). Ohne diese Instanz der Durchsetzung würde die Verbindlichkeit von Vereinbarungen im Zweifel sehr relativiert werden. Der Wert von Vereinbarungen hängt damit letztlich entscheidend davon ab, inwieweit diese tatsächlich durchgesetzt werden können. Dies gilt gerade für die kognitiv-emotionale Wahrnehmung einer Verbindlichkeit durch das unbewusste System 1: Solange die Wirksamkeit einer Norm dem Denken unbewusst zugrunde gelegt wird, wirkt diese als »Standardoption«

überproportional auf das Verhalten des Einzelnen ein (vgl. Kahneman, 2014: S. 428f.).

11.4 Moderation – Mediation – Arbitration

In vielen Situationen erkennen Verhandlungsparteien, dass sie eine Vereinbarung mit »Bordmitteln« wohl kaum erreichen werden. Hierzu zählen gerade Sachverhalte, bei denen Verhandlungsparteien schon seit längerem oder wiederholt in erbitterte Diskussionen geraten sind und statt Vereinbarungen schwelende Konflikte entstanden sind. Die bewährte Alternative ist dann die Hinzuziehung einer dritten Person mit dem Ziel, eine Vereinbarung durch ihre Unterstützung herbeizuführen. Die drei in der Überschrift angesprochenen Optionen spiegeln die Bandbreite des möglichen Einsatzes in Verhandlungen wider:

Moderation

So kann ein (unparteiischer) Moderator eingesetzt werden, der als Leiter der Verhandlung schlichtweg für Ordnung sorgt, eine Tagesordnung erarbeitet, das Wort erteilt, Zwischenergebnisse formuliert etc. Letztlich sollen im Sinn des dargestellten »Ein-Text-Verfahrens« die Übereinstimmungen sowie die trennenden Elemente durch den Moderator dargestellt und in einer weiteren Runde diese moderiert werden (vgl. Fisher/Ury, 2015: S. 129; Bühring- Uhde/Eidenmüller, 2017: S 161f.).

Mediation

Seit 2012 gilt in Deutschland das Mediationsgesetz (MediationsG), das in § 1 Abs. 1 die verbindliche Definition enthält: »Mediation ist ein vertrauliches und strukturiertes Verfahren, bei dem Parteien mithilfe eines oder mehrerer Mediatoren freiwillig und eigenverantwortlich eine einvernehmliche Beilegung ihres Konflikts anstreben.« Die wesentlichen Voraussetzungen für einen Mediator lassen sich demnach mit den Eigenschaften Neutralität, Verschwiegenheit und (Mediations-) Erfahrung beschreiben. Die bislang in der Literatur umstrittene Frage der Sinnhaftigkeit und Zulässigkeit von Einzelgesprächen mit den Verhandlungsparteien ist nunmehr ausdrücklich gesetzlich geregelt (vgl. Bühring-Uhle/Eidenmüller, 2017: S. 163f.): § 2 Abs. 3 Satz 3 MediationsG legt dazu folgendes fest: »Der Mediator kann im allseitigen Einverständnis getrennte Gespräche mit den Parteien führen.« Dies ist nach hiesiger Auffassung ausdrücklich sinnvoll: Gerade die Erörterung von kognitiv-emotionalen Problemen der jeweiligen Verhandlungspartei erfordert geradezu die Zentrierung nur auf die jeweilige Partei. Nur so kann der Mediator in einer geschützten Gesprächsatmosphäre die andere Verhandlungspartei offen befragen, hinterfragen, analysieren und die Partei bei der Gestaltung ihrer objektiven Interessen und ihrer kognitiv-emotionalen Befindlichkeit begleiten (»Shuttle-Diplomatie«, vgl. Nasher, 2015: S. 289).

Dabei liegt auf der Hand, dass eine sorgfältige Information des Mediators erfolgsentscheidend sein kann. Dies gilt vor allem für eine Verhandlungskonstellation, die auch verhandlungstheoretisch ein zentrales Verhandlungsproblem ist, das die Verhaltensökonomie schon seit langem beschäftigt: Es ist das aus dem sog. Gefangenendilemma abgeleitete Verhandlungsdilemma der unvollständig aufgedeckten Optionen (vgl. Thaler, 2018: S. 194ff.; Bühring- Uhle/Eidenmüller, 2017: S. 165). Ein klassisches Beispiel dazu sind sog. fremdfinanzierte Verkäufe (vgl. Bühring-Uhle/Eidenmüller, 2017: S. 90f.): So kann bei einem Autokauf nicht selten die Frage eine Rolle spielen, ob der Verkäufer auch eine Finanzierungsoption anbietet, entweder als Kredit über seine Hausbank oder als Leasingvariante. Dies konkurriert mit der Option des Käufers, sich selbst um die Finanzierung kümmern zu müssen und häufig als Laie damit teurer zu fahren. Wenn die Finanzierungskosten beim Verkäufer die des Käufers aber zu übersteigen beginnen – wird das ganze Geschäft abgeblasen, und niemand hat etwas davon. Da in dieser Verhandlungssituation typischerweise keiner der beiden Verhandlungspartner mit offenen Karten spielt, ist auch der Break-even-Punkt unbekannt, ab dem das Geschäft uninteressant wird. Ein Mediator kann diesen Punkt exakt nach Einzelinterviews bestimmen – und so einen optimalen Geschäftsabschluss vermitteln.

Arbitrator (Schlichtung)

Schon im 19. Jahrhundert wurde in der deutschen Zivilprozessordnung (ZPO) mit dem 10. Buch verbindlich die Option gesetzlich geregelt, eine Streitigkeit nicht den eigenverantwortlichen Verhandlungen von Parteien zu überlassen, sondern sie verbindlich durch einen Fachmann oder ein Fachgremium entscheiden zu lassen. Vor diesem Hintergrund regeln seit 2008 die §§ 1025-1066 ZPO dieses Verfahren. Es setzt immer eine eigene Schiedsvereinbarung der Verhandlungsparteien voraus (§ 1029 ZPO; vgl. Thomas/Putzo, 2020: §1029 Rd. 1, 4). Es spielt gerade dort eine Rolle, wo ansonsten eine staatlich vorgesehene Entscheidung eines Streites bzw. einer unsicheren Sachverhaltslage nur schwer, verspätet oder gar nicht vorstellbar ist. Dies gilt etwa für langandauernde Streitigkeiten innerhalb von Gesellschaften oder im internationalen Bereich (vgl. Hoffmann-Becking, 2019: VIII C. 24/1). Hier weisen die Verhandlungsparteien also dem eingeschalteten Dritten die Entscheidungsmacht zu, die Verhandlung endgültig und wirksam zu entscheiden. Dem vorgelagert ist die Einsetzung eines Schlichters, der – anders als der Mediator – befugt ist, einen Schlichtungsversuch herbeizuführen, der i. d. R. mit einem Entscheidungsvorschlag, dem sog. Schlichterspruch, verbunden ist (vgl. Voeth/Herbst, 2015: S. 100f.).

Diese Option eines Güteversuches wird vom Gesetzgeber auch für eher kleinere Streitigkeiten vorgesehen, die traditionell im Alltagsrecht erbittert geführt werden: Es sind sog. Streitigkeiten im Nachbarschaftsverhältnis, Streitigkeiten im Bereich der persönlichen Ehre sowie bei Verstößen gegen das Benachteiligungsverbot im Zivilrechtsverkehr. Ein Schlichterspruch hat durchweg Relevanz bei Tarifstreitigkeiten: Dies muss vor dem Hintergrund des vorstehend gesagten nicht

Wunder nehmen: Nicht selten haben sich bei Tarifstreitigkeiten die Kampfhähne »ritualisiert« derart zerstritten, dass ein Dritter (oder zwei) als Schlichter hinzukommen soll(en). Diese Person wird auch gerne dazu instrumentalisiert, um nicht allein von den Betroffenen für das erzielte Ergebnis verantwortlich gemacht zu werden.

11.5 Verhandlung und Diplomatie

> »Diplomatie ist die Fähigkeit, auf eine so taktvolle Weise nein zu sagen, dass alle glauben, man hätte ja gesagt.« (Anthony Eden)
> »Diplomatie ist die Kunst, konstruktiv aneinander vorbeizureden.« (Daniele Vare)

Ein spezielles Feld der Verhandlungswissenschaft ist der Bereich der Verhandlungen zwischen Staaten und Nationen, der sich unter dem Oberbegriff der Diplomatie zusammenfassen lässt. Der allgemeinen Definition nach betrifft die Diplomatie insbesondere das Verhandlungsverhalten der bevollmächtigten Personen – der Diplomaten –, die für die vertretenen Staaten oder inter- bzw. supranationalen Einrichtungen auftreten. Dabei geht es nicht nur um Verhandlungen zum Abschluss von internationalen Abkommen, sondern auch allgemein um die Pflege der entsprechenden Beziehungen zwischen den Einrichtungen (vgl. Widmer, 2018: S. 25f.).

Das sprichwörtliche »diplomatische Verhalten und Auftreten«, das durch die Eingangszitate karikiert wird, dient daher vornehmlich dazu, eine »nachhaltige Sprachlosigkeit« in der Kommunikation zwischen Staaten, gerade im Umfang mit Konflikten und Krisen zu vermeiden (vgl. Salewski, 2010: S. 233). Es kann daher schon in der bloßen Aufrechterhaltung eines »Gesprächsdrahtes« eine eminente Bedeutung der diplomatischen Kommunikation liegen, die ggf. in Verhandlungen zur Verbesserung von zwischenstaatlichen Beziehungen oder dem Abschluss von Verträgen mündet. Das oben dargestellte, an sich »leere« Ziel einer Verhandlungsoption »no agreement – talk only« (»NATO«) kann deswegen hier auch eine wichtige Ergebnisvariante sein. Dabei spricht wenig dagegen, das entwickelte Mannheimer Verhandlungsmodell in der Diplomatie auch in seiner »Zwei-Ebenen-Struktur« anzuwenden, also auch hier zwischen der Verhandlung von objektiven Interessen und der Lösung von Differenzen auf kognitiv-emotionaler Ebene zu differenzieren. Dabei sind allerdings 6 klassische Besonderheiten zu beachten:

1. Diplomatische Kommunikation ist i. d. R. keine authentische Kommunikation zwischen Verhandlungsteilnehmern. Beide Seiten handeln aufgrund von vorgegebenen Statements und Zielvorgaben der jeweiligen vorgesetzten Stellen (vgl. Salewski, 2010: S. 249). Spontan formulierte Stellungnahmen sind daher unüblich, es dominiert der geschliffene bzw. selbstbeherrschte, eben der diplomatische Stil.
2. Diplomatische Kommunikation ist grundsätzlich unverbindlich bzw. allgemeinverbindlich formuliert, so dass aus ihr keine unmittelbare Handlungsauf-

forderung und damit kein unmittelbarer Verhandlungsansatz für beide Seiten bzw. Staaten resultiert. Ein wesentliches Beispiel ist der gebetsmühlenhafte Hinweis von Staaten, sie würden sich gegen eine »Einmischung in innere Angelegenheiten« verwahren (vgl. Köngeter, 2008).

3. Diplomatische Kommunikation gibt i. d. R. die objektiven Standpunkte und Interessen einer Verhandlungsseite wieder; die kognitiv-emotionale Ebene der Verhandlung wird in offiziellen Statements durchweg ausgeblendet. Formuliert wird die aus dem bewussten System 2 formulierte Darlegung der objektiven Auffassung einer Verhandlungsseite. Die kognitiv-emotionale Einstufung und Einschätzung kann daher allenfalls »zwischen den Zeilen« (im Rahmen einer Textanalyse nach dem 4-Ebenen-Konzept einer Botschaft) oder aus anderen Verlautbarungen der betroffenen Regierungen herausgelesen werden.
4. Diplomatische Kommunikation hat grundsätzlich die Wahrung der Souveränität der beiden Gesprächsseiten zum Ziel. Verletzungen oder sprachliche Attacken sind i. d. R. nicht zulässig. Aus diesem Grund beachten die Gesprächsseiten auch eine – mitunter gestelzt und gekünstelt anmutende – Etikette und einen sehr förmlichen (Ausdrucks-)Stil (vgl. Kauffmann, 2019: S. 123f.).
5. Ein bemerkenswertes Ziel der Diplomatie ist das Erarbeiten einer Lösung – ganz gleich welcher. Das Finden von Win-Win-Situationen, bei denen noch so kleine Fortschritte als Erfolg zählen, ist wichtiger als ein Kompromiss, bei dem eine oder beide Seiten zurückstecken und damit auch in der Öffentlichkeit verlieren müssen (Kauffmann, 2019: S. 21).
6. Sollte keine Lösung denkbar sein, bleibt es dabei, dass beide Verhandlungsseiten um eine gute bzw. gutnachbarschaftliche Beziehung bemüht sind und bleiben. Ein berühmtes Beispiel war die »Beziehung« von US-Präsident Donald Trump und Bundeskanzlerin Angela Merkel – ein klassischer Fall einer »guten transatlantischen Beziehung«.

Aus diesen Merkmalen kann ein Oberbegriff für Verhaltensformen abgeleitet werden, der in allgemeinen Verhandlungen durchaus von Bedeutung ist. Es handelt sich um den vielzitierten »diplomatischen Verhandlungsstil« (vgl. Kauffmann, 2019): Verbindliche Ausdrucksformen, Höflichkeit statt Konfrontation, relativierende Wortwahl statt rhetorischer Angriffe sind seine Wesensmerkmale. Vieles davon ist bereits als positives Element einer konstruktiven, gelingenden Kommunikation dargestellt worden. Dabei sollte allerdings auch die Grenze zu Verhaltensweisen beachtet werden, die einer konstruktiven Verhandlung definitiv schaden können: »Einschleimen, Anpassen, Honig um den Bart schmieren« (vgl. Kauffmann, 2019: S. 19) – und damit verbunden der Verlust von Glaubwürdigkeit und Authentizität.

Ungeachtet dessen wird man der Diplomatie als internationaler Kommunikations- und Verhandlungsform zubilligen können, vermutlich in deutlich mehr Fällen die Konfliktlösung durch Gewaltanwendung vermieden als diese provoziert zu haben. Aus diesem Grund ist auch aus einer wertenden Sicht der Verhandlungswissenschaften der Einsatz von Diplomatie immer noch besser als die meisten

Formen von Sprachlosigkeit und Konfrontation (vgl. Salewski, 2010: S. 264). Sicherlich gibt es dafür auch nach dem Völkerrecht Grenzen und die Geschichte zeigt, dass Diplomatie, die bloßes Appeasement betreibt, letztlich in verhängnisvolle Sackgassen führen kann.

12 Ausblick

Das soziale, wirtschaftliche und kommunikative Phänomen des Verhandelns als ein Prozess mit dem Ziel eine tragfähige Einigung zu einem bislang strittigen Tatbestand herbeizuführen, prägt das gesamte soziale, kulturelle und wirtschaftliche Leben. Die langjährige Frage, ob Verhandeln eher ein Handwerk als eine Wissenschaft (vgl. Bühring-Uhle/Eidenmüller, 2017: S. V) sei, kann eindeutig beantwortet werden: Die Verhandlungswissenschaft ist eine abgrenzbare Einzelwissenschaft, die sich durch die Zusammenfassung von wissenschaftlichen Teilerkenntnissen aus einer Vielzahl von Disziplinen bildet und das Ziel hat, den Verhandlungsvorgang in seiner enormen Bandbreite wissenschaftlich zu strukturieren und operationale Erkenntnisse und Gesetzmäßigkeiten für ihn zu formulieren. Die für den Wissenschaftlichkeitsbegriff elementare Erarbeitung einer Theorie der Verhandlung erfolgt durch die Zusammenführung von Erkenntnissen der Verhaltens- und Kommunikationspsychologie, Verhaltensökonomie, der Rechtswissenschaft und der Rhetorik sowie vielen anderen für das Verhandlungssetting relevanten Erkenntnissen. Aus ihnen lassen sich auch für den angewandten Bereich der Verhandlungspraxis eine Fülle von Erkenntnissen und Gesetzmäßigkeiten ableiten, die wissenschaftlich überprüft werden können und Aussagen zum Ablauf und zur Gestaltung von Verhandlungsabläufen zulassen, die allgemeine, also objektive und überpersönliche Gültigkeit besitzen.

Die verhandlungswissenschaftliche Forschung steht dabei erst am Anfang. Forschungsfragen wie die nach Optimierungsfaktoren des Verhandelns, von der Vorbereitung bis zur Einigung, können nur in vielen kleinen Schritten entwickelt werden mit dem Ziel, gerade die herausgearbeitete Zwei-Ebenen-Struktur der Verhandlung weiter zu verstehen. Der Weg zur Erarbeitung einer umfassenden Theorie der Verhandlungswissenschaft wird noch lange sein. Dabei spielt die Übernahme wesentlicher Erkenntnisse der Verhaltenspsychologie und Verhaltensökonomie nach Daniel Kahneman und Richard Thaler eine wegweisende Rolle, die den bisherigen interessenbezogenen Ansatz nach dem Harvard-Negotiation-Konzept umfassend ergänzen. Aus ihnen können wichtige Aussagen und Verfahrensweisen abgeleitet werden, die wissenschaftlich gesichert sind, wie etwa die Bedeutung des Endowment-Effekts (und vieler anderer heuristischer Effekte und Biasses) bei Verhandlungsszenarien.

Der Verhandler ist nach diesem wissenschaftlichen Verständnis kein reiner »Transformationsagent« für divergierende objektive Interessen der Verhandlungsparteien mit dem Anspruch, quasi gesetzmäßig – etwa mit der Harvard-Methode des sachbezogenen Verhandelns – Win-Win-Situationen oder Kompromisse (sozusagen auf der Hälfte der jeweiligen Verhandlungsstrecke) zu erzielen. Den Verhandler als »Künstler« bezeichnen zu wollen, geht vor diesem Hintergrund aber auch an der wissenschaftlichen Verortung vorbei (vgl. Wyss, 2021). Das Verhandlungssetting wird vielmehr tief von den dargestellten verhaltenswissenschaftlichen und psychologischen Einflüssen geprägt, deren konkrete Einwirkung im aktuellen Fokus der Verhandlungswissenschaft liegt. Auch hier bleibt die wesentliche Erkenntnis von Kahneman gültig, dass der Verhandler weniger als rationaler »Econ« denn vielmehr als »Human« und damit als Mensch mit all seinen kognitiven, kommunikativen und emotionalen Unzulänglichkeiten und Fehleranfälligkeiten agiert. Das hier entwickelte Mannheimer Doppelkreismodell und das Mannheimer 11-Doppelstufen-Konzept von Verhandlungen verstehen sich als Konzept für die weiterführende wissenschaftliche Diskussion.

Dennoch gibt es bereits ernstzunehmende wirtschaftliche Bemühungen, erste verhandlungswissenschaftliche Erkenntnisse in Algorithmen umzusetzen. Das amerikanische SAP-Patent für eine »Integrated Negotiation Engine« kann beispielhaft dafür stehen. Damit ist auch für die Wirtschaft der faktische Nachweis der wissenschaftlichen Relevanz der Verhandlungswissenschaft erbracht, da eine derartige »Negotiation Engine« definitiv dem wissenschaftlichen Anspruch genügen muss, nachprüfbare und nachvollziehbare Aussagen über einen allgemeinen Sachverhalt zu machen, der wiederholbar, kontrollierbar und messbar ist und dies entsprechend methodisch umzusetzen.

Die Menschheitsgeschichte ist tief geprägt von epochalen Verhandlungen und ihren Konsequenzen – dies reicht hinein bis in die Gegenwart: Beispielhaft sei das Credo des 45. Präsidenten der USA genannt, durch Verhandlungskunst (so sein Buch »The Art of the Deal«, 1987) besser Politik machen zu können, was immer man davon halten mag. Ich kann nur jeden Leser ermutigen, seine persönliche Verhandlungsfähigkeit kontinuierlich zu verbessern und keiner Verhandlung aus dem Weg zu gehen. Sie werden mit Sicherheit auch Fehlschläge erleiden, getreu dem chinesischen Sprichwort: »Wer nicht einmal betrogen wurde, kann kein Kenner von Geschäften werden«. Aber sie werden auch die Erfahrung machen, dass – bei allen Rückschlägen – manche Verhandlung bzw. ihr Ergebnis das Leben zutiefst positiv beeinflusst. Ich habe das persönlich erlebt und profitiere auch heute davon. Lassen auch Sie, verehrte Leserin und verehrter Leser, sich darauf ein!

Literaturverzeichnis

Abromeit, Jörg: Lampenfieber und Prüfungsangst besiegen, Freiburg: 2014

Ackermann, Joshua; Nocera, Christopher; Bargh, John: Incidental Haptic Sensations Influence Social Judgements and Decisions, in: Science 2010, 328, S. 1712-1715

Allhoff, Dieter, und Waltraud Allhoff: Rhetorik & Kommunikation. Ein Lehr- und Übungsbuch, 17. Aufl., München: 2016

Alt, Jürgen August: Richtig argumentieren: oder wie man in Diskussionen Recht behält, München: 2000

American Field Service: Orientation Handbook, New York: 1984

Amtliches Handbuch des Deutschen Bundestages, Loseblattausgabe, Berlin: 2017

Aristoteles: Drei Bücher der Rhetorik, Stuttgart: 1999

Aristoteles: Topik, Stuttgart: 2004

Ascherl, Mario (Hrsg.): »Ins Wasser geworfen und Ozeane durchquert«, Festschrift für Knut Wolfgang Nörr, Köln u. a.: 2003

Bätscher, Rudolf; Grossman, Christoph, Lürzer, Rudolf (Hrsg.): Individual-psychologische Verhaltenstypologien beim Umgang mit Geld im privaten Haushalt, Winterthur: 2015

Bak, Peter Michael: Zu Gast in deiner Wirklichkeit, Empathie als Schlüssel gelungener Kommunikation, Berlin-Heidelberg: 2016

Balzer, Wolfgang: Die Wissenschaft und ihre Methoden, 2. Aufl., Freiburg: 2009

Bartsch, Tim-Christian; Hoppmann, Michael; Rex, Bernd und Markus Vergeest: Trainingsbuch Rhetorik, 3. Aufl., Paderborn: 2013

Baumeister, Roy F.; Bratslavsky, Ellen; Finkenauer, Catrin und Kathleen Vohs: Bad is stronger than good, in: Review of General Psychology 2001, 5, S. 323-370

Bayer, Karl: Nota bene: Das lateinische Zitatenlexikon, 3. Aufl., Düsseldorf: 2003

Bechmann, Sascha: Sprachwandel – Bedeutungswandel. Eine Einführung, Tübingen: 2016

Beck, Hanno: Behavioral Economics. Eine Einführung, Wiesbaden: 2014

Bender, Rolf, Armin Nack und Wolf-Dieter Treuer: Tatsachenfeststellung vor Gericht. Glaubwürdigkeits- und Beweislehre, Vernehmungslehre, 3. Aufl., München: 2007

Blumenwitz, Dieter: Der Vertrag vom 12.9.1990 über die abschließende Regelung in Bezug auf Deutschland, in: NJW 1990, S. 3041ff.

Best, Karl Heinz: Unser Wortschatz. Sprachstatistische Untersuchungen, in: Eichhoff-Cyrus, Karin M. und Rudolf Hoberg (Hrsg.): Die deutsche Sprache zur Jahrtausendwende, Mannheim-Leipzig: 2002, S. 35-52

Biehle, Herbert: Redetechnik, 4. Aufl., Berlin-New York: 1974

Birkenbiehl, Vera: Rhetorik-Training, 14. Aufl., München: 2006

Bischof, Anita; Klaus Bischof: Besprechungen effektiv und effizient, Planegg: 1997

Braun, Frank; Benz, Patrick: Genese natürlicher Entscheidungsprozesse und Determinanten kluger Entscheidungen, Wiesbaden: 2015

Braun, Roman: Die Macht der Rhetorik, München: 2001

Bredemeier, Karsten: Rhetorik auf den Punkt gebracht, München: 2014

Bredemeier, Karsten, Die Kunst der klaren Kommunikation – 250 professionelle Rhetorik-Tipps, Freiburg: 2019

Brox, Hans; Walker, Wolf-Dietrich: Allg. Schuldrecht, 36. Aufl., München: 2012
Bruno, Tiziana; Adamczyk, Gregor: Körpersprache, Planegg: 2004
Bruno, Tizian; Adamczyk, Gregor und Wolfgang Bilinski: Körpersprache und Rhetorik. Ihr souveräner Auftritt, 3. Aufl., Freiburg: 2016
Bühring-Uhle, Christian; Eidenmüller, Horst; Nelle, Andreas: Verhandlungsmanagement, Analyse - Werkzeuge - Strategien, 2. Aufl., München: 2017
Bundesministerium der Justiz: Gibt es eine Paralleljustiz in Deutschland? Streitbeilegung im Rechtsstaat und muslimische Traditionen, Veröffentlichung des BMJV, Berlin o. D.
Cartier, Raymond: Der Zweite Weltkrieg, 2 Bände, München: 1972
Cialdini, Robert (2017): Die Psychologie des Überzeugens, 8. Aufl., Bern: 2017
Cialdini, Robert (2017): Presuasion, Wie Sie bereits vor der Verhandlung gewinnen, Frankfurt a. M.: 2017
Cicero, Antonia; Kuderna, Julia: Die Kunst der »Kampfrhetorik«. PowerTalking in Aktion, 3. Aufl., Paderborn: 2000
Cicero, M. Tullius: Orator - Der Redner, Stuttgart: 2015
Coing, Helmut: Grundzüge der Rechtsphilosophie, 3. Aufl., Berlin-New York: 1976
Coué, Émile: Autosuggestion. Wie man die Herrschaft über sich selbst gewinnt, 5. Aufl., Zürich: 2007
Cube, Felix von: Lust an Leistung. Die Naturgesetze der Führung, 9. Aufl., München: 2002
Damasio, Antonio R.: Descartes Irrtum, 9. Aufl., München: 2004
De Waal, Frans: Der Affe in uns. Warum wir sind, wie wir sind, München: 2006
Diener, Ed; Wirtz, Derrick und Oishi Shigehiro: End Effects of Rated Life Quality: The James Dean Effect, in: Psychological Science 12 (2001), S. 124-128
Dietrich, Gabriele: Typisch! Vom Umgang mit Cholerikern und anderen Temperamenten, Gütersloh: 2007
Dietz, Simone: Die Kunst des Lügens, Stuttgart: 2017
Diller, Herrmann; Herrmann, Andreas (Hrsg.): Handbuch Preispolitik, Wiesbaden: 2003
Dobelli, Rolf: Die Kunst des klugen Handelns. 52 Irrwege, die Sie besser anderen überlassen, München: 2014
Dobelli, Rolf: Die Kunst des klaren Denkens. 52 Denkfehler, die Sie besser anderen überlassen, 13. Aufl., München: 2015
Dörpinghaus, Andreas; Helmer Karl (Hrsg.): Rhetorik - Argumentation - Geltung, Würzburg: 2002
Drath, Karsten: Neuroleadership. Was Führungskräfte aus der Hirnforschung lernen können, Freiburg: 2015
Dreger, Britta: Diagnose: Confirmation Bias, Wie die anfängliche Überzeugtheit von einer klinisch-psychologischen Prüfhypothese, die Berufserfahrung und das Fachwissen die Validität psychologischer Diagnosen beeinflussen, Diss. Phil., Kiel: 2012
Duden-Redaktion: Rhetorik, Mannheim-Zürich: 2011
Dueck, Günter: Schwarmdumm: So blöd sind wir nur gemeinsam, Frankfurt a. M.-New York: 2015
Dutton, Kevin: Gehirnflüsterer. Die Fähigkeit, andere zu beeinflussen, München: 2012
Eagleman, David: Inkognito - die geheimen Eigenleben unseres Gehirns, 2. Aufl., Frankfurt a. M.: 2013
Eagleman, David: The Brain. Die Geschichte von dir, München: 2017
Ebeling, Peter: Rhetorik - der Weg zum Erfolg, 7. Aufl., München: 1999
Edmüller, Andreas; Wilhelm, Thomas: Argumentieren, Freiburg: 2011
Edmüller, Andreas; Wilhelm, Thomas: Moderation, Planegg: 1999
Edmüller, Andreas; Wilhelm, Thomas: Manipulationstechniken: So wehren Sie sich, 3. Aufl., Planegg: 2002

EGKS-Vertrages als Originaltext: Website der Universität Luxemburg: www.cvce.eu; Stichwort: Vertrag über die Gründung der Europäischen Gemeinschaft für Kohle und Stahl
Ekman, Paul: Gefühle lesen: Wie Sie Emotionen erkennen und richtig interpretieren, 2. Aufl., Berlin: 2010
Ellis, Albert: Grundlagen der rational-emotiven Verhaltenstherapie, München: 1993
Elster, Antonio: Ein gebrauchtes Auto kaufen – die wichtigsten Tipps und Tricks für Nicht-Techniker, Books on Demand: 2010
Erbacher, Christian, Grundzüge der Verhandlungsführung, 4. Aufl., Zürich: 2019
Fichtner, Hanno, Käuferverhalten bei Reverse pricing, Implikationen für eine optimale Gestaltung aus Verkäufersicht, Köln: 2004
Finkenzeller, Karin: Birkenstock-Übernahme, Vom Öko-Latschen zur Luxussandale in: Wirtschaftswoche vom 1.3.2021
Fisher, Roger; Ury, William; Patton, Bruce: Das Harvard-Konzept, 25. Aufl., Frankfurt-New York: 2015
Flume, Peter; Mentzel, Wolfgang: Rhetorik, Freiburg: 2011
Förschler, Peter; Steinle, Hermann: Kaiser, Helmut: Der Zivilprozess – Ein Lehrbuch, 8. Aufl., Stuttgart: 2020
Förster, Andreas: Krieg der Chiffrier-Maschinen, Operation Rubikon, in: Frankfurter Rundschau vom 18.3.2020
Franke, Ulrike: Logopädisches Handlexikon, München: 2016
Fröndhoff, Bert; Höpner, Axel: Der Traum vom gedruckten Auto könnte bald wahr werden, in: Handelsblatt vom 7.12.2020
Fuhrmann, Horst (Hrsg): Das Constitutum Constantini (Konstantinische Schenkung), Nachdruck 2018
Führich, Ernst: Wirtschaftsprivatrecht, 13. Aufl., München: 2017
Gates, Steve: Verhandeln – Das Buch, 2. Aufl., Weinheim: 2019
Geisselhart, Roland; Hofmann, Christiane: Stress ade – die besten Entspannungstechniken, 7. Aufl., Freiburg: 2013
Gerste, Ronald: Die Verdoppelung der USA, in: Die Zeit vom 24.3.2003.
Gigerenzer, Gerd: Risiko. Wie man die richtigen Entscheidungen trifft, 4. Aufl., München: 2013
Göttert, Karl-Heinz: Einführung in die Rhetorik, 4. Aufl., München: 2009
Göttert, Karl-Heinz: Mythos Redemacht, Franfurt a. M.: 2015
Goleman, Daniel: Emotionale Intelligenz, 31. Aufl., München: 2021
Graf von Westphalen, Friedrich; Thüsing, Gregor (Hrsg.): Vertragsrecht und AGB-Klauselwerke, 45. Aufl., München: 2020
Gray, Janice D.; Silver, Roxane C.: Opposite sides oft he same coin: Former spouses'divergent perspectives in coping with their divorce, in: Journal of Peronality and Social Psychology 59 (1990), S. 1180
Gresser, Uwe: Praxishandbuch Hochfrequenzhandel Band 1, Wiesbaden: 2015
Häusel, Hans-Georg: Brain View – Warum Kunden kaufen, 4. Aufl., Freiburg: 2016
Häusel, Hans-Georg: Top Seller, Was Spitzenverkäufer von der Hirnforschung lernen können, Freiburg: 2015
Harris, Robert: Angst, Thriller, München: 2011
Haft, Fritjof: Juristische Rhetorik, Freiburg-München: 1978
Hall, Edward T.: Die Sprache des Raumes, Berlin: 1994
Harenberg, Bodo: Lexikon der Sprichwörter und Zitate, Dortmund: 1997
Harris, Thomas: Ich bin ok, Du bist ok. Eine Einführung in die Transaktionsanalyse, Reinbek bei Hamburg: 2001
Heiden, Jörg: Sale. Verkaufen mit Worten, Norderstedt: 2018

Heinrich, Stephan, Welche Verhaltensmuster hindern mich an einer erfolgreichen Kommunikation, in: www.stephanheinrich.com; Abruf vom 19.3.2018
Helmond, Marc; Dahte Tracy; Hummel, Florian: Erfolgreiche Verhandlungen – Best in class – Empfehlungen für den Verhandlungsdurchbruch, Wiesbaden: 2019
Herman, Edward S.; Chomsky, Noam: Manufacturing Consent: The Political Economy of the Mass Media, München: 2002
Herrmann, Markus; Hoppmann, Michael; Stölzgen, Karsten und Jasmin Taraman: Schlüsselkompetenz Argumentation, 2. Aufl., Paderborn: 2012
Hess, Eckhard: Attitude and Pupil Size, in: Scientific American 212 (1965), S. 46-54
Hesse, Christian: Achtung Denkfalle! Die erstaulichsten Alltagsirrtümer und wie man sie durchschaut, München: 2011
Hinterhuber, Hans: Zitate für Manager, 2. Aufl., Franfurt a. M.: 2012
Höhle, Barbara (Hrsg.): Psycholinguistik, 2. Aufl., Berlin: 2012
Hoffmann-Becking, Michael; Gebele, Alexander (Hrsg): Beck'sches Formularbuch Bürgerliches, Handels- und Wirtschaftsrecht, 13. Aufl., München 2019
Hofmann, Jens: »Angela Merkel ist der wachsame Typ«, in: Die Zeit vom 13.7.2015
Hofmann, Thorsten: Das FBI-Prinzip, Verhandlungstaktiken für Gewinner, 2. Aufl., München: 2018
Holler, Daniel: Das »Gebot fairen Verhandelns« bei der Loslösung von Aufhebungsverträgen, in: NJW 2019, S. 2206-2210.
Holzheu, Harry: Natürliche Rhetorik, München: 2000
Hott, Christian: Finanzkrisen – eine portfoliotheoretische Betrachtung von Herdenverhalten und Ansteckungseffekten als Ursachen von Finanzkrisen, Dresden: 2002
Horaz: Epistula ad pisones – Der Brief an die Pisonen, Halle: 1860 (Zugang über die Digitale Bayerische Staatsbibliothek)
Horowitz, Mardi Jon: Stress response Syndromes: PTSD, Grief, Adjustment, and Dissociative Disorders, 5. Aufl., Lanham/Maryland: 2011
Hubensteiner, Benno: Bayerische Geschichte, Sonderausgabe, München: 1980
Husemann-Kopetzky, Markus: Preispsychologie, 2. Aufl., Wiesbaden: 2020
Isaacson, Walter: Steve Jobs – die autorisierte Biografie des Apple-Gründers, München: 2011
Janis, Irving L.: Group Think, Boston: 1982
Jarass, Hans; Pieroth, Bodo: Grundgesetz für die Bundesrepublik Deutschland, Kommentar, 14. Aufl., München: 2016
Jaskolski, Ernst W., Marita Pabst-Weinschenk: Körpersprache, in: Marita Pabst-Weinschenk, Grundlagen der Sprechwissenschaft, S. 48-57.
Jeske, Ralph: Erfolgreich verhandeln, München: 1998
Jung, Hans: Allg. Betriebswirtschaftslehre, 12. Aufl., München: 2012
Jung, Stefanie, Peter Krebs: Die Vertragsverhandlung, Taktische, strategische und rechtliche Elemente, Wiesbaden: 2016
Kahneman, Daniel: Schnelles Denken, langsames Denken, 4. Aufl., München: 2014
Kahneman, Daniel; Knetsch, Jack L. und Richard Thaler: Experimental Test of the Endowment Effect and the Coase Theorem, in: Journal of Political Economy 98 (1990), S. 1325-1348
Kanitz, Anja von; Scharlau, Christine: Gesprächstechniken, 5. Aufl., Planegg: 2018
Kauffmann, Carmen: Diplomatie im Alltag, 2. Aufl., Freiburg: 2019
Kemp, John: Opec should heed lessons from Achnacarry Agreement, Reuters vom 21.Juni 2017.
Kilian, Robert: Zur Strafbarkeit von Ponzi-Schemes – Der Fall Madoff nach deutschem Wettbewerbs- und Kapitalmarktstrafrecht, in: HRRS 2009, S. 285
Kitz, Volker; Tusch, Manuel: Psycho? Logisch!, 11. Aufl., München: 2014
Klein, Gary: The power of intuition. How to Use Your Gut Feelings to Make Better Decisions at Work, New York: 2004

Knape, Joachim: Was ist Rhetorik, Stuttgart: 2000
Koch, Lutz: Versuch über Plausibilität, in: Andreas Dörpinghaus und Karl Helmer (Hrsg.): Rhetorik – Argumentation – Geltung, Würzburg: 2002, S. 193-204
Köngeter, Matthias: Menschenrechte und »Einmischung in die inneren Angelegenheiten«, in: Wissenschaftlicher Dienst des Deutschen Bundestages, Nr. 16, Berlin: 2008
Krämer, Walter; Trenkler, Götz: Lexikon der populären Irrtümer, 10. Aufl., Frankfurt a. M.: 1999
Kreyer, Simone: Multikulturelle Teams in interkulturellen B2B-Verhandlungen: eine empirische Untersuchung am Beispiel der deutschen und französischen Kultur, Diss. Berlin: 2011
Krieger, Paul; Hantschel, Hans-Jürgen: Handbuch Rhetorik, Niedernhausen/Ts.: 1998
Kruse, Johannes, Neurojurisprudenz – Potenziale und Perspektiven, in: NJW 2020, S. 137
Kuhnke, Elizabeth: Körpersprache für Dummies, 2. Aufl., Weinheim: 2017
Kushner, Malcolm: Erfolgreich Reden halten für Dummies, 2. Aufl., Weinheim: 2011
Lay, Rupert: Dialektik für Manager. Methoden des erfolgreichen Angriffs und der Abwehr, 3. Aufl., München: 2001
Leakey, Richard; Lewin, Roger: Die Menschen vom See. Neueste Entdeckungen zur Vorgeschichte der Menschheit, Gütersloh: 1980
Leif, Thomas (Hrsg): Mehr Leidenschaft Recherche, Wiesbaden: 2003
Leyendecker, Hans; Ott, Klaus: Schienenkartell soll Verkehrsbetriebe abgezockt haben, in: SZ vom 7. Januar 2013
Lindgens, Janet: NSA spähte auch Essener Unternehmen Ferrostaal aus, in: www.derwesten.de vom 21. Januar 2014
Lorber, Lars: Menschenkenntnis – Der große Typentest, 2. Aufl., München: 2015
Lotzmann, Geert (Hrsg.): Sprechangst in ihrer Beziehung zu Kommunikationsstörungen, Berlin: 1986
Luft, Joe; Ingham, Harry: The Johari window, a graphic model of interpersonal awareness, Los Angeles: 1955
Lutter, Andreas: Metaphern und Analogien der Wirtschaft, Konzeptuelle Wirtschaftsmetaphorik und ihre Bedeutung für ökonomisches Lernen in:Zeitschrift für ökonom. Bildung, 2016, S. 150-168
Malek, Klaus; Popp, Andreas: Strafsachen im Internet, 2. Aufl., Heidelberg: 2015
Marker, Karl: Politische Lügen in der Demokratie, Diss. Phil., Mainz: 2016
Maslow, Abraham: Motivation und Persönlichkeit, Reinbek bei Hamburg: 2001
Maslow, Abraham: The farther reaches of human nature, New York: 1971
Maurer, Michael: Preisverhandlungen erfolgreich führen und gewinnen – Rabattforderungen professionell abwehren und Kunden trotzdem zufriedenstellen, Wiesbaden: 2015.
Mednick, Sarnoff A.: The associative basis of the creative process, in: Psychological Review 69 (1962), S. 220-221
Mehrabian, Albert: Silent Messages. Implicit Communication of Emotions and Attitudes, 2. Aufl., Belmont/California: 1981
Meier, Christian: Athen, Ein Neubeginn der Weltgeschichte, 2. Aufl., Berlin: 2012
Meyer, Pamela: Wie man jede Lüge erkennt, München: 2011
Mischel, Walter: Der Marshmallow-Effekt. Wie Willensstärke unsere Persönlichkeit prägt, München: 2016
Mohl, Alexa: Der Zauberlehrling – das NLP Lern- und Übungsbuch, 8. Aufl., Paderborn: 2003
Molcho, Samy: Körpersprache, München: 1998
Monreal, Alfred: Auskünfte und Zusagen von Finanzbehörden, Berlin: 1966
Morris, Desmond: Der nackte Affe, München: 1995
Münchhausen, Marco von: So zähmen Sie Ihren inneren Schweinehund, Franfurt a. M.: 2002

Mussweiler, Thomas; Strack, Fritz und Tim Pfeifer (2000), Overcoming the inevitable anchoring effect: Considering the opposite compensates for selective accessibility, in: Personality and Social Psychology Bulletin 2000, 26(9), S. 1142-1150
Mussweiler, Thomas; Galinsky, Adam D.: Strategien der Verhandlungsführung: Der Einfluss des ersten Gebotes, in: Wirtschaftspsychologie 2002, 4(2), S. 21-27
Mylius, Marc: Cui bono? Wem nützt das? Handbuch lateinischer Zitate, 9. Aufl., Wiesbaden: 2011
Nagle, Thomas; Reed, Holden: The Strategy and Tactics of Pricint, Prentice Hall: 2002
Nagler, Georg: Die Rhetorik-Matrix, Erfolgreich reden mit neurolingualer Intervention, Tübingen: 2018
Nagler, Georg; Wambsganz, Hubertus: Das Baukunstwerk Mae West, in: Veröffentlichungen der staatlichen Obersten Baubehörde Bayern, München: 2012
Nagler, Georg: Dogmatische Strukturen der Beweislast im Öffentlichen Recht, Diss. jur., München: 1989
Nasher, Jack: Deal, Du gibst mir was ich will!, 10. Aufl., München: 2015
Navarro, Joe; Karlins, Marvin: Menschen lesen – ein FBI-Agent erklärt, wie man Körpersprache entschlüsselt, 22. Aufl., München: 2020
Nida-Rümelin, Julian; Weidenfeld, Werner (Hrsg.): Europäische Identität: Voraussetzungen und Strategien, München: 2007
Nöllke, Claudia: Präsentieren, Planegg: 1998
Northcraft, Gregory B.; Neal, Margaret A.: Experts, Amateurs and Real Estate: An Anchoring-and-Adjustment Perspective on Property Pricing Decisions, in: Organizational Behavior and Human Decision Processes 1987, 39, S. 84-97
Oboth, Monika; Weckert, Al: Mediation für Dummies, 2. Aufl., Weinheim: 2014,
Oppenheimer, Daniel M.: Consequences of Erudite Vernacular Utilized Irrespective of Necessity: Problems with Using Long Words Needlessly, in: Applied Cognitive Psychology 2006, 20, S. 139-156
Opresnik, Marc: Die Geheimnisse erfolgreicher Verhandlungsführung; Besser verhandeln – in jeder Beziehung, 2. Aufl., Berlin-Heidelberg: 2014
O'Shea, Michael: Das Gehirn, Stuttgart: 2008
Pabst-Weinschenk, Marita (Hrsg.): Grundlagen der Sprechwissenschaft und Sprecherziehung, 2. Aufl., München: 2011
Palandt: Bürgerliches Gesetzbuch, Kommentar, 80. Aufl., München 2021
Peltzer, Karl: Das treffende Zitat, 5. Aufl., Thun: 1974
Pfetsch, Frank R.: Kreatives Verhandeln in Politik und Wirtschaft, in: Heidelberger Jahrbücher, 2000, 44, S. 127-155
Pfnür, Andreas: Volkswirtschaftliche Bedeutung von Corporate Real Estate Management in Deutschland, Darmstadt: 2014
Plett, Heinrich: Systematische Rhetorik, München: 2000
Pohl, Elke: Erfolgreich argumentieren, Niedernhausen/Ts.: 1999
Prescendi, Francesca: Fides (Stichwort), in: Der Neue Pauly, Band 4, Stuttgart: 1998
Priemer, Verena: Eine Marketingstrategie mit Durchschlagskraft: Bundling; in: Absatzwirtschaft, 1999, 42, S. 62-67
Prior, Manfred: MiniMax-Interventionen, 14. Aufl., Heidelberg: 2017
Rappmund, Eike: Praxis-Handbuch Manipulation, Hamburg: 2014
Rettner, Klaus: Reden halten – gewusst wie, Würzburg: 2001
Rogers, Carl R., Therapeut und Klient, Grundlagen der Gesprächspsychotherapie, Frankfurt a. M.: 1996
Rosenzweig, Phil: Der Halo-Effekt: Wie Manager sich täuschen lassen, Offenbach a. M.: 2008
Rozin, Paul; Royzman, Edward B.: Negativity Bias, Negativity Dominance and Contagion, in: Personality and Social Psychology Review 2001, 5, S. 296-320

Ruch, Floyd; Zimbardo, Philipp et. al.: Lehrbuch der Psychologie, 3. Aufl., Berlin: 1978
Ruede-Wissmann, Wulf: Satanische Verhandlungskunst und wie man sich dagegen wehrt, München: 1993
Ruhleder, Rolf: Rhetorik & Dialektik, 17. Aufl. München: 2016
Rumsey, Deborah: Statistik für Dummies, 3. Aufl., Weinheim: 2015
Sacks, Oliver: Der Strom des Bewusstseins, Reinbek bei Hamburg: 2017
Salewski, Wolfgang: Die Kunst des Verhandelns, 2. Aufl., Weinheim: 2010
Saum-Aldehoff, Thomas: Big Five. Sich selbst und andere erkennen, 3. Aufl., Ostfildern: 2015
Sawizki, Egon: NLP im Alltag, 3. Aufl., Offenbach: 1999
Scheerer, Harald: Reden müsste man können, 11. Aufl., Offenbach: 2010
Schirach, Ferdinand: Wahrheit und Wirklichkeit, in: ders.: Die Würde ist antastbar. Essays, München: 2014, S. 71-88
Schirm, Stefan; Smeikalova, Katerina; Rötzmeier, Malte: Planspiel und Verhandlungssimulation als Universitätsseminar in: Zeitschrift für Politikwissenschaft, 2021, S. 649-658
Schlüter, Hermann: Das Handbuch der Rhetorik, Köln: 2006
Schmidt, Lothar: Zitatenschatz für Führungskräfte, Wien/Frankfurt: 1999
Schopenhauer, Arthur: Eristische Dialektik oder: Die Kunst, Recht zu behalten, in: Hübscher, Arthur (Hrsg.): Arthur Schopenhauer. Der handschriftliche Nachlaß. Bd. 3, Zürich 2006
Schott, Barbara; Troczynski, Peter: Verhandeln, 3. Aufl., Freiburg: 2020
Schranner, Mathias: Teure Fehler: die 7 größten Fehler in schwierigen Verhandlungen, 8. Aufl., Berlin: 2016
Schulz von Thun, Friedemann: Miteinander Reden, Band 1: Störungen und Klärungen, Reinbek bei Hamburg: 2001
Schulz von Thun, Friedemann: Miteinander Reden, Band 2: Stile, Werte und Persönlichkeitsentwicklung, Reinbek bei Hamburg: 2001
Schulz von Thun, Friedemann: Miteinander Reden, Band 3: Das »Innere Team« und situationsgerechte Kommunikation: 25. Aufl., Reinbek bei Hamburg: 2016
Schulz von Thun, Friedemann (Hrsg.): Miteinander Reden – Kommunikationspsychologie für Führungskräfte, 2. Aufl., Hamburg 2001
Schwarz, Aljoscha; Schweppe, Ronald: Das Lexikon der Körpersprache, Rastatt: 1998
Seidl, Barbara: NLP: Mentale Ressourcen nutzen, 3. Aufl., Freiburg: 2015
Shane, Frederic; Loewenstein, George; O'Donoghue, Ted: Time Discounting and Time Preference: A Critical Review, in: Journal of Economic Literature 2002, 40(2), S. 351-401
Shapiro, Daniel (2018): Verhandeln, Die neue Erfolgsmethode aus Harvard, Frankfurt a. M.: 2018
Smith, Pete: Jeder Mensch lügt mehrmals am Tag, in Ärztezeitung vom 18.9.2017
Söbbing, Thomas: Warum scheitern Vertragsverhandlungen, ein politischer und ökonomisch-juristischer Vergleich, Diss. jur., Siegen-Hamburg: 2010
Sperling, Jan Bodo, und Jacqueline Wasseveld: Führungsaufgabe Moderation, 3. Aufl., Planegg: 1998
Stoffel, Wolfgang: Gezielt verhandeln und gewinnen, Regensburg: 2000
Taleb, Nassim, Der schwarze Schwan: die Macht höchst unwahrscheinlicher Ereignisse, München: 2018
Tenbergen, Rasmus: Gehaltsverhandlungen führen, Freiburg: 2017
Thaler, Richard: Misbehaving, Was uns die Verhaltensökonomik über unsere Entscheidungen verrät, München: 2018
Thaler, Richard; Sunstein, Cass: Nudge. Wie man kluge Entscheidungen anstößt, 6. Aufl., Berlin: 2016
Thiele, Albert: Argumentieren unter Stress, 2. Aufl., München: 2007
Thomas, Heinz; Putzo, Hans; Reichold, Klaus: Zivilprozessordnung, Kommentar, 41. Aufl., München: 2020

Thompson, Leigh L.: The Mind and Heart of the Negotiator, 6. Aufl., London: 2014
Thorndike, Edward Lee: A constant error in psychological rating, in: Journal of Applied Psychology 1920, 4, S. 25-29
Tiggeler, Nicola: Mit Stimme zum Erfolg, München: 2016
Tooze, Adam: Crashed: Wie 10 Jahre Finanzkrise die Welt verändert haben, München: 2018
Trump, Donald; Schwartz, Tony: Trump: The art of the deal, Kulmbach: 2017
Tucholsky, Kurt: Ratschläge für einen guten Redner, www.rhetorik.ch/Tucholsky/Gut.html; letzter Zugriff: 2.3.2018
Tucholsky, Kurt: Ratschläge an einen schlechten Redner, www.rhetorik.ch/Tucholsky/Schlecht.html; letzter Zugriff 2.3.2018
Ueding, Gert: Klassische Rhetorik, München: 1995
Ueckert, Hans; Kakuska, Rainer und Jürgen Nagorny: Psychologie, die uns angeht, Gütersloh: 1974
Voeth, Markus u. Herbst, Uta: Verhandlungsmanagement. Planung, Steuerung und Analyse, 2. Aufl., Stuttgart: 2015
Voss, Chris; Raz, Tahl: Kompromisslos verhandeln, München: 2017
Walter, Tonio: Kleine Rhetorikschule für Juristen, 2. Aufl., München: 2017
Wannenwetsch, Walter: Erfolgreiche Verhandlungsführung in Einkauf und Logistik, 3. Aufl., Berlin-Heidelberg: 2009
Watzlawick, Paul; Beavin, Janet; Jackson, Don: Menschliche Kommunikation. Formen, Störungen, Paradoxien, 13. Aufl., Bern: 2017
Watzlawick, Paul: Wie wirklich ist die Wirklichkeit, 19. Aufl., München: 2019
Wehling, Elisabeth: Politisches Framing, Köln: 2016
Weimer, Wolfram: Geschichte des Geldes, Suhrkamp, Frankfurt a. M: 1994
Weisbach, Christian-Rainer: Professionelle Gesprächsführung, 4. Aufl., München: 1999
Wendland, Matthias, Vertragsfreiheit und Vertragsgerechtigkeit: Subjektive und objektive Gestaltungskräfte im Privatrecht, Tübingen: 2019
Wenski, Guido, Nachhaltig verhandeln im technischen Einkauf, Wiesbaden: 2019
Wenski, Guido, Beraterverkauf im klassischen B2B-Equipmentgeschäft, Anleitung für professionelle Verhandlungen im In- und Ausland, Wiesbaden: 2020
Whorf, Benjamin Lee: Sprache – Denken – Wirklichkeit, Reinbek bei Hamburg: 1974
Wieke, Thomas: DuMonts Handbuch Rhetorik, Köln: 2002
Wilfling, Josef: Geheimnisse der Vernehmungskunst, München: 2019
Wilhelm, Thomas; Edmüller, Andreas: Überzeugen: die besten Strategien, Planegg: 2003
Wiltsche, Harald, Einführung in die Wissenschaftstheorie, Stuttgart: 2013
Winkielman, Piotr; John T. Cacioppo: Mind at ease puts a smile on the face: Psychophysiological evidence that processing facilitation increases positive affect, in: Journal of personality and social psychology, 2001, 81, S. 989-1000
Winkler, Maud; Commichau, Anka: Reden – Handbuch der kommunikationspsychologischen Rhetorik, Hamburg: 2011
Witte, Jan Martin; Goldthau, Andrea: Die Opec, Macht und Ohnmacht des Öl-Kartells, Müchen: 2009
Wöhe, Günter, Döring, Ulrich, Brösel, Gerrit: Einführung in die Allgemeine Betriebswirtschaftslehre, 27. Aufl., München: 2020
Woolf, Greg: Rom – die Biographie eines Weltreiches, Stuttgart: 2015
Wyss, Lukas: Die Kunst der Verhandlungsführung. Strategie, Taktik, Konfliktlösung, München: 2021
Zacker, Christina; Grantél, Georges: Die spontane Rede, Niedernhausen/Ts.: 2000
Zajonc, Robert: Mere Exposure: A Gateway to the Subliminal, Current Directions, in: Psychological Science 2001, 10, S. 224-228

Zeillinger, Kurt: Otto III. und die Konstantinische Schenkung. Ein Beitrag zur Interpretation des Diploms Kaiser Ottos III. für Papst Silvester II. (DO III. 389). In: Fälschungen im Mittelalter. Internationaler Kongress der Monumenta Germaniae Historica, München: 1986, S. 509-536

Zhong, C.-B.; Liljenquist, K.: Washing away your sins: Threatened morality and physical cleansing, in: Science 2006, 303, S. 1451-1452